新世纪高职高专
公共基础课系列规划教材

· 对标国家课程标准

信息技术基础

（拓展模块）

新世纪高职高专教材编审委员会 组编
主　编　赵丽梅　赛　煜　魏晓聪
副主编　黄振颖　石　慧
主　审　杨　晔

大连理工大学出版社

图书在版编目(CIP)数据

信息技术基础：拓展模块 / 赵丽梅，赛煜，魏晓聪主编. -- 大连：大连理工大学出版社，2023.1
新世纪高职高专公共基础课系列规划教材
ISBN 978-7-5685-3798-8

Ⅰ.①信… Ⅱ.①赵… ②赛… ③魏… Ⅲ.①电子计算机－高等职业教育－教材 Ⅳ.①TP3

中国版本图书馆 CIP 数据核字(2022)第 065822 号

大连理工大学出版社出版

地址：大连市软件园路 80 号　邮政编码：116023
发行：0411-84708842　邮购：0411-84708943　传真：0411-84701466
E-mail:dutp@dutp.cn　URL:https://www.dutp.cn
辽宁星海彩色印刷有限公司印刷　　大连理工大学出版社发行

幅面尺寸：185mm×260mm	印张：17	字数：432 千字
2023 年 1 月第 1 版		2023 年 1 月第 1 次印刷

责任编辑：李　红　　　　　　　　　　　　　责任校对：马　双
封面设计：张　莹

ISBN 978-7-5685-3798-8　　　　　　　　　　　　　定　价：55.00 元

本书如有印装质量问题，请与我社发行部联系更换。

前　言

高等职业教育专科信息技术课程是各专业学生必修或限定选修的公共基础课程。学生通过学习本课程，能够增强信息意识、提升计算思维、促进数字化创新与发展能力、树立正确的信息社会价值观和责任感，为职业发展、终身学习和服务社会奠定基础。

教育部在2021年4月颁布了《高等职业教育专科信息技术课程标准（2021年版）》（以下简称《新课标》）。《信息技术基础（拓展模块）》对应《新课标》中"拓展模块"，旨在深化学生对信息技术的理解，拓展学生的职业能力的基础。

本教材全面贯彻党的教育方针，落实立德树人根本任务，满足国家信息化发展战略对人才培养的要求，围绕高等职业教育专科各专业对信息技术学科核心素养的培养需求，吸纳信息技术领域的前沿技术，通过理实一体化教学，提升学生应用信息技术解决问题的综合能力，使学生成为德智体美劳全面发展的高素质技术技能人才。

本教材既面向高等职业教育专科师生，也是渴望步入计算机世界读者的良师益友。教材从拓展信息技术基础以外的职业能力入手，对信息安全、项目管理、机器人流程自动化、程序设计基础、大数据、人工智能、云计算、现代通信技术、物联网、数字媒体、虚拟现实、区块链等内容进行深度和广度的阐述和思考引领，给学习者足够的探索空间。

本教材作者团队致力于营造学习情景，从案例导读开始，兴趣激发、明确学习方向；到任务描述，增强学习自信，驱动自我实现的挑战欲望；通过学习思考训练检验学习成效；用延伸阅读引领学习者了解相关领域最新技术动态，形成正确的职业规划与美好的学习愿景，让学习成为快乐。

本教材由绵阳职业技术学院赵丽梅、济南职业学院赛煜、大连外国语大学魏晓聪任主编，河南建筑职业技术学院黄振颖、辽宁师范大学石慧任副主编，浙江金融职业技术学院石东贤、石家庄职业技术学院成卓和大连栋科软件工程有限公司吴永鹏参与教材编写。具体编写分工如下：赵丽梅编写单元3，赛煜编写单元6、单元8、单元9，魏晓聪编写单元1、单元 2，黄振颖编写单元 4、单元 5，石慧编写单元 11、单元 12，石东贤编写单元 7，成卓编写单元 10，吴永鹏参与案例开发与调试。宁夏财经职业技术学院杨晔教授审阅了书稿并提出了宝贵的意见。

由于编者水平有限，书中难免会有疏漏和不足之处，敬请专家及读者批评指正，以便进一步修改和完善。

编 者

2022 年 1 月

所有意见和建议请发往：dutpgz@163.com

欢迎访问职教数字化服务平台：https://ww.dutp.cn/sve/

联系电话：0411-84707492 84706104

目 录

单元 1　信息安全 1
　1.1　走进网络安全 2
　1.2　网络安全评估准则 5
　1.3　防火墙技术 9
　1.4　计算机病毒认知 11
　1.5　黑客攻击与防御技术 14

单元 2　项目管理 18
　2.1　了解项目管理 19
　2.2　认识项目管理工具 24
　2.3　项目管理的三约束 29
　2.4　监控项目 30

单元 3　机器人流程自动化 37
　3.1　认识 RPA 与 RPA 平台 38
　3.2　认识机器人流程自动化(RPA)技术 39
　3.3　认识机器人流程自动化(RPA)的发展与趋势 43
　3.4　认识机器人流程自动化(RPA)工具 48
　3.5　认识机器人流程自动化(RPA)的应用 52

单元 4　程序设计 57
　4.1　程序设计 58
　4.2　程序设计语言 58
　4.3　程序设计方法和实践 61

单元 5　大数据技术 74
　5.1　大数据概述 75
　5.2　大数据的时代背景、应用场景和发展趋势 77
　5.3　大数据获取、存储、处理、管理和系统架构 80
　5.4　大数据工具与传统数据库工具在应用场景上的区别 84
　5.5　大数据分析 84
　5.6　数据可视化工具 87
　5.7　大数据安全防护 91

单元 6　人工智能 105
　6.1　人工智能概况 106
　6.2　人工智能的社会价值 110

6.3　人工智能的应用领域 …………………………………………………… 112
6.4　人工智能的未来与展望 …………………………………………………… 113
6.5　人工智能技术应用的常用开发框架 …………………………………… 118
6.6　人工智能技术应用的常用开发工具 …………………………………… 119
6.7　机器学习和深度学习 ……………………………………………………… 119

单元 7　云计算　126

7.1　什么是云计算 ……………………………………………………………… 127
7.2　云计算交付模式 …………………………………………………………… 130
7.3　云计算部署模式 …………………………………………………………… 133
7.4　云计算的关键技术 ………………………………………………………… 135
7.5　云计算的应用 ……………………………………………………………… 137

单元 8　现代通信技术　143

8.1　通信技术的演进 …………………………………………………………… 144
8.2　5G 技术 ……………………………………………………………………… 148
8.3　5G 技术的应用 ……………………………………………………………… 151
8.4　其他通信技术 ……………………………………………………………… 157

单元 9　物联网技术　161

9.1　物联网概述 ………………………………………………………………… 162
9.2　物联网的体系结构与关键技术 …………………………………………… 165
9.3　物联网的应用 ……………………………………………………………… 182
9.4　物联网的发展趋势 ………………………………………………………… 187

单元 10　数字媒体　191

10.1　理解数字媒体和数字媒体技术的概念 ………………………………… 192
10.2　数字媒体素材处理 ……………………………………………………… 195
10.3　HTML5 新特性 …………………………………………………………… 209

单元 11　虚拟现实　220

11.1　初识虚拟现实 …………………………………………………………… 220
11.2　认识虚拟现实开发工具 ………………………………………………… 225
11.3　使用 Unity 开发工具 …………………………………………………… 229
11.4　创建第一个 VR 项目 …………………………………………………… 231

单元 12　区块链　240

12.1　认识区块链的基本概念 ………………………………………………… 241
12.2　认识区块链的核心技术原理 …………………………………………… 245
12.3　认识区块链的应用 ……………………………………………………… 252

参考文献 …………………………………………………………………………… 262

微课堂资源列表

序号	名称	类型	页码	序号	名称	类型	页码
1	单元1延伸阅读	文本	17	19	智能家居	视频	125
2	单元2延伸阅读	文本	36	20	"微软小冰"能做什么	视频	125
3	单元3延伸阅读	文本	56	21	智能机器人的三个要素	视频	125
4	单元4延伸阅读	文本	73	22	Python语言让智能更智能	视频	125
5	单元5延伸阅读	文本	104	23	人工智能语言	视频	125
6	单元6延伸阅读	文本	125	24	云计算创业故事	视频	142
7	单元7延伸阅读	文本	142	25	体验阿里云	视频	142
8	单元8延伸阅读	文本	160	26	虚拟化的定义	视频	142
9	单元9延伸阅读	文本	190	27	虚拟化模型	视频	142
10	单元10延伸阅读	文本	219	28	虚拟化的内存调度机制	视频	142
11	单元11延伸阅读	文本	239	29	云计算的服务模式	视频	142
12	单元12延伸阅读	文本	261	30	Openstack架构	视频	142
13	人工智能定义	视频	106	31	HTML完整代码	电子活页	219
14	图灵测试	视频	108	32	下载与安装Unity	视频	229
15	人工智能的应用领域	视频	112	33	立方体的创建	视频	231
16	"度秘"解说	视频	125	34	创建文件夹及加入外部资源	视频	231
17	阿里云机器学习PAI	视频	125	35	导入/导出资源包	视频	232
18	人工神经网络的应用	视频	125	36	创建预制体	视频	232

单元 1
信息安全

单元导读

2011年12月,黑客利用存在的严重隐患以及漏洞问题,通过非法入侵获得用户数据库内的数据,在网上公开了当时最大的开发者技术社区CSDN网站600余万个注册用户的信息,其中包括注册邮箱以及明文密码。该事件导致CSDN网站被迫临时关闭用户登录功能,针对网络上泄露出来的账号数据库进行验证,对没有修改密码的用户进行密码重置;并通过群发邮件提醒用户修改密码,提醒用户尽量修改其他网站的相同密码。天涯、人人网、当当网、新浪微博等多家网站的用户数据也相继被公开,以压缩包的形式公开,并提供下载,引起了互联网业界的极大恐慌,是中国互联网史上规模最大的一次用户资料泄露事件。工业和信息化部发出要求,各互联网网站要高度重视用户信息安全工作,全面开展安全自查。该事件中4人被拘留,8人被治安处罚。

从2014年开始,每年9月都召开的"国家网络安全宣传周"即"中国国家网络安全宣传周",是为了"共建网络安全,共享网络文明"而开展的主题活动,围绕金融、电信、电子政务、电子商务等重点领域和行业网络安全问题,针对社会公众关注的热点问题,举办网络安全体验展等系列主题宣传活动,营造网络安全人人有责、人人参与的良好氛围。

2016年12月,国家互联网信息办公室发布了《国家网络空间安全战略》(以下简称《战略》),它是我国网络安全的战略框架,是建成网络强国的战略设计。在新的技术环境下,网络安全已成为国家安全的基本保障。

习近平总书记在讲话中所强调的"网络安全",正是网络时代的一种新的战略思维和部署。传统上国家安全主要指领土、政权、军事三大领域的安全,并不涉及网络安全。但随着网络技术在各行业的融入,网络安全领域的国家安全问题日益增多,而传统手段、措施又难以应对这些问题。在这样的背景下,网络安全就成为国家安全的重要组成和基本保障。

学习目标

- 建立信息安全意识,能识别常见的网络欺诈行为;
- 了解信息安全的基本概念,包括信息安全基本要素、网络安全等级保护等内容;
- 了解信息安全相关技术,了解信息安全面临的常见威胁和常用的安全防御技术;
- 了解常用网络安全设备的功能和部署方式;

- 了解网络信息安全保障的一般思路；
- 掌握利用系统安全中心配置防火墙的方法；
- 掌握利用系统安全中心配置病毒防护的方法；
- 掌握常用的第三方信息安全工具的使用方法，并能解决常见的安全问题。

1.1 走进网络安全

1.1.1 网络安全的定义

计算机网络安全是指网络系统的硬件、软件和系统数据受到保护，不被偶然或恶意的原因破坏、更改、泄露，使系统连接可靠正常地运行，网络服务不中断，即利用网络管理控制和技术措施，保证在一个网络环境里，数据的保密性、完整性及可使用性受到保护。

计算机网络安全包括物理安全和逻辑安全两个方面。物理安全指系统设备及相关设施受到物理保护，免于破坏、丢失等。逻辑安全包括信息的完整性、保密性、可用性、可控性和可审查性。

计算机网络安全是一门涉及计算机科学、网络技术、通信技术、密码技术、信息安全技术、应用数学、数论、信息论等多种学科的综合性学科。

1.1.2 网络安全的基本要素

1. 保密性

保密性是指确保信息不泄露给非授权用户、实体或过程，或供其利用的特性。即保证信息不能被非授权访问。

2. 完整性

完整性是指数据未经授权不能进行改变的特性。即只有得到允许的用户才能修改实体或进程，并且能够判断实体或进程是否已被修改。

3. 可用性

可用性是指可被授权实体访问并按需求使用的特性。即授权用户根据需要，可随时访问所需信息，攻击者不能占用所有的资源而阻碍授权者的工作。使用访问控制机制阻止非授权用户进入网络，使静态信息可见，动态信息可操作。

4. 可控性

可控性是指对信息的传播及内容具有控制能力。即对危害国家信息（包括利用加密的非法通信活动）的监视审计，控制授权范围内的信息的流向及行为方式。使用授权机制，控制信息传播的范围、内容，必要时能恢复密钥，实现对网络资源及信息的可控性。

5. 可审查性

可审查性是指出现安全问题时提供调查依据和手段。建立有效的安全和责任机制，防止攻击者、破坏者、抵赖者否认其行为。

1.1.3 网络安全的重要性

我国2011年的一项调查显示,有超过75%的计算机用户曾感染过病毒,这一数据到2013年已上升到85%,其中有超过50%的用户感染病毒的次数超过了3次,而由此造成的损失也巨大,从上面的数据可以看到,提升网络安全十分重要。

1. 网络安全影响工作效率

网络安全不仅仅涉及那些影响较大、中毒较深的黑客攻击事件,事实上,我们在工作和生活中几乎每时每刻都会面临网络安全的威胁。当我们在计算机网络上处理一项工作任务时,经常跳出的广告页面同样涉及网络安全,这反映了我们的计算机网络在拦截不必要垃圾信息时的能力较弱。长此以往,就可能误入不必要的网页,被植入木马病毒,使得某重要文件没有保存,最终影响整体的工作效率。

2. 网络安全事关个人企业隐私

网络安全对于个人和企业来说同等重要。对于个人来说,网络不仅仅是我们了解世界、拓宽视野的重要工具,同时也是很多隐私的存储地,尤其是在云盘等网络存储越来越发达的现在,很多人的视频、照片和文本储存在网络中,一旦泄露会对个人的生活造成很大的困扰。对于企业来说,一些重要的合同文件虽然通过加密的方式存储在网络中,但不一定能够完全保证其安全性,一旦泄密,企业的商业未来和创意项目都将公之于众,将会给企业带来大量的损失。

3. 网络安全涉及国家安全

计算机网络安全是国家安全中的一个重要方面,在信息技术高速发展的今天,国与国之间的竞争不仅仅是经济、政治、文化、军事、领土等方面的简单竞争,还包括网络安全上的竞争。而且网络安全直接关系到其他国家安全方面的成效,因为现如今,不仅仅是个人的企业在大量使用计算机网络,政府相关部门也与网络息息相关,如果网络安全防线被攻破,我国的很多关键性技术和信息都将被泄露,国家安全将受到严重威胁。所以,在一定程度上,保护计算机网络安全就是在维护国家安全。

1.1.4 网络安全威胁分析

1. 潜在的网络攻击

目前,我国各类网络系统经常遇到安全恶意代码(包括木马、病毒、蠕虫等)拒绝服务攻击(常见的类型有带宽占用、资源消耗、程序和路由缺陷利用以及攻击DNS等)、内部人员的滥用和蓄意破坏、社会工程学攻击(利用人的本能反应、好奇心、贪便宜等弱点进行欺骗和伤害等)、非授权访问(主要是黑客攻击、盗窃和欺诈等)等。这些威胁有的是针对安全技术缺陷,有的是针对安全管理缺失。

(1)黑客攻击

黑客是指利用网络技术中的一些缺陷和漏洞,对计算机系统进行非法入侵的人。黑客攻击的意图是阻碍合法网络用户使用相关服务或破坏正常的商务活动。黑客对网络的攻击方式是千变万化的,一般是利用"操作系统的安全漏洞""应用系统的安全漏洞""系统配置的缺陷""通信协议的安全漏洞"来实现的。到目前为止,已经发现的攻击方式超过2 000种,目前针对绝大部分黑客攻击手段已经有相应的解决方法。

(2)非授权访问

非授权访问是指未经授权实体的同意获得了该实体对某个对象的服务或资源。非授权访问通常是通过在不安全通道上截获正在传输的信息或利用服务对象的固有弱点实现的,没有预先经过同意就使用网络或计算机资源,或擅自扩大权限和越权访问信息。

(3)计算机病毒、木马和蠕虫

对信息网络安全的一大威胁就是病毒、木马和蠕虫。计算机病毒是指编制者在计算机程序中插入的破坏计算机功能、毁坏数据、影响计算机使用并能自我复制的一组计算机指令或程序代码。木马与一般的病毒不同,它不会自我繁殖,也并不"刻意"地去感染其他文件,而是通过将自身伪装吸引用户下载执行,向施种木马者提供打开被种者计算机的门户,使施种者可以任意毁坏、窃取被种者的文件,甚至远程操控被种者的计算机。蠕虫则是一种特殊的计算机病毒程序,它不需要将自身附着到宿主程序上,而是传播它自身功能的拷贝或它的某些部分到其他的计算机系统中。在今天的网络时代,计算机病毒、木马和蠕虫千变万化,产生了很多新的形式,对网络威胁非常大。

(4)拒绝服务(DoS攻击)

DoS攻击的主要手段是对系统的信息或其他资源发送大量的非法连接请求,从而导致系统产生过量负载,最终使合法用户无法使用系统的资源。

(5)内部入侵

内部入侵,也称为授权侵犯,是指被授权以某一目的使用某个系统或资源的个人,利用此权限进行其他非授权的活动。另外,一些内部攻击者往往利用偶然发现的系统指点或预谋突破网络安全系统进行攻击。由于内部攻击者更了解网络结构,他们的非法行为将对计算机网络系统造成更大的威胁。

未来网络安全威胁的5大趋势是新技术、新应用和新服务带来新的安全风险;关键基础设施、工业控制系统等逐渐成为攻击目标;非国家行为体的"网上行动能力"趋强;网络犯罪将更为猖獗;传统安全问题与网络安全问题相互交织。

2. 网络攻击的种类

网络攻击是利用网络存在的漏洞和安全缺陷对系统和资源进行的攻击,目的是非法入侵,或者使目标网络堵塞等。从对信息的破坏性上看,网络攻击可分为主动攻击和被动攻击两类。

(1)主动攻击

主动攻击是指攻击者访问其所需要信息的故意行为。这类攻击可分为篡改、伪造消息数据和终端(拒绝服务)。

①篡改消息

篡改消息是指一个合法消息的某些部分被改变、删除,消息被延迟或改变顺序,通常用以产生一个未授权的效果。例如,修改传输消息中的数据,"允许甲执行操作"改为"允许乙执行操作"。

②伪造

伪造指的是某个实体(人或系统)发出含有其他实体身份信息的数据信息,假扮成其他实体,从而以欺骗方式获取一些合法用户的权利和特权。

③拒绝服务

这种攻击具有技术原理简单、实施过程工具化、难以防范的特点。其动机主要有无法攻入系统的报复、强行重启对方设备、恶意破坏、网络恐怖主义等，使得正常的服务无法提供。

(2) 被动攻击

被动攻击主要是指收集信息而不是进行访问，数据的合法用户对这种攻击行为毫无觉察。这类攻击通常包括流量分析、窃听、破解弱加密的数据流等。

① 流量分析

流量分析攻击方式适用于一些特殊场合，例如敏感信息都是保密的，攻击者虽然从截获的消息中无法得到消息的真实内容，但攻击者还能通过观察这些数据报的模式，分析确定出通信双方的位置、通信的次数及消息的长度，获知相关的敏感信息，这种攻击方式称为流量分析。

② 窃听

窃听是最常用的手段。应用最广泛的局域网上的数据传送是基于广播方式进行的，这就使一台主机有可能受到本子网上传送的所有信息。而计算机的网卡工作在杂收模式时，它就可以将网络上传送的所有信息传送到上层，以供进一步分析。如果没有采取加密措施，通过协议分析，可以完全掌握通信的全部内容，窃听还可以用无限截获方式得到信息，通过高灵敏接收装置接收网络站点辐射的电磁波或网络连接设备辐射的电磁波，通过对电磁信号的分析恢复原数据信号，从而获得网络信息。尽管有时数据信息不能通过电磁信号全部恢复，但可能得到极有价值的情报。

数据流加密是为了保证计算机中存储的数据的保密性，防止文件被非法复制转移，在计算机终端的使用中经常需要禁止使用一些外部设备，通过指定方式可控制计算机的输入和输出设备。若加密方式不得当，就无法在系统中锁定计算机的输入和输出设备，从而造成文件被非法复制转移。

抗击主动攻击的主要技术手段是检测，以及从攻击造成的破坏中及时地恢复。由于被动攻击不会对被攻击的信息做任何修改，因而非常难以检测，可采取措施有效地预防。

1.2 网络安全评估准则

1.2.1 网络安全风险评估

网络安全风险评估就是从风险管理角度，运用科学的方法和手段，系统地分析网络和信息系统所面临的威胁及其存在的脆弱性，评估安全事件一旦发生可能造成的危害程度，指出有针对性的抵御威胁的防护对策和整改措施，为防范和化解网络安全风险，将风险控制在可接受的水平，最大限度地保障网络的安全。

网络安全风险评估是一项复杂的系统工程，贯穿于网络系统的规划、设计、实施、运行维护以及废弃各个阶段，其评估体系受多种主观和客观、确定和不确定、自身和外界等多种因素的影响。事实上，风险评估涉及诸多方面，主要包括风险分析、风险评估、安全决策和安全监测四个环节，如图 1-1 所示。

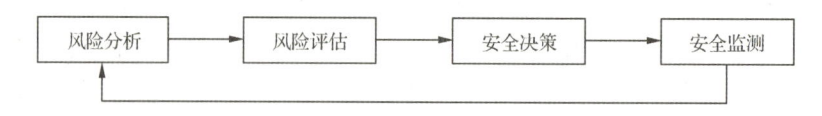

图 1-1　安全风险评估涉及的四个环节

1.2.2　国际上的网络安全标准

在国际上，著名的网络安全标准有美国国家计算机安全中心于1983年制定的可信计算机系统评估准则、1989年欧洲四国提出的信息技术安全评价准则、1993年加拿大系统安全中心负责制定的加拿大可信计算机产品评价准则、1993年美国发布的美国联邦准则和1996年由西方六国七方制定的国际安全评估准则。

1. TCSEC

1983年，美国国防部制定了 5200.28 安全标准——可信计算机系统评估准则（Trusted Computer System Evaluation Criteria，TCSEC），由于使用了橘色书皮，也称网络安全橘皮书。其认为要使系统免受攻击，对应不同的安全等级，故将网络安全性等级从低到高分成7个小等级4大类别。安全等级对不同类型的物理安全、用户身份验证、操作系统软件的可信任性和用户应用程序进行了安全描述，限制了可信任连接的主机系统的系统类型等。

D级（最小安全保护级）：是最低的安全等级，该等级说明整个系统都是不可信任的，就像一个门大开的房子，任何人都可以自由出入，是完全不可信的。对于硬件来说，没有任何的保护措施，操作系统容易受到损害，没有系统访问限制和数据访问限制，任何人不需要任何账号就可以进入系统，可以对数据文件进行任何操作。

C1级（自选安全保护级）：应用在 UNIX 系统上的安全等级。这个等级对硬件具有一定程度的保护，硬件不再很容易受到损害，但是受到损害的可能性仍然存在。用户必须使用正确的用户名和口令才能登录系统，并以此决定用户对程序和信息拥有什么样的访问权限。

C1级保护的不足之处在于用户直接访问操作系统的根用户。C1级不能控制进入系统的用户的访问级别，所以用户可以将系统中的数据任意移走，控制系统配置，获取比系统管理员允许的更高权限，如改变和控制用户名。

C2级（访问控制保护级）：除具有 C1 级的特性外，还包含创建访问控制环境的安全特性，该环境具有基于许可权限或者基于身份验证级别的进一步限制用户执行某些命令或访问某些文件的能力。另外，这种安全级别要求系统对发生的事情进行审计，并写入系统日志中，这样就可以记录跟踪到所有和安全有关的事件。不过，审计的缺点是需要额外的处理器时间和磁盘资源。

B1级（被标签的安全性保护级）：支持多级安全（如秘密、机密和绝密）的第一个级别，这个级别说明，一个处于强制性访问控制之下的对象，系统不允许文件的拥有者改变其许可权限。

B1级安全措施的计算机系统随着操作系统而定。政府机构和防御承包商们是B1级计算机系统的主要拥有者。

B2级（结构化保护级）：要求计算机系统中所有对象都加标签，而且给设备（如磁盘、磁带或终端设备)分配单个或多个安全级别,这是较高安全级别的对象与另一个较低安全级别的对象相通信的第一个级别。

B3级(安全域级):使用安装硬件的办法加强域的安全。如内存管理硬件用于保护安全域免遭无授权访问或其他安全域对象的修改。该级别也要求用户通过一条可信途径连接到系统上。

A级(验证保护级):是当前橘皮书中安全性最高的等级,包括一个严格的设计、控制和验证过程。A级附加一个安全系统监控的设计要求,合格的安全个体必须分析并通过这一设计。所构成系统的不同来源必须有安全保证,安全措施必须在销售过程中实施。

TCSEC中各个等级的含义总结见表1-1。

表1-1　　　　　　　　　　　　TCSEC中各个等级的含义

类别	级别	名称	主要特征
D	D	最小安全保护	保护措施很少,没有安全功能
C	C1	自选安全保护	有选择地存取控制,用户与数据分离,数据的保护以用户组为单位
	C2	访问控制保护	存取控制以用户为单位,广泛地审计
B	B1	被标签的安全性保护级	除了C2级的安全需求外,增加安全策略模型、数据标号(安全和属性)、托管访问控制
	B2	结构化保护级	设计系统时必须有一个合理的总体设计方案、面向安全的体系结构,遵循最小授权原则,具有较好的抗渗透能力,访问控制应对所有的主体和客体进行保护,对系统进行隐蔽能算分析
	B3	安全域级	安全内核,高抗渗透能力
A	A	验证保护级	形式化的最高级别描述和验证,形式化的隐秘通道分析,非形式化的代码一致性证明

安全级别设计必须从数学角度进行验证,而且必须进行秘密通道和可信任分布分析。可信任分布是指硬件和软件在物理传输过程中受到保护,以防止破坏安全系统。橘皮书也存在不足,它只针对孤立计算机系统,特别是小型机和主机系统。假设有一定的物理保障,该标准适合政府和军队,不适合企业,因为模型是静态的。

2. ITSEC

欧洲的安全评估标准(Information Technology Security Evaluation Criteria,ITSEC)是英国、法国、德国和荷兰制定的IT安全评估准则,是在TCSEC的基础上,于1989年联合提出的,俗称白皮书。与TCSEC不同,它不把保密措施与计算机功能直接联系,而是只叙述技术安全的要求,把保密作为安全增强功能。它认为完整性、可用性与保密性处于同等重要的位置。ITSEC把安全概念分为功能和评估两部分,定义了E0级到E6级共7个安全级别,介于每个系统不同,又定义了F1到F10十种功能,其中前5种与TCSEC中C1到B3基本相似,F6到F10级分别对应数据和程序的完整性、系统的可用性、数据通信的完整性、数据通信的保密性以及机密性等内容。

3. CTCPEC

加拿大可信任计算机产品评估标准(Canada Trusted Computer Product Evaluation Criteria,CTCPEC)是加拿大系统安全中心在综合了TCSEC和ITSEC两个准则的优点的基础上提出来的。对开发的产品或评估过程强调功能和保证两部分。功能包括保密性、完整性、可用性和可控性4个方面的标准。保证包含保证标准,是指产品用以实现组织安全策略的可信度。保证标准评估对整个产品进行。

4. FC

美国联邦准则(Federal Criteria,FC)综合了欧洲的 ITSEC 和加拿大的 CTCPEC 的优点,其目的是提供 TCSEC 的升级版本,同时保护已有资源。该标准引入了保护轮廓的概念。保护轮廓是以通用要求为基础创建的一套独特的 IT 产品安全标准,需要对设计、实现和使用 IT 产品的要求进行详细说明。FC 的范围远远超过了 TCSEC,但有一点缺陷,开始它只是一个过渡标准,后来结合其他标准才发展为共同标准。

5. CC

通用准则(Common Criteria,CC)是由西方六国七方(美国国家安全局和国家技术标准研究所、加拿大、英国、法国、德国、荷兰)于 1996 年共同提出的信息技术安全评估通用标准,其目的是把当时现有的安全准则结合成一个统一的标准。CC 结合 FC 以及 ITSEC 的主要特征,强调将安全的功能与保障分离,并将功能需求分成 9 类 63 族,将保障分为 7 类 29 族,给出了安全评估的框架和原则要求,详细说明了评估计算机产品和系统的安全特征。

1.2.3 国内的网络安全标准

我国于 1999 年发布了《计算机信息系统安全保护等级划分准则》,这是我国信息安全方面的评估标准,编号为 GB 17859-1999,为安全产品的研制提供了技术支持,也为安全系统的设计和管理提供了技术指导,是实行计算机信息系统安全等级保护制度建设的重要基础。

《计算机信息系统安全保护等级划分准则》在系统科学地分析计算机处理系统的安全问题的基础上,结合我国信息系统建设的实际情况,将计算机信息系统的安全等级划分为 5 个级别。

1. 第一级:用户自主保护级

本级的计算机防护系统能够把用户和数据隔开,使用户具备自主的安全防护能力。用户可以根据需求采用系统提供的访问控制措施来保护自己的数据,避免其他用户对数据的非法读写与破坏。

2. 第二级:系统审计保护级

本级除了具备第一级所有的安全保护功能外,还要求创建和维护访问的审计跟踪记录,使所有用户对自己行为的合法性负责。本级使计算机防护系统访问控制更加精细,允许对单个文件设置访问控制。

3. 第三级:安全标记保护级

本级除具备第二级所有安全保护功能外,还要求以访问对象标记的安全级别限制访问者的权限,实现对访问对象的强制访问。该级别提供了安全策略模型、数据标记以及严格访问控制的非形式化描述。系统中的每个对象都有一个敏感性标签,每个用户都有一个许可级别。许可级别定义了用户可处理的敏感性标签,系统中每个文件都按内容分类并标有敏感性标签。任何对用户许可级别和成员分类的更改都受到严格控制。

4. 第四级:结构化保护级

本级除具备第三级所有安全保护功能外,还将安全保护机制分为关键部分和非关键部分,对关键部分可直接控制访问者对访问对象的存取,从而加强系统的抗渗透能力。系统的设计和实现要经过彻底的测试和审查；必须对所有目标和实体实施访问控制策略，要有专职人员负责实施；要进行隐蔽信道分析，系统必须维护一个保护域，保护系统的完整性，防止外部干扰。

5. 第五级：访问验证保护级

本级除具备前一级别所有的安全保护功能外，还特别增设了访问验证功能，负责仲裁访问对象的所有访问，也就是访问监控器。访问监控器本身是抗篡改的，且足够小，能够分析和测试。为了满足访问控制器的需求，计算机防护系统在其构造时，排除那些对实施安全策略来说并非必要的部件；在设计和实现时，从系统工程角度将其复杂性降到最低限度。

1.3 防火墙技术

1.3.1 防火墙的概念

防火墙的本义原是指房屋之间修建的那道墙，这道墙可以防止火灾发生的时候蔓延到别的房屋。然而，多数防火墙里都有一个重要的门，允许人们进入或离开房屋。因此，防火墙在增强安全性的同时允许必要的访问。

计算机网络安全领域中的防火墙(Firewall)指位于不同网络安全域之间的软件和硬件设备的一系列部件的组合，作为不同网络安全域之间通信流的唯一通道，并根据用户的有关安全策略控制(允许、拒绝、监视、记录)进出不同网络安全域的访问，如图 1-2 所示。

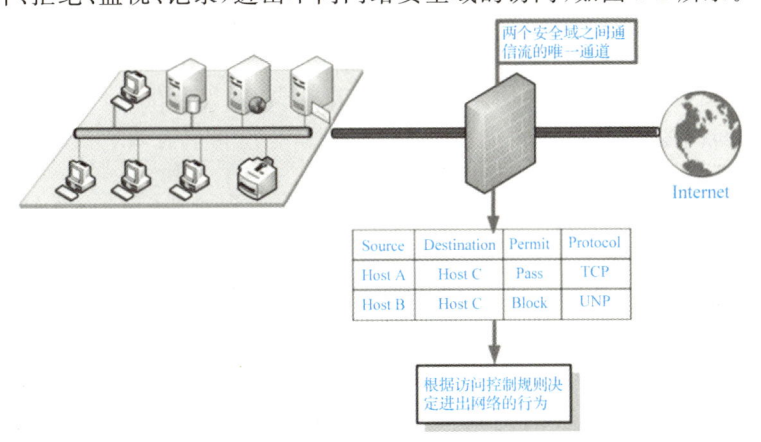

图 1-2 防火墙模型

在互联网上，防火墙是一种非常有效的网络安全模型，通过它可以隔离风险区域(Internet 或有一定风险的网络)与安全区域(通常讲的内部网络)的连接，同时不妨碍本地网络用户对风险区域的访问。防火墙可以监控进出网络的通信，仅让安全、核准了的信息进入，抵制对本地网络安全构成威胁的数据。因此，防火墙的作用是防止不希望的、未授权的通信进出被保护的网络，迫使用户强化自己的网络安全政策，简化网络的安全管理。

防火墙本身必须具有很强的抗攻击能力，以确保其自身的安全性。防火墙简单的可以只用路由器实现，复杂的可以用主机、专用硬件设备及软件甚至一个子网来实现。通常意义上讲的硬防火墙为硬件防火墙,它是通过专用硬件和专用软件的结合来达到隔离内、外部网络的目的,价格较贵,但效果较好,一般小型企业和个人很难实现。软件防火墙是通过软件的方式来达到,价格便宜,但这类防火墙只能通过一定的规则来达到限制一些非法用户访问内部网的目的。防火墙安装和投入使用后,要想充分发挥它的安全防护作用,必须对它进行跟踪和动态维护,要与商家保持密切的联系,时刻注视商家的动态,商家一旦发现其产品存在安全漏洞,会尽快发布补救产品的信息,并对防火墙进行更新。

1.3.2 防火墙的目的和功能

防火墙负责管理风险区域网络和安全区域网络之间的访问。在没有防火墙时,内部网络上的每个节点都暴露给风险区域上的其他计算机,内部网络极易受到攻击,内部网络的安全性要由每台计算机来决定,并且整个内部网络的安全性等于其中防护能力最弱的系统。可以把防火墙想象成门卫,所有进入的消息和发出的消息都会被仔细检查,以严格遵守选定的安全标准。因此,对于连接到互联网的内部网络,一定要选用适当的防火墙。

1. 应用防火墙的目的

为提高计算机网络的安全性,防火墙已被普遍应用在计算机网络中。应用防火墙可以达到以下目的。

(1)所有内部网络与外部网络的信息交流必须经过防火墙。
(2)确保内部网络向外部网络的全功能互联。
(3)防止入侵者接近防御设施,限制进入受保护网络,保护内部网络的安全。
(4)只有按本地的安全策略被授权的信息才允许通过。
(5)防火墙本身具有防止被穿透的能力,防火墙本身不受各种攻击的影响。
(6)为监视网络安全提供方便。

防火墙已成为控制网络系统访问的非常流行的方法,事实上在 Internet 上的很多网站都是由某种形式的防火墙加以保护的,采用防火墙的保护措施可以有效地提高网络的安全性,任何关键性的服务器,都建议放在防火墙之后。

2. 防火墙基本功能

防火墙是网络安全政策的有机组成部分,通过控制和监测网络之间的信息交换和访问行为来实现对网络安全的有效管理,防止外部网络不安全的信息流入内部网络和限制内部网络的重要信息流到外部网络。从总体上看,防火墙应具有以下五大基本功能。

(1)过滤进、出内部网络的数据。
(2)管理进、出内部网络的访问行为。
(3)封堵某些禁止的业务。
(4)记录通过防火墙的信息内容和活动。
(5)对网络攻击进行检测和报警。

除此以外,有的防火墙还根据需求包括其他的功能,如网络地址转换功能(NAT)、双重DNS、虚拟专用网络(VPN)、扫毒功能、负载均衡和计费等功能。

为实现以上功能,在防火墙产品的开发中,广泛地应用网络拓扑技术、计算机操作系统技术、路由技术、加密技术、访问控制技术以及安全审计技术等。

1.3.3　防火墙的局限性

通常认为,防火墙可以保护处于它身后的内部网络不受外界的侵袭和干扰,但随着网络技术的发展,网络结构日趋复杂,传统防火墙在使用的过程中暴露出以下的不足和弱点。

(1)防火墙不能防范不经过防火墙的攻击。没有经过防火墙的数据,防火墙无法检查。传统的防火墙在工作时,入侵者可以伪造数据绕过防火墙或者找到防火墙中可能敞开的后门。

(2)防火墙不能防止来自网络内部的攻击和安全问题。网络攻击中有相当一部分攻击来自网络内部,对于那些对企业心怀不满或假意卧底的员工来说,防火墙形同虚设。防火墙可以设计为既防外也防内,但绝大多数单位因为不方便,不要求防火墙防内。

(3)由于防火墙性能上的限制,它通常不具备实时监控入侵的能力。

(4)防火墙不能防止策略配置不当或错误配置引起的安全威胁。防火墙是一个被动的安全策略执行设备,就像门卫一样,要根据政策规定来执行安全策略,而不能自作主张。

(5)防火墙不能防止受病毒感染的文件的传输。防火墙本身并不具备查杀病毒的功能,即使集成了第三方的防病毒的软件,也没有一种软件可以查杀所有的病毒。

(6)防火墙不能防止利用服务器系统和网络协议漏洞所进行的攻击。黑客通过防火墙准许的访问端口对该服务器的漏洞进行攻击,防火墙不能防止。

(7)防火墙不能防止数据驱动式的攻击。当有些表面看来无害的数据邮寄或拷贝到内部网的主机上并被执行时,可能会发生数据驱动式的攻击。

(8)防火墙不能防止内部的泄密行为。防火墙内部的一个合法用户主动泄密,防火墙是无能为力的。

(9)防火墙不能防止本身的安全漏洞的威胁。防火墙保护别人有时却无法保护自己,目前还没有厂商绝对保证防火墙不会存在安全漏洞。因此,对防火墙也必须提供某种安全保护。

由于防火墙的局限性,仅在内部网络入口处设置防火墙系统不能有效地保护计算机网络的安全。而入侵检测系统(Intrusion Detection System,IDS)可以弥补防火墙的不足,它为网络提供实时的监控,并且在发现入侵的初期采取相应的防护手段。IDS系统作为必要附加手段,已经为大多数组织机构的安全构架所接受。

1.4　计算机病毒认知

1.4.1　计算机病毒的概念

一般来讲,凡是能够引起计算机故障,能够破坏计算机中的资源(包括硬件和软件)的代码,统称为计算机病毒。美国国家计算机安全局出版的《计算机安全术语汇编》对计算机病毒的定义是:计算机病毒是一种自我繁殖的特洛伊木马,它由任务部分、接触部分和自我繁殖部分组成。我国通过条例的形式给计算机病毒下了一个具有法律性、权威性的定义,《中华人民共和国计算机信息系统安全保护条例》明确定义:"计算机病毒(Computer Virus)是指编制或者在计算机程序中插入的破坏计算机功能或者数据,影响计算机使用并且能够自我复制的一组计算机指令或者程序代码。"

1.4.2 计算机病毒的特点和分类

任何病毒只要侵入系统,都会对系统及应用程序产生程度不同的影响。轻者会降低计算机工作效率,占用系统资源,重者可导致数据丢失、系统崩溃。计算机病毒的程序性,代表它和其他合法程序一样,是一段可执行程序,但它不是一段完整的程序,而是寄生在其他可执行程序上的一段程序,只有其他程序运行的时候,病毒才起破坏作用。病毒一旦进入电脑后得到执行,它就会搜索其他符合条件的环境,确定目标后再将自身复制其中,从而达到自我繁殖的目的。因此,传染性是判断计算机病毒的重要条件。

计算机病毒技术的发展,病毒特征的不断变化,给计算机病毒的分类带来了一定的困难。根据多年来对计算机病毒的研究,按照不同的体系可对计算机病毒进行如下分类。

1. 按病毒存在的媒体分类

根据病毒存在的媒体,计算机病毒可以划分为网络病毒、文件病毒、引导型病毒和混合型病毒。

(1)网络病毒:通过计算机网络传播感染网络中的可执行文件。

(2)文件病毒:感染计算机中的文件(如 COM,EXE,DOC 等)。

(3)引导型病毒:感染启动扇区(Boot)和硬盘的系统引导扇区(MBR)。

(4)混合型病毒:是上述三种情况的混合。例如多型病毒(文件和引导型)感染文件和引导扇区两种目标,这样的病毒通常都具有复杂的算法,它们使用非常规的办法侵入系统,同时使用了加密和变形算法。

2. 按病毒传染的方法分类

根据病毒传染的方法,可将计算机病毒分为引导扇区传染病毒、执行文件传染病毒和网络传染病毒。

(1)引导扇区传染病毒:主要使用病毒的全部或部分代码取代正常的引导记录,而将正常的引导记录隐藏在其他地方。

(2)执行文件传染病毒:寄生在可执行程序中,一旦程序执行,病毒就被激活,进行预定活动。

(3)网络传染病毒:这类病毒是当前病毒的主流,特点是通过因特网络进行传播。例如,蠕虫病毒就是通过主机的漏洞在网上传播的。

3. 按病毒破坏的能力分类

根据病毒破坏的能力,计算机病毒可划分为无害型病毒、无危险病毒、危险型病毒和非常危险型病毒。

(1)无害型病毒:除了传染时减少磁盘的可用空间外,对系统没有其他影响。

(2)无危险型病毒:仅仅是减少内存、显示图像、发出声音及同类音响。

(3)危险型病毒:在计算机系统操作中造成严重的错误。
(4)非常危险型病毒:删除程序、破坏数据、清除系统内存和操作系统中重要的信息。

4. 按病毒算法分类

根据病毒特有的算法,计算机病毒可以分为伴随型病毒、蠕虫型病毒、寄生型病毒、练习型病毒、诡秘型病毒和幽灵病毒。

(1)伴随型病毒:这一类病毒并不改变文件本身,它们根据算法产生 EXE 文件的伴随体,具有同样的名字和不同的扩展名(COM)。

(2)蠕虫型病毒:通过计算机网络传播,不改变文件和资料信息,利用网络从一台机器的内存传播到其他机器的内存,计算网络地址,将自身的病毒通过网络发送。有时它们在系统中存在,一般除了内存不占用其他资源。

(3)寄生型病毒:依附在系统的引导扇区或文件中,通过系统的功能进行传播。

(4)练习型病毒:病毒自身包含错误,不能进行很好的传播,例如一些在调试阶段的病毒。

(5)诡秘型病毒:它们一般不直接修改 DOS 中断和扇区数据,而是通过设备技术和文件缓冲区等对 DOS 内部进行修改,不易看到资源,使用比较高级的技术。利用 DOS 空闲的数据区进行工作。

(6)幽灵病毒:这一类病毒使用一个复杂的算法,使自己每传播一次都具有不同的内容和长度。它们一般由一段混有无关指令的解码算法和经过变化的病毒体组成。

5. 按病毒的攻击目标分类

根据病毒的攻击目标,计算机病毒可以分为 DOS 病毒、Windows 病毒和其他系统病毒。

(1)DOS 病毒:指针对 DOS 操作系统开发的病毒。

(2)Windows 病毒:主要指针对 Windows 9x 操作系统的病毒。

(3)其他系统病毒:主要攻击 Linux、Unix 和 OS2 及嵌入式系统的病毒。由于系统本身的复杂性,这类病毒数量不是很多。

6. 按计算机病毒的链接方式分类

由于计算机病毒本身必须有一个攻击对象才能实现对计算机系统的攻击,并且计算机病毒所攻击的对象是计算机系统可执行的部分,因此,根据链接方式,计算机病毒可分为源码型病毒、嵌入型病毒、外壳型病毒、操作系统型病毒。

(1)源码型病毒:该病毒攻击高级语言编写的程序,在高级语言所编写的程序编译前插入源程序,经编译成为合法程序的一部分。

(2)嵌入型病毒:这种病毒是将自身嵌入现有程序,把计算机病毒的主体程序与其攻击的对象以插入的方式链接。这种计算机病毒是难以编写的,一旦侵入程序体后也较难消除。如果同时采用多态性病毒技术、超级病毒技术和隐蔽性病毒技术,将给当前的反病毒技术带来严峻的挑战。

(3)外壳型病毒:外壳型病毒将其自身包围在主程序的四周,对原来的程序不做修改。这种病毒最为常见,易于编写,也易于发现,一般测试文件的大小即可察觉。

(4)操作系统型病毒:这种病毒用自身的程序加入或取代部分操作系统进行工作,具有很强的破坏力,可以导致整个系统的瘫痪。圆点病毒和大麻病毒就是典型的操作系统型病毒。

这种病毒在运行时,用自己的逻辑部分取代操作系统的合法程序模块,根据病毒自身的特点和被替代的合法程序模块在操作系统中运行的地位与作用,以及病毒取代操作系统的取代方式等,对操作系统进行破坏。

7. 计算机病毒的结构

计算机病毒一般由引导模块、感染模块、破坏模块、触发模块四大部分组成。根据是否被加载到内存,计算机病毒又分为静态和动态。处于静态的病毒存于存储器介质中,一般不执行感染和破坏,其传播只能借助第三方活动(如复制、下载、邮件传输等)实现。当病毒经过引导进入内存后,便处于活动状态,满足一定的触发条件后就开始进行传染和破坏,从而构成对计算机系统和资源的威胁和毁坏。

1.5 黑客攻击与防御技术

1.5.1 黑客的定义

"黑客"是一个中文词语,源自英文 hacker,随着灰鸽子的出现,灰鸽子成了很多假借黑客名义控制他人电脑的黑客技术,于是出现了"骇客"与"黑客"分家。电影《骇客(Hacker)》也已经开始使用"骇客"一词,显示出中文使用习惯的趋同。实际上,黑客(或骇客)与英文原文 Hacker、Cracker 等含义不能够达到完全对译,这是中英文语言词汇各自发展中形成的差异。Hacker 一词,最初曾指热心于计算机技术、水平高超的电脑专家,尤其是程序设计人员,逐渐区分为白帽、灰帽、黑帽等,其中黑帽(black hat)实际就是 cracker。在媒体报道中,"黑客"一词常指那些软件骇客(software cracker),而与黑客(黑帽子)相对的则是白帽子。

"黑客"一词是英文 Hacker 的音译。这个词早在莎士比亚时代就已存在了,但是人们第一次真正理解它时,却是在计算机问世之后。根据《牛津英语词典》解释,"hack"一词最早的意思是劈砍,而这个词义很容易使人联想到计算机遭到别人的非法入侵。因此《牛津英语词典》解释"Hacker"一词涉及计算机的义项是:"利用自己在计算机方面的技术,设法在未经授权的情况下访问计算机文件或网络的人。"

最早的计算机于 1946 年在宾夕法尼亚大学诞生,而最早的黑客出现于麻省理工学院。最初的黑客一般都是一些高级的技术人员,他们热衷于挑战、崇尚自由并主张信息的共享。

1994 年以来,因特网在中国乃至世界的迅猛发展,为人们提供了方便、自由和无限的财富。政治、军事、经济、科技、教育、文化等各个方面都越来越网络化,并且逐渐成为人们生活、娱乐的一部分。可以说,信息时代已经到来,信息已成为物质和能量以外维持人类社会的第三资源,它是未来生活中的重要介质。而随着计算机的普及和因特网技术的迅速发展,黑客也随之出现了。

1.5.2 黑客攻击的目的

早期的黑客攻击是为了恶作剧或者通过攻击显露出自身的计算机经验与才能,随着经济社会的发展,黑客攻击的目的变成了报复、敲诈、诈骗和勒索,更有甚者进行军事入侵、间谍活动等带有政治色彩的网络攻击,因此,世界各国都对黑客的攻击给予严格的限制。

1.5.3 黑客攻击的步骤

进行网络攻击是一项系统性很强的工作,其主要工作流程是:收集情报,远程攻击,远程登录,取得普通用户的权限,取得超级用户的权限,留下后门,清除日志。其主要内容包括目标分析、文档获取、破解密码、日志清除等技术。

黑客攻击的实施步骤一般为:

1. 确定攻击的目标

攻击者在进行一次完整的攻击之前,首先要确定攻击要达到什么样的目的,即给对方造成什么样的后果。常见的攻击目的有破坏型和入侵型两种。破坏型攻击指的只是破坏攻击目标,使其不能正常工作,而不能随意控制目标的系统的运行。要达到破坏型攻击的目的,主要的手段是拒绝服务攻击(Denial of Service,DoS)。另一类常见的攻击目的是入侵攻击目标,这种攻击是要获得一定的权限来达到控制攻击目标的目的。应该说这种攻击比破坏型攻击更为普遍,威胁性也更大。因为黑客一旦获取攻击目标的管理员权限就可以对此服务器做任意动作,包括破坏性的攻击。此类攻击一般也是利用服务器操作系统、应用软件或者网络协议存在的漏洞进行的。当然,还有另一种造成此种攻击的原因,就是密码泄露,攻击者靠猜测或者穷举法来得到服务器用户的密码,然后就可以和真正的管理员一样对服务器进行访问。

2. 收集被攻击对象的有关信息

除了确定攻击目的之外,攻击前的最主要工作就是收集尽量多的关于攻击目标的信息。这些信息主要包括目标的操作系统类型及版本,目标提供哪些服务,各服务器程序的类型与版本以及相关的社会信息。

3. 利用适当的工具进行扫描

黑客选定攻击目标,并对目标的网络结构、特征等信息进行收集、整理与判断,并从中找到攻击目标的网络安全漏洞及攻击突破口,继而根据不同的网络结构、不同的系统选择采取不同的攻击手段;在攻击达到预期效果以后,黑客往往会通过植入病毒、涂改网页、删除核心数据等手段来巩固攻击所达到的效果,并最终达到控制网络系统的目的;当黑客认为有必要时,还会采取技术手段展开深入攻击,不仅造成网络瘫痪,同时也对网络安全与后期维护造成可持续性的破坏与威胁。

4. 建立模拟环境,进行模拟攻击

黑客为了提高攻击效率和准确性,同时避免被目标主机发现,通常会在攻击前模拟一个相似的环境,利用相关攻击工具或者攻击脚本实施模拟演练,进而提升攻击的准确率。

5. 实施攻击

当收集到足够的信息之后,攻击者就要开始实施攻击行动了。作为破坏性攻击,只需利用工具发动攻击即可。而作为入侵性攻击,往往要利用收集到的信息,找到其系统漏洞,然后利用该漏洞获取一定的权限。有时获得了一般用户的权限就足以达到修改主页等目的了,但作为一次完整的攻击是要获得系统最高权限的,这不仅是为了确保达到一定的目的,更重要的是

证明攻击者的能力，这也符合黑客的追求。

6. 清除痕迹

如果攻击者完成攻击后就立刻离开系统而不做任何善后工作，那么他的行踪将很快被系统管理员发现，因为所有的网络操作系统一般都提供日志记录功能，会把系统上发生的动作记录下来。所以，为了确保自身的隐蔽性，黑客一般都会抹掉自己在日志中留下的痕迹。一般黑客都会在攻入系统后不止一次地进入该系统。为了下次再进入系统时方便一点，黑客会留下一个后门，特洛伊木马就是后门的最好范例。

1.5.4 防范黑客攻击的措施

在防范黑客攻击的措施实施方面，应该以个人与企业两个方面进行防御，作为企业，安全管理应该做到：

1. 建立网络管理平台

要根据企业的实际需要来制定专属企业自身的网络保护系统，当中必须保护的内容包括：网络主机（基于 Web 门户，OA 系统访问 Web 主机），主机数据库、邮件服务器、网络入口，内部网络检测。一旦服务器受损或网页篡改，及时报警和做恢复处理。目前，针对网络病毒的检测、防范与拦截等网络安全手段日趋成熟，防火墙、病毒查杀软件等技术在强化网络安全等领域发挥的作用愈加显著。

2. 采用入侵检测系统

防火墙能够有效应对大多数情况下的黑客攻击。但是，当具备较高技术水平的黑客运用防火墙自身所天然具有的漏洞，如利用防火墙打开网络、修改用户密码等行为时，防火墙的作用就无从谈起了。在上述背景之下，入侵检测系统能够有效对系统运行的整体状态和轨迹进行记录和监控，一旦发现未经授权的操作行为，就能够第一时间提醒系统管理员加以关注与处理。

3. 网络漏洞扫描

黑客总是通过寻找安全漏洞在网络中找到入侵点。网络安全系统本身的脆弱性是入侵者之前发现漏洞和弥补的前提条件，这是用户进行安全保护需要着重注意的地方。需要定期使用网络扫描仪自动检测网络安全环境和网络状态的脆弱性分析，如利用万维网服务器、域名服务器等网络设备等，通过对黑客攻击的一般性步骤进行模拟实验的方法，检测网络设备当中可能存在的漏洞，从而有备无患。

学习思考

一、填空题

1. 网络安全风险评估主要包括_____、_____、_____、_____四个环节。
2. 按病毒传染的方法分类，计算机病毒可分为_____、_____、_____。
3. 黑客攻击的实施步骤一般为 _____、_____、_____、_____、_____、_____。
4. 防火墙应具有以下五大基本功能：_____、_____、_____、_____、_____。

二、选择题

1. 对企业网络最大的威胁是( )。
   A. 黑客攻击　　　　　　　　B. 外国政府
   C. 竞争对手　　　　　　　　D. 内部员工的恶意攻击
2. 通常所说的"计算机病毒"是指( )。
   A. 细菌感染　　　　　　　　B. 生物病毒感染
   C. 被损坏的程序　　　　　　D. 特制的具有破坏性的程序
3. 对于已感染了病毒的U盘,最彻底的清除病毒的方法是( )。
   A. 用乙醇将U盘消毒　　　　B. 放在高压锅里煮
   C. 将感染病毒的程序删除　　D. 对U盘进行格式化
4. 计算机病毒造成的危害是( )。
   A. 使磁盘发霉　　　　　　　B. 破坏计算机系统
   C. 使计算机内存芯片损坏　　D. 使计算机系统突然掉电

三、简答题

1. 试述网络安全面临哪些威胁。
2. 防御黑客攻击的措施有哪些?

延伸阅读

单元2
项目管理

单元导读

　　1996年，法国政府机构想要开发一款软件，复杂程度不高，然而过程却有些曲折：当时，政府预付了几百万欧元，计划开发周期为两年到三年。该公司聘用了几个开发人员开始进行这项工作，并且随着资金的不断流入，开发团队的规模每3个月左右就会扩大一倍。7年过去了，这个项目竟然还没成型，由于工程延误，公司每天要缴交的罚金高达几千欧元。于是，管理层为了降低成本，决定把所有有经验的开发人员都开除了，然后雇用一些没有编程经验的新手进来接盘。

　　十年后，这个项目依然深陷泥潭，这时中层管理人员醒悟，决定再聘请一些具有软件工程经验的人员，让项目重回正轨。然而，招进来的工程师基本3个月就待不下去了（法国法定入职后最短可离职时间是3个月）。因为团队要维护600多万行代码，无论你选择何种语言开发，维护这么庞大的一个代码库都是一项艰巨的任务，600多万行的代码，若以每秒一行的速度读取代码，需要不眠不休70天才能把这些代码读完。

　　这个项目进行了好几年以后，团队中才有人提出了使用版本控制工具的想法。而且第一次的尝试并不是很满意，因此团队就切换到了另一个系统，然后在几年之后，这个版本控制系统每次更改都会不明原因地丢失所有历史记录，于是，团队又换到了另一个系统。虽然有时候也会制订一个交付计划，但是计划的这个时间点完全不考虑团队的工作进程。当交付的日子来临时，客户就会收到一张名为安装教程的空白CD，因为没有人能够在几周内构建软件。等到客户发现自己收到的只是一张空白的CD，就会投诉，为了应付了事，团队就会再发送一个旧版的CD。

　　团队中55人，20名开发人员，35名经理，管理人员比开发人员还多。管理人员不断组织会议，不厌其烦地展示相同的PPT文件，而开发人员则在开放式的办公室里面打发时间，毕竟这35名经理里面没几个有软件工程方面的经验。

　　十二年后，该项目还在苟延残喘。该公司通过向政府提交越来越多的项目变更请求来弥补每天的处罚。直到项目的负责人因为欺诈罪被捕，这个"地狱项目"才宣告终止。

> **学习目标**

- 理解项目管理的基本概念,了解项目范围管理,了解项目管理的四个阶段和五个过程;
- 理解信息技术及项目管理工具在现代项目管理中的重要作用;
- 了解项目管理相关工具的功能及使用流程,能通过项目管理工具创建和管理项目及任务;
- 掌握项目工作分解结构的编制方法,能利用项目管理工具对项目进行工作分解和进度计划编制;
- 了解项目管理中各项资源的约束条件,能利用项目管理工具进行资源平衡,优化进度计划;
- 了解项目质量监控;
- 了解项目风险控制。

2.1 了解项目管理

2.1.1 项目管理的定义及其知识范围

项目是为了提供一个独特的产品或服务而暂时承担的任务。项目的特征是临时性和唯一性,其中的临时性是指项目有明确的起点和终点。当项目不能实现目标而终止时,或当项目需求不复存在时,项目就结束了。项目目标简单地说,就是实施项目所要达到的期望结果,即项目所能交付的成果或服务。每个项目都会创造独特的产品、服务或成果。项目的产出可能是有形的,如开发一个软件产品是一个项目,建造一座桥梁是一个项目,设计一个控制机械手的程序也是一个项目;项目的产出也可能是无形的,如完成一项产品服务是一个项目,改进现有的业务流程是一个项目,完成一次航天器对接也是一个项目。

成功的项目有三个要素:项目按时完成、项目质量符合预期要求以及项目成本控制在预算范围内。这三个要素彼此之间是鱼与熊掌的关系,很难做到完美兼顾。项目开始时,成本、质量和时间三要素维持的是一个等边三角形,而随着项目的推进,每一个要素的变化都会影响其他两个要素,导致三角形内角的变化。项目经理的职责就是掌控这个三角形维持一个合理的角度。在一个项目中,客户往往关心的是质量,企业管理层掌控资源并控制成本,只有时间才是项目经理唯一可以完全掌控的要素。项目的结果能使企业的收入增加、支出减少、服务加强,就是好项目。

项目管理是在项目活动中运用知识、技能、工具和技术来实现项目的要求。项目管理是快速开发满足用户需求的新设计、新产品的有效手段,是快速改进已有的设计及已投放市场的成熟产品的有效手段。例如,通过项目管理,可以实现图纸设计、工艺设计、施工准备、质量控制、部件装配以及测试和原材料采购供应等方面的集成，从而覆盖整个供应链活动。

项目管理的目标一般包括如期完成项目以保证用户的需求得到确认和实现，在控制项目成本的基础上保证项目质量，妥善处理用户的需求变动。为实现上述目标，企业在项目管理中应该采用成本效益匹配、技术先进、充分交流与合作等原则。

项目管理主要有范围管理、时间管理、成本管理、质量管理、资源管理、沟通管理、风险管理、采购管理和集成管理九个方面的内容。实际项目管理中面临多方面的挑战，例如：企业管理层对项目的重视程度；项目团队的组织结构是否合理；项目管理者是否取得人力、金钱等资源的授权；项目团队成员的责、权、利的平衡等。

2.1.2 项目管理过程

项目管理可以分为识别需求、提出解决方案、执行项目和结束项目四个阶段。这四个阶段是项目在管理过程中的进度，有很强的时间概念。所有的项目都包括这四个阶段，但不同项目的每个阶段时间长短可能不一样。项目管理通过项目启动、计划、执行、监控和收尾过程组保证项目的完成，这五大过程组被组织成九大知识领域：项目整体管理、范围管理、时间管理、成本管理、质量管理、人力资源管理、沟通管理、风险管理和采购管理。值得注意的是，项目管理的很多过程在本质上是重叠的，如图 2-1 所示。启动过程中需要明确人员和组织结构，阐述需求，制定项目章程并初步确定项目范围；计划过程中需要进行成本预算、人力资源估算，并制订采购计划、风险计划等项目管理计划；执行过程中需要指导和管理项目的实施；监控过程中需要监控项目执行，实施整体变更控制；收尾过程中需要进行项目总结、文档归类等工作。项目管理的五个过程是项目管理的工具方法，每个项目阶段都可以有这五个过程，也可以仅选取某一个过程或某几个过程。例如识别需求阶段，可以选择识别需求的启动、识别需求的计划、识别需求的执行、识别需求的监控和识别需求的收尾。

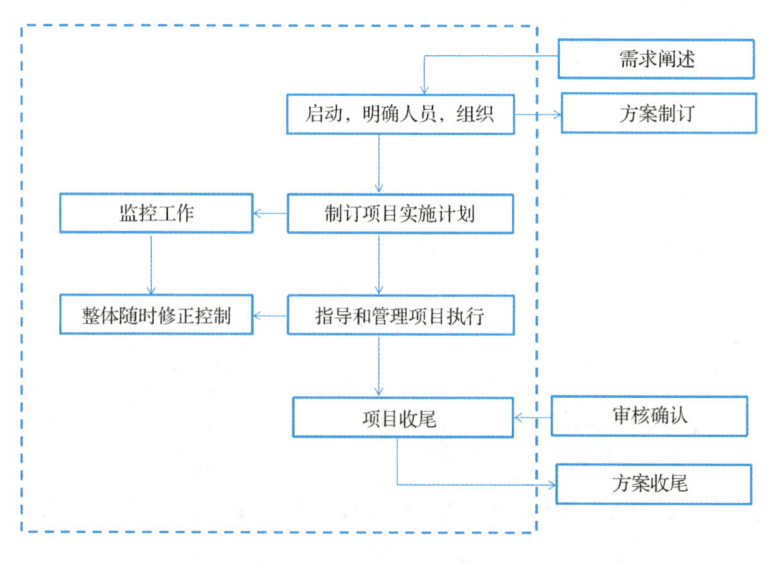

图 2-1 项目管理过程

2.1.3 项目启动

项目启动过程的主要任务有明确项目需求、确定项目目标、定义项目干系人的期望值、描述项目范围、选择项目组成员、明确项目经理及确认需要交付的文档。项目启动过程中需要成立项目组，聘任项目经理。项目经理是负责实现项目目标的个人。公司建立以项目经理责任制为核心，实行质量、成本、时间、范围等项目管理的责任保证体系。

1. 项目经理的职责

（1）与企业管理层沟通协商，明确项目需求和所需资源等。
（2）挑选项目组成员，并得到项目组的支持。
（3）在项目实施过程中不断修正项目计划。
（4）在项目计划过程中领导和指导项目组成员。
（5）保证与项目相关人的沟通并汇报项目进程。
（6）监控项目的进程，保证项目按时间计划执行。

项目经理制订阶段性目标和总体项目计划，在项目管理中及时做出决策，如实向上级反映情况，监督项目执行并确保项目目标实现。项目经理组织召开项目启动会议，明确项目开发内容，确认项目团队和资源。启动会议结束后，项目经理负责编写启动会议纪要。

项目经理根据项目特点提出项目团队成员组成要求，并组建项目团队。项目核心成员对项目经理负责，保证项目的完成。

2. 项目团队成员的职责

（1）参与项目计划的制订。
（2）服从项目经理的管理，执行分配的任务。
（3）配合其他小组成员的工作。
（4）保持与项目经理的沟通。

2.1.4 项目计划

项目计划作为项目管理的重要阶段，在项目中起承上启下的作用，因此在制订过程中要按照项目总目标、总计划进行详细计划。计划文件经批准后作为项目的工作指南。因此，在项目计划制订过程中一般应遵循以下六个原则：

1. 目的性

任何项目都是一个或几个确定的目标，以实现特定的功能、作用和任务，而任何项目计划的制订正是围绕项目目标的实现展开的。在制订计划时，首先必须分析目标，弄清任务。因此，项目计划具有目的性。

2. 系统性

项目计划本身是一个系统，由一系列子计划组成，各个子计划不是孤立存在的，彼此之间既相对独立又紧密相关，从而使制订出的项目计划也具有系统的目的性、相关性、层次性、适应性、整体性等基本特征，使项目计划形成有机协调的整体。

3. 经济性

项目计划的目标不仅要求项目有较高的效率，而且要有较高的效益。所以，在计划中必须提出多种方案进行优化分析。

4. 动态性

这是由项目的寿命周期所决定的。一个项目的寿命周期短则数月，长则数年，在这期间，项目环境常处于变化之中，使计划的实施会偏离项目基准计划。因此，项目计划要随着环境和条件的变化而不断调整和修改，以保证完成项目目标，这就要求项目计划要有动态性，以适应不断变化的环境。

5. 相关性

项目计划是一个系统的整体，构成项目计划的任何子计划的变化都会影响到其他子计划的制订和执行，进而最终影响到项目计划的正常实施。制订项目计划要充分考虑各子计划间的相关性。

6. 职能性

项目计划的制订和实施不是以某个组织或部门内的机构设置为依据，也不是以自身的利益及要求为出发点，而是以项目和项目管理的总体及职能为出发点，涉及项目管理的各个部门和机构。

2.1.5 项目执行

项目执行过程包含完成项目管理计划中确定的工作，按照项目管理计划协调人员和资源，管理干系人期望，以及整合并实施项目活动。

项目执行阶段的主要任务包含如下几个方面：

(1) 识别计划的偏离。

(2) 采取矫正措施以使实际进展与计划保持一致。

(3) 接受和评估来自项目干系人的项目变更请求。

(4) 必要时重新调整项目活动和资源水平。

(5) 得到授权者批准后，变更项目范围、调整项目目标并监控项目进展，把控项目实施进程。

项目执行阶段需要项目组内成员之间保持沟通，对目标达成共识。项目主管与企业管理层之间保持沟通，取得管理层的支持是项目成功执行的关键要素之一，项目能够顺利执行需要其他相关部门的配合，项目组应与其他相关部门之间保持沟通。

项目执行的结果可能引发计划更新和基准重建，包括变更预期的活动持续时间、变更资源生产率与可用性。如果项目执行结果引发计划更新，则需要重新考虑未曾预料到的风险。项目执行中的偏差可能影响项目管理计划，需要加以仔细分析，并制定适当的项目管理应对措施。分析的结果可能引发变更请求。变更请求一旦得到批准，就可能需要对项目管理计划进行修改，甚至还要建立新的基准。项目的大部分预算将花费在执行过程中。

2.1.6 项目监控

项目计划完成并得到审批以后,项目组在按计划实施的同时,对项目计划的监控也同步进行。项目监控是跟踪、审查和报告项目进展,以实现项目管理计划中确定的绩效目标的过程。项目监控让项目干系人了解项目的当前状态、项目预算、项目进度和项目范围。项目监控的目的是通过周期性跟踪项目计划的各种参数,如任务进度、工作成果、工作量、费用、资源、风险及人员业绩等,不断了解项目的进展情况。当项目的实际进展情况与其计划严重偏离时,采取适当的纠正措施。

监控过程涉及如下几方面:
(1)控制变更,推荐纠正措施,或对可能出现的问题推荐预防措施。
(2)对照项目管理计划和项目绩效测量基准,监督正在进行中的项目活动。
(3)对导致规避整体变更控制或配置管理的因素施加影响,确保只有经批准的变更才能付诸执行。

持续的监控使得项目团队能够及时掌控项目进展状况,并识别项目风险。项目监控不仅监控某个项目过程内正在进行的工作,而且监控整个项目工作。在多阶段的项目中,要对各阶段进行协调,以便采取纠正和预防措施,使得项目实施符合项目管理计划。

2.1.7 项目收尾

项目收尾即结束项目管理过程的所有活动。收尾过程主要是总结经验教训,正式结束项目工作,为开展新工作释放组织资源。在结束项目时,项目经理需要审查以前各阶段的收尾信息,确保所有项目工作都已经完成并且项目目标已经实现。

项目收尾过程需要进行项目结项和文档归档。项目工作结束后,对项目的有形资产和无形资产进行清算,对项目进行综合评价,总结经验教训。项目结项过程主要包括结项准备和结项评审两个阶段。项目经理整理项目文档及成果,准备结项评审材料。项目评审小组负责对项目进行综合评估,评估的主要内容如下:
(1)项目计划、进度评估。
(2)项目质量目标评估。
(3)成本管理、效益评估。
(4)项目文档评估。
(5)项目对公司或部门的贡献评估。
(6)团队建设评估。

项目评审结束,所有项目文档归档,作为历史数据使用,项目收尾过程结束标志着项目的所有管理过程已经完成。

2.2 认识项目管理工具

项目管理工具（一般指软件）是为了使工作项目能够按照预定的成本、进度、质量顺利完成，而对人员（People）、产品（Product）、过程（Process）和项目（Project）进行分析和管理的一类软件。其主要有建筑工程类项目管理软件和非（建筑）工程项目管理软件两大分类。

其中，建设工程类项目管理是指从事工程项目管理的企业受工程项目业主方委托，对工程建设全过程或分阶段进行专业化管理和服务活动。

非（建筑）工程类项目管理一般指建筑工程项目管理之外的企业中涉及多人员、跨部门事务项目管理，比如研发项目管理、IT 系统集成项目管理、销售项目管理、市场项目管理等，它以任务管理为核心，实现从项目立项、启动、计划、执行、控制至项目结束和总结的项目全过程管理。常见的项目管理工具有 Microsoft Project、Tower 等。

2.2.1 Microsoft Project 的功能

Microsoft Project（或 MSP）是一个国际上享有盛誉的通用的项目管理工具软件，凝集了许多成熟的项目管理现代理论和方法，可以帮助项目管理者实现时间、资源、成本的计划、控制。Microsoft Project 不仅可以快速、准确地创建项目计划，而且可以帮助项目经理实现项目进度、成本的控制、分析和预测，使项目工期大大缩短，资源得到有效利用，提高经济效益。

使用 Microsoft Project 不仅可以快速、准确地创建项目计划，而且可以帮助项目经理实现项目进度和成本的控制，使项目工期大大缩短，资源得到有效利用，从而提高经济效益。

第一个版本的 Microsoft Project 发布于 1984 年由一家与微软合作的公司发布给 DOS 使用。微软于 1985 年买了这个软件并发布第二版本的 Project。第三版本的 Project 于 1986 年发布，第四版本的 Project 也于 1986 年发布，这是最后一个 DOS 版本的 Project，第一个 Windows 的 Project 于 1990 年发布，并被标记为 Windows 的第一版本。

1. 更富弹性的项目管理

Microsoft Project 可以帮助用户更有效地管理项目，根据用户对信息的不同需求，可以为用户管理和筛选数据、排定任务和资源并生成准确无误的报表。

对任务和资源进行分组，使个别的工作组或高级经理创建自定义报表十分方便。

快速通知全组迫在眉睫的最后期限、项目里程碑或日程变更。

轻而易举地创建网络图——利用新的版式和筛选选项、增强的格式化选项和新添加的用户定义的文本标签。

创建简化数据的图形标记，为数据提供清晰的图形标记有助于一目了然地区分任务与资源。

2. 更便捷地协调工作

如今，与他人的协调工作比以往更为便捷，Microsoft Project 包含 Microsoft Project Central 所需的客户端和服务器端的软件。该软件是 Microsoft Project 基于 Web 的相关产品，利用该软件可以轻松地分配任务、进行项目跟踪等。

(1)集中任务列表,通过将 Outlook 任务和项目任务列表集成起来即可达到这一目的。

(2)创建个人的甘特(Gantt)图。

(3)开发自定义的状态报表,Microsoft Project Central 可以将工作组成员的更新信息合并到一个报表中,并对其进行管理。

(4)显示项目摘要,可以帮助高级经理和部门主管获得最新的信息,以便其当机立断地做出决策。

3. 改善团队工作效率

(1)利用 Microsoft Project Central 进行合作规划。

(2)个人 Gantt 图,提供类似 Microsoft Project 的 Gantt 图,用于描述团队每个成员跨多个项目的任务。

(3)新任务,团队成员可以创建任务,项目经理在将这些任务添加到项目计划之前对它们进行审核。

(4)任务委托,一旦任务由项目经理分配,任务就可以由团队领导委托给团队成员,或由同辈委托给同辈。如果需要委托特性也可以被禁用。

(5)显示 Microsoft Outlook 任务,团队成员可以显示来自 Microsoft Outlook 通信和合作客户端的任务表,因此他们可以在一个位置看到自己的所有项目和非项目任务。

(6)查看非工作时间,团队成员可以向项目经理报告非工作时间,如休假或病假等,此外还可以报告不能参与项目的工作时间。

(7)工作组,项目经理可以跨工作组分配任务职责和跟踪项目状态,以控制该项目。

4. 利用 Microsoft Project Central 实现合作跟踪

(1)自动接收规则,项目经理可以建立自动接收实际时间、项目完成百分率或定制域中的任意信息,以减少花费在管理操作上的时间。

(2)状态报告,创建定制报告格式和请求或接收团队成员状态更新,Microsoft Project Central 可以将它们自动地转入小组报告。

(3)管理模块,项目经理可以通过定义非项目时间、视图、格式化样式及安全得到更多的控制权,以确保管理方法和组织结构的一致性。

(4)考勤表,团队成员可以看到跨项目的任务分配,输入更新,并方便地将它们发送给项目经理。

(5)实际时间和完成百分率跟踪,团队成员可以跟踪和报告花费在每个指定任务上的实际时间,或在跟踪较为困难或无须跟踪时估计任务的完成百分率。

5. 更方便地访问项目信息

(1)视图,高级主管人员、经理和团队成员可以访问不同的项目视图,如查看公文包、查看项目及查看任务分配等。

(2)离线功能,小组成员可以在离线状态下获取考勤表和状态报告,并可以从任何位置对它们进行处理。

6. 增加数据实用性

(1)分组,以对用户最有用的分组方式快速分类和查看任务和资源信息。

(2)轮廓码,定义轮廓码,而不是将它们连接到项目的轮廓结构上。

（3）图形指示器，将定制域中的数据与图形指示器关联在一起，因此特定图像可以显示在实际数据位置，从而可以容易地发现潜在的问题。

（4）时标中的财政年，为主要及次要时标独立设置财政年，以便以特定时标组合显示数据。

（5）网络图表，利用新的过滤和布局选项、增强的格式化特性及增强的方框样式定制网络。

（6）总成式 Gantt 图，显示单任务摘要行上全部子任务的 Gantt 图。

7. 灵活的分析

（1）任务日程表，利用只影响到选定任务的任务特定日程表创建进度表。

（2）材料资源，指定可消耗资源，如木材或混凝土等，并将它们分配给任务。

（3）截止日期，向用户团队提醒截止日期，并在不能按时完成时以可视化方式对他们进行警告。

（4）跨项目的关键路径，计算单独项目内或跨所有插入项目的关键路径，以确定总体主项目的单个关键路径。

（5）OLE 数据库，与其他应用软件一起分享 Microsoft Project 数据，使用 OLE 数据库集成跨企业的数据。

（6）估计的持续时间，通过输入一个后面带问号的持续时间值指示特定任务的临时持续时间；然后在稍后返回到任务时输入确定的持续时间。

（7）等高线资源可用性，创建融入时间阶段资源可用性信息的计划。

（8）清除基线，清楚选定任务或整个项目的基线或历史计划数据。

8. 简单的报告

（1）缩放和打印，利用新的改良打印和缩放选项更高效和方便地打印文档。

（2）拷贝图片，利用更大的允许尺寸和更好的缩放创建更高质量的图形。

9. 增强的用户信心

（1）HTML 帮助，实现 HTML 帮助、Microsoft 新标准帮助系统和 Microsoft Project 中工作进度之间更简单的交互。

（2）模板，方便地创建和访问 Microsoft Project 模板。

（3）可变行高，拖动任务之间的行线，以将个别行设置为用户所需的高度。

（4）单元格内编辑，在编辑任务的同时查看任务上下文。

（5）Fill Handle（填充处理），选择用户想要填充的单元格，使用 Fill Handle（填充处理）特性轻松地拷贝信息。

（6）自动保存，设置 Microsoft Project 在选定时间保存工作，以避免在计算机意外关机时丢失重要的数据。

（7）Office Server Extensions 支持，如同保存到网络位置一样方便地保存 Web 服务器。

（8）默认存储路径和格式，指定默认保存路径和格式，以按照用户的需要在特定位置保存项目数据。

（9）可访问性，通过微软活动可访问性编程接口得到第三方可访问性帮助支持。

10. 扩展项目管理，改善容量和性能

（1）数据库，利用 Microsoft Project 数据库的改进获得改良的性能和数据访问。

（2）资源池，使用资源池改善网络性能。

（3）插入项目，在保持主项目与子项目间连接的情况下移动一个项目。

11. 保持用户的正常运行状态

(1) 漫游用户支持,增强的便携性允许用户登录到联网环境的任一台计算机上,同时保留自己的个人设置和首选项。

(2) Windows 终端服务器支持,Microsoft Project 目前可以运行于 Microsoft 对象模型之上。

2.2.2 Tower 的功能

Tower 软件是一个搭建在阿里云服务器上的 SaaS 型团队协同(OA)工具,团队成员可以布置和处理任务、进行讨论、开展项目跟踪与进展等。另外,它还提供了专门针对人事、财务、CRM 的职能模块,功能非常丰富。可以实现 24 小时网上办公室,随时与团队高效协作。2020 年 12 月,企业级研发管理工具 ONES 宣布完成对协作工具 Tower 的收购,两个品牌仍将保留。

Tower 软件提供的产品功能具体包括协同办公、项目管理和职能模块三项。

1. 协同办公功能

协同办公可以分为沟通协作和办公工具两部分。

(1) 沟通协作

沟通协作,顾名思义就是与公司内部成员间的聊天交流有关。其一,Tower 软件支持社交功能,通过集成系统,团队成员可以在微信版或钉钉版 Tower 软件中实现一对一聊天功能和群组聊天功能;其二,Tower 软件支持会议功能,可以帮助团队成员安排会议室和举行视频会议。

(2) 办公工具

目前,市面上主流的 OA 系统基本上都支持嵌入不同的办公工具,既可以帮助企业提高工作效率,也可以让各种文件资料在公司团队内部得到快速传输与共享,现在最常见的办公工具就是企业云盘(帮助企业进行资料存储和分享,是核心功能)和云笔记(帮助成员个人进行信息整理和积累)等。

Tower 软件支持企业嵌入企业云盘使用,企业云盘本身的容量是免费版 10 GB,并支持在线预览功能;Tower 软件支持企业接入各种第三方工具,最典型的如蓝湖设计板、一起写文档、Markdown 文档等。

2. 项目管理功能

项目管理功能可以分为任务管理和个人管理两部分。

(1) 任务管理

任务管理主要融入了目前流行的 OKRs 管理思想,即将大的战略目标拆成不同的小任务目标,然后再根据具体的工作内容和优先级排序来分配到具体的部门或者个人,用户可以对项目进行分组、排序、追踪、归档、删除等操作。在任务管理部分,我们主要按照"分解—分配—追踪—统计"这个常规 OKRs 管理流程为用户进行考察。

Tower 软件支持企业进行任务拆分、人员分配和权限设置,但并不支持任务的进度追踪和数据统计。

(2) 个人管理

个人管理这部分的功能是要帮助企业管理者考察员工个人的工作情况(工作报告功能),以及辅助员工自己进行工作安排(日程安排)。

Tower 支持团队成员按照日来安排个人日程,也支持按照周出具工作报告。

3. 职能模块功能

OA 系统提供的职能模块,又称垂直功能模块,这是 OA 系统内适合特定的职能部门和团队(如人事、行政、CRM、财务等)使用的功能区块。

目前,Tower 软件支持提供人事系统(包含人事变动和考勤审批)功能,除此之外还支持开放 API 接口,允许接入外部系统,帮助企业按需补充之前原生 OA 系统不具备的功能。

2.2.3 进度计划编制

下面以"工商审批系统"开发为例,介绍 Microsoft Project 在项目管理过程中的主要应用。

"工商审批系统"项目开发过程由需求分析、项目设计、编码、测试、项目收尾 5 个主要部分组成。根据软件项目开发流程,每个部分又细分为若干个子任务。

(1)需求分析:需求计划编制、需求调研与分析、需求报告编写、需求评审。

(2)项目设计:概要设计、软件架构设计、权限模块设计、内网系统模块设计、外网系统模块设计、设计报告编写、项目设计评审。

(3)编码:系统架构编码、权限模块编码、内网系统模块编码、外网系统模块编码、系统集成、编码评审。

(4)测试:权限模块测试、内网系统模块测试、外网系统模块测试、系统集成测试、测试报告编写、测试评审。

(5)项目收尾:用户手册编写、客户培训、项目验收。

"工商审批系统"项目工作分解结构(WBS)如图 2-2 所示。

根据项目工期需求,"工商审批系统"项目工期限定为 2021 年 3 月 1 日—4 月 30 日,为使项目在规定工期内完成,需要重新定义本项目的任务日历。规定每周日为休息日,工作日为周一至周六,每天工作 8 小时,工作时间为 8:00—12:00、13:00—17:00,每周工作时间 8 小时 × 6 = 48 小时。工作工期共 53 个工作日,其中需求分析占 8 个工作日,项目设计任务占 12 个工作日,程序编码任务占 20 个工作日,系统测试任务占 9 个工作日,项目收尾任务占 4 个工作日。

需求分析任务、项目设计任务、程序编码任务、系统测试任务、项目收尾任务必须按顺序进行。上述每个任务结束阶段均需要安排一次项目评审,以检查该阶段的任务是不是按计划要求完成。每次评审定义为里程碑,评审时间不超过半天,工期近似为零。

图 2-2 "工商审批系统"项目工作分解结构

2.3 项目管理的三约束

任何项目都会在范围、时间及成本三个方面受到约束,这就是项目管理的三约束。项目管理,就是以科学的方法和工具,在范围、时间、成本三者之间寻找到一个合适的平衡点,以便项目所有干系人都尽可能满意。项目是一次性的,旨在产生独特的产品或服务,但不能孤立地看待和运行项目。这要求项目经理要用系统的观念来对待项目,认清项目在更大的环境中所处的位置,这样在考虑项目范围、时间及成本时,就会有更为适当的协调原则。

2.3.1 项目的范围约束

项目的范围就是规定项目的任务是什么。首先必须搞清楚项目的商业利润核心,明确项目发起人期望通过项目获得什么样的产品或服务。对于项目的范围约束,容易忽视项目的商业目标,而偏向技术目标,导致项目最终结果与项目干系人期望值之间的差异。因为项目的范围可能会随着项目的进展而发生变化,从而与时间和成本等约束条件之间产生冲突,因此面对项目的范围约束,主要是根据项目的商业利润核心做好项目范围的变更管理。既要避免无原则变更项目的范围,也要根据时间与成本的约束,在取得项目干系人一致意见的情况下,合理地按程序变更项目的范围。

2.3.2 项目的时间约束

项目的时间约束就是规定项目需要多长时间完成,项目的进度应该怎样安排,项目的活动在时间上的要求,各活动在时间安排上的先后顺序。当进度与计划之间发生差异时,如何重新调整项目的活动历时,以保证项目按期完成,或者通过调整项目的总体完成工期,以保证活动的时间与质量。在考虑时间约束时,一方面要研究因为项目范围的变化对项目时间的影响,另一方面要研究因为项目历时的变化,对项目成本产生的影响,并及时跟踪项目的进展情况,通过对实际项目进展情况的分析,提供给项目干系人一个准确的报告。

2.3.3 项目的成本约束

项目的成本约束就是规定完成项目需要花多少钱。对项目成本的计量,一般用花费多少资金来衡量,但也可以根据项目的特点,采用特定的计量单位来表示。关键是通过成本核算,能让项目干系人,了解在当前成本约束之下,所能完成的项目范围及时间要求。当项目的范围与时间发生变化时,会产生多大的成本变化,以决定是否变更项目的范围,改变项目的进度,或者扩大项目的投资。

在我们实际完成的许多项目中,多数只重视项目的进度,而不重视项目的成本管理。一般只是在项目结束时,才交给财务或计划管理部门的预算人员进行项目结算。对内部消耗资源性的项目,往往不做项目的成本估算与分析,使得项目干系人根本认识不到项目所造成的资源浪费。因此,对内部开展的一些项目,也要进行成本管理。

由于项目是独特的,每个项目都具有很多不确定性的因素,项目资源使用之间存在竞争性,除了极小的项目,项目很难完全按照预期的范围、时间和成本三大约束条件完成。因为项目干系人总是期望用较少的成本、短的时间,来完成项目范围。这三个期望之间是互相矛盾、互相制约的。项目范围的扩大,会导致项目工期的延长或需要增加加班资源,会进一步导致项目成本的增加;同样,项目成本的减少,也会导致项目范围的受限。作为项目经理,就要运用项目管理的九大领域知识,在项目的五个过程组中,科学合理地分配各种资源,尽可能地实现项目干系人的期望,使他们满意。

2.4 监控项目

2.4.1 项目质量监控

项目质量控制(Quality Control,QC)就是项目团队的管理人员采取有效措施,监督项目的具体实施结果,判断它们是否符合项目有关的质量标准,并确定消除产生不良结果原因的途径。也就是说,进行项目质量控制是确保项目质量计划和目标得以圆满实现的过程。

1. 项目质量控制的内容

项目质量控制的内容一般包括保证由内部或外部机构进行检测管理的一致性,与质量标准的差异,消除产品或服务过程中性能不能被满足的原因,审查质量标准以决定可以实现的目标及成本、效率问题,并且需要确定是否可以修订项目的具体目标。

2. 项目质量控制过程的基本步骤

项目质量控制过程一般需要经历以下基本步骤：

(1) 选择控制对象项目进展的不同时期，不同阶段质量控制的对象和重点也不相同，需要在项目实施过程中加以识别和选择。

(2) 为控制对象确定标准或目标。

(3) 制订实施计划，确定保证措施。

(4) 按计划执行。

(5) 对项目实施情况进行跟踪监测、检查，并将得到的结果与计划或标准相比较。

(6) 发现并分析偏差。

(7) 根据偏差采取相应对策：如果监测的实际情况与标准或计划相比有明显差异，则应采取相应的对策。

3. 项目质量控制的依据

项目质量控制的依据包括以下内容：

(1) 项目质量计划。这与项目质量保证是一样的，这是在项目质量计划编制中所产生的计划文件。

(2) 项目质量工作说明。这也是与项目质量保证的依据相同的，同样是在项目质量计划编制中所生成的工作文件。

(3) 项目质量控制标准与要求。这是根据项目质量计划和项目质量工作说明，通过分析和设计而生成的项目质量控制的具体标准。项目质量控制标准与项目质量目标和项目质量计划指标是不同的，项目质量目标和计划给出的都是项目质量的最终要求，而项目质量控制标准是根据这些最终要求所制定的控制依据和控制参数。

(4) 项目质量的实际结果。项目质量的实际结果包括项目实施中的中间结果和项目的最终结果，同时还包括项目工作本身的好坏。

4. 项目质量控制的工作方法

项目质量控制的工作方法包括因果图、流程图、检查表、散点图、直方图、控制图和排列图等。

(1) 因果图

因果图也叫石川图或鱼骨图，它说明了各种要素是如何与潜在的问题或结果相关联的。如图 2-3 所示，最终结果与若干要素有关，每个要素又受分原因影响。

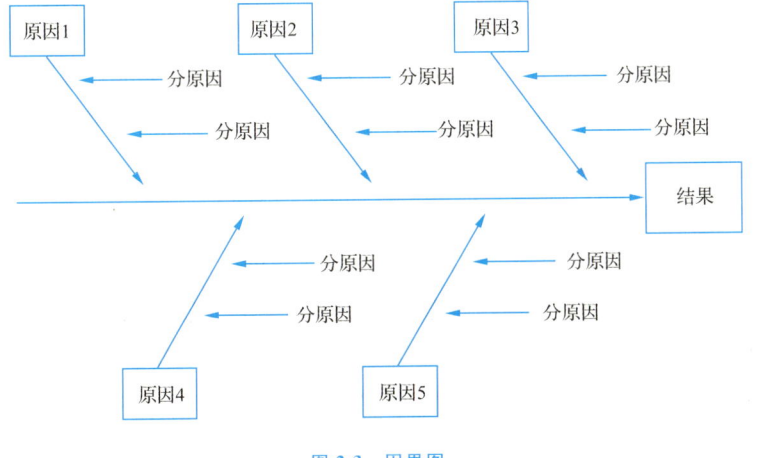

图 2-3　因果图

(2)流程图

流程图用于帮助分析问题发生的缘由。所有过程流程图都具有几项基本要素,即活动、决策点和过程顺序。它表明一个系统的各种要素之间的交互关系。

(3)检查表

检查表是一种简单的工具,通常用于收集反映事实的数据,便于改进。检查表上记录着可视的内容。检查表上的数据类内容,则记录得明确、清楚、独一无二。检查表最令人满意的特点是容易记录数据,并能自动地分析这些数据。检查表经常有水平的列和垂直的行,以收集数据,有些检查表还可能包括说明、图解。

(4)散点图

散点图显示两个变量间的关系和规律。通过该工具,质量团队可以研究并确定两个变量之间可能存在的潜在关系。将独立变量和非独立变量以圆点绘制成图形。两个点越接近对角线,两者的关系越紧密。

(5)直方图

直方图,也叫柱形图,是一种横道图,可反映各变量的分布。每一栏代表一个问题或情况的一个特征或属性。每个栏的高度代表该种特征或属性出现的相对频率。这种工具通过个栏的形状和宽度来确定问题的根源。如图2-4所示,竖轴上的数字代表频数,横轴上的数字代表具体的属性或者某一项特征。

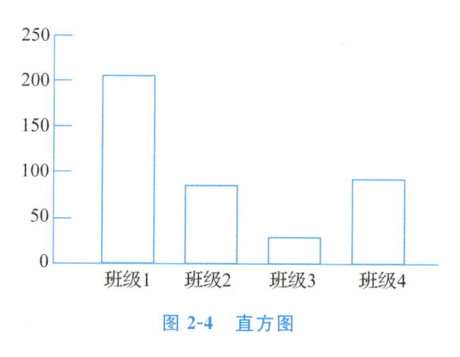

图2-4 直方图

(6)控制图

控制图又叫管理图、趋势图,它是一种带控制界限的质量管理图表,运用控制图的目的之一就是通过观察控制图上产品质量特性值的分布状况,分析和判断生产过程是否发生了异常,一旦发现异常就要及时采取必要的措施加以消除,使生产过程恢复稳定状态。也可以应用控制图来使生产过程达到统计控制的状态。产品质量特性值的分布是一种统计分布,因此,绘制控制图需要应用概率论的相关理论和知识。控制对象在上限和下限之间说明对象是可控的,反之则为不可控。

(7)排列图

排列图也被称为帕累托图,是按照发生频率大小顺序绘制的直方图,表示有多少结果是由已确认类型或范畴的原因造成的。按等级排序的目的是指导如何采取主要纠正措施。项目团队应首先采取措施纠正造成最多数量缺陷的问题。从概念上说,帕累托图与帕累托法则一脉相承,该法则认为:相对来说数量较小的原因往往造成绝大多数的问题或者缺陷。此项法则往往称为二八原理,即80%的问题是由20%的原因所造成的。也可使用帕累托图汇总各类型的数据,进行二八分析。如图2-5所示,左边的竖轴代表频数,右边的横轴代表累计频率的百分比,横轴下方的小写字母代表影响因素(项目),图中的直方形分别代表每个因素出现的频数,通过图2-5我们很容易看出来因素a和b是主要的影响因素。

图 2-5　排列图

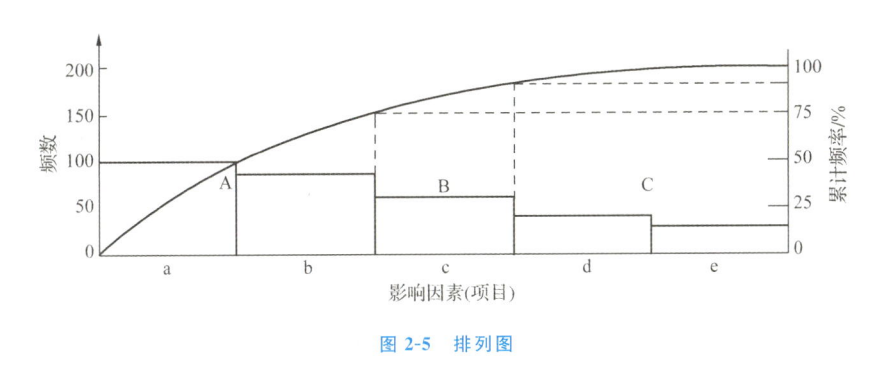

2.4.2　项目风险控制

监控项目风险就是要跟踪风险,识别剩余风险和新出现的风险,修改风险管理计划,保证风险计划的实施,并评估消减风险的效果,从而保证风险管理能实现的预期目标。监控风险过程的其他目的还包括:判断项目的假设条件是否仍然成立;某个已评估过的风险是否发生了变化,或已经消失;风险管理政策和程序是否已得到遵守;根据当前的风险评估,是否需要调整成本或进度应急储备;等等。

监控项目风险除了执行风险管理计划和风险管理流程,还可能涉及选择替代策略、实施应急储备或弹回计划、采取纠正措施,以及修订项目管理计划。风险应对责任人应定期向项目经理汇报计划的有效性、未曾预料到的后果,以及为合理应对风险所需采取的纠正措施。在监控风险过程中,还应更新组织过程资产(如项目经验教训数据库、风险管理模板等),以使未来的项目受益。

1. 风险监控的输入

监控项目风险的输入(或依据)有风险登记册、项目管理计划、工作绩效信息、绩效报告、批准的变更请求等。

(1)风险登记册:该登记册中包括已识别的风险、风险责任人、商定的风险应对措施、具体的实施行动、风险征兆和预警信号、利次生风险、低优先级风险观察清单,以及时间和成本应急储备。

(2)项目管理计划:项目管理计划包含风险管理计划,风险管理计划中又包括风险承受力、人员安排(包括风险责任人)、时间及用于项目风险管理的其他资源。

(3)工作绩效信息:与各种实施情况相关的工作绩效信息包括(但不限于)可交付成果的状态、进度进展情况、已经发生的成本等。

(4)绩效报告:它从绩效测量结果中提取信息并进行分析,来提供各种项目绩效信息,包括偏差分析、增值数据和预测数据等。

(5)批准的变更请求包括工作方式、合同期限、范围大小、工作计划的修订。

2. 风险监控的工具与技术

监控项目风险的工具与技术有风险再评估、风险审计、偏差和趋势分析、技术绩效衡量、储备金分析、状态审查会、风险预警系统等。

(1)风险再评估

对新风险进行识别并对现有风险进行重新评估。应安排定期进行项目风险再评估。反复进行再评估的次数和详细水平,应该根据相对于项目目标的项目进展情况而定。项目团队状态审查会的议程中应包括项目风险管理的内容。例如,如果出现了风险登记单未预期的风险或"观察清单"未包括的风险,或其对目标的影响与预期的影响不同,规划的应对措施可能将无济于事,则此时需要实行额外的风险应对规划,以对风险进行控制。

(2)风险审计

通过风险审计,检查并记录风险应对措施在处理已识别风险及其根源方面的有效性,以及风险管理过程的有效性。项目经理要确保按项目风险管理计划所规定的频率来实施风险审计。既可以在日常的项目审查会中进行风险审计,也可单独召开风险审计会议。在实施审计之前,要明确定义审计的格式和目标。

(3)偏差和趋势分析

很多控制过程都会借助偏差分析来比较计划结果与实际结果。为了监控风险事件,应该利用绩效信息对项目执行的趋势进行审查。可使用增值分析以及项目偏差与趋势分析的其他方法,对项目总体绩效进行监控。这些分析的结果可以揭示项目在完成时可能偏离成本和进度目标的程度。与基准计划的偏差,可能表明威胁或机会的潜在影响。

(4)技术绩效衡量

它将项目在执行期间所取得的技术成果与项目管理计划所要求的技术成果进行比较。它要求对技术绩效的量化测量指标进行定义,以便据此比较实际结果与计划要求。这些技术绩效测量指标可包括重量、处理时间、缺陷数量和存储容量等。如出现偏差,例如在某里程碑处未实现计划规定的功能,有可能意味着项目范围的实现存在风险。还能揭示项目面临的技术风险程度。

(5)储备金分析

储备金分析是指在项目的任何时间点将剩余的储备金金额与剩余风险量进行比较,以确定剩余的储备金是否仍旧充足。这是因为在项目实施过程中,可能会发生一些对预算或进度应急储备金造成积极或消极影响的风险。

(6)状态审查会

项目风险管理应该是定期状态审查会中的一项议程。该议程所占用的会议时间长短取决于已识别的风险及其优先级和应对难度。越经常开展风险管理,风险管理就会变得越容易。经常就风险进行讨论,可促使有关风险(特别是威胁)的讨论更加容易、更加准确。

(7)风险预警系统

风险预警系统是指对于项目管理过程中有可能出现的风险,采取超前(或预先)防范的管理方式,一旦在监控过程中发现有发生风险的征兆,及时采取校正行动并发出预警信号,以最大限度地控制不利后果的发生。项目风险管理的良好开端是建立一个有效的监控或预警系统,及时觉察计划的偏离,以高效地实施项目风险管理过程。

3.风险监控的输出

监控项目风险的输出(或可交付物)有风险登记册(更新);变更请求;项目管理计划(更新);项目文件(更新);组织过程资产(更新)等。

(1)风险登记册(更新)

其更新的内容包括(但不限于)：

- 风险再评估、风险审计和定期风险中审查的结果,例如新识别的风险事件以及对风险概率、影响、优先级、应对计划、责任人和风险登记册其他内容的更新。还可能需要删去不复存在的风险并释放相应的储备。
- 项目风险和风险应对的实际结果。这些信息有助于项目经理们横跨整个组织进行风险规划,也有助于他们对未来项目的风险进行规划。

(2)变更请求

有时,实施应急计划或权变措施会导致变更请求。变更请求要提交给实施整体变更控制过程审批。变更请求也可包括推荐的纠正措施和预防措施。

- 推荐的纠正措施。推荐的纠正措施包括应急计划和权变措施。后者是针对以往未曾识别或被动接受的、目前正在发生的风险而采取的未经事先计划的应对措施。
- 推荐的预防措施。采用推荐的预防措施,使项目实施符合项目管理计划的要求。

(3)项目管理计划(更新)

若经批准的变更请求对风险管理过程有影响,则应修改并重新发布项目管理计划中的相应组成部分,以反映这些经批准的变更。项目管理计划中可能需要更新的内容,与制订风险应对计划过程相同。

(4)项目文件(更新)

作为监控风险过程的结果,可能需更新的项目文件与制订风险应对计划过程相同。

(5)组织过程资产(更新)

上述项目风险管理过程都会生成可供未来项目借鉴的各种信息。应该把这些信息加进组织过程资产中。可能需要更新的组织过程资产包括(但不限于)：

- 风险管理计划的模板,包括概率影响矩阵、风险登记册;
- 风险分解结构;
- 从项目风险管理活动中得到的经验教训。

应该在需要时和项目收尾时,对上述文件进行更新。组织过程资产中应该包括风险登记册、风险管理计划模板、核对表和风险分解结构的最终版本。

学习思考

一、选择题

1. 项目的"一次性"含义是指(　　)。

A. 项目持续的时间很短

B. 项目有确定的开始和结束时间

C. 项目将在未来一个不确定的时间结束

D. 项目可以在任何时间取消

2. 项目目标是(　　)。

A. 项目的最终结果

B. 关于项目及其完成时间的描述

C. 关于项目的结果及其完成时间的描述

D. 任务描述

3. 项目管理的核心任务是（　　）。

A. 环境管理　　　B. 信息管理　　　C. 目标管理　　　D. 组织协调

4. 计划要做的工作是WBS最底层的组成部分，称为（　　）。

A. 任务　　　　　B. 活动　　　　　C. 工作包　　　　D. 交互成果

二、填空题

1. 项目管理过程可以整合为_____、_____、_____、_____、_____五个过程。

2. _____是指项目全过程中重要时间点，如阶段交叉点、重要成果完成的时间点。

3. 风险管理分为_____、_____、_____和_____四个过程。

三、简答题

1. 什么是项目？项目的主要特征有哪些？

2. 如何判断一个项目是成功的项目？客户、企业管理层和项目经理分别掌握哪些项目要素？

延伸阅读

单元3 机器人流程自动化

单元导读

机器人流程自动化(Robotic Process Automation, RPA)可以模拟人类在计算机等数字化设备中的操作,并利用和融合现有各项技术减少人为重复、烦琐、大批量的工作任务,是实现业务流程自动化的机器人软件或平台。另外,随着界面交互技术的发展,RPA工具已经迅速发展为可以结合使用多种用户界面交互描述的技术,模仿人类工作者完成"手动"工作的全部路径,而且RPA的各种解决方案,不仅可以在单个台式机上运行,也可以在企业服务器上运行。

过去的几十年中,伴随各种新兴IT技术的兴起,在劳动力成本上升、数字化转型、AI技术发展的推动下,企业运营迎来了一波又一波革命,使得RPA软件机器人得以迅速发展并逐渐被各个行业认可并广泛应用。RPA软件机器人在包括电商、金融、财务、税务、银行、制造业、新零售、保险、物流、政府、公安通信、制造业、人力资源等领域,已经成为企业数字化转型的重要推手。

RPA在国外出现并应用得很早,尤其在金融行业、保险行业应用极其广泛,如美亚保险、大都会人寿、好事达等大型集团企业,它们不仅全面推广使用RPA,而且还拥有自己独立的RPA团队。随着全球RPA市场的发展,中国RPA市场也迅速活跃起来。2018年起,随着RPA概念在中国的全面引入,RPA市场在国内已呈现井喷之势。

据《全球人工智能市场2017—2021》报告披露的数据,RPA的市场规模预计将在2024年达到50亿美元,复合增长率达到61.3%。在亚太地区,RPA的市场规模预计在2021年达到8.17亿美元,在此期间的增长率将达到181%。

学习目标

- 理解机器人流程自动化的基本概念,了解机器人流程自动化的发展历程和主流工具;
- 了解机器人自动化的技术部署、功能及部署模式等;
- 熟悉机器人流程自动化工具的使用过程;
- 掌握在机器人流程自动化工具中录制和播放、流程控制、数据操作、控件操控、部署和维护等操作;

- 掌握简单的软件机器人的创建，实施自动化任务。

3.1 认识 RPA 与 RPA 平台

3.1.1 机器人流程自动化（RPA）的概念

机器人流程自动化，英文为 Robotic Process Automation，缩写为 RPA，字面意思为机器、过程、自动化。
- 机器人(R)——模仿点击、击键、导航等人类动作的软件。
- 过程(P)——为获得所需结果而采取的步骤顺序。
- 自动化(A)——在没有任何人工干预的情况下执行流程中的步骤顺序。

RPA 是以机器人作为虚拟劳动力，依据预先设定的程序与现有用户系统进行交互并完成大量重复的、基于规则的工作流程任务的自动化软件或平台。确切来说，它并不是一个真实的、肉眼可见的机器人，而是流程自动化服务。如图 3-1 所示。

图 3-1 机器人流程自动化

用更通俗的解释，RPA 就是借助一些能够自动执行的脚本，这些脚本可以是自己编写的，也可以是某些工具生成的，这些工具有着非常友好的用户化图形界面，从而完成一系列原来需要人工完成的工作，具备一定脚本生成、编辑、执行能力的工具都可以称之为 RPA 机器人。

3.1.2 机器人流程自动化（RPA）

目前，随着 IT 技术的发展，产生了大量机器人流程自动化(RPA)平台，使用者可以利用这些平台完成自己的 RPA 自动化程序的编写，也可以利用平台中已经提供的模块化操作方便快捷地实现自己的需求。大多数机器人流程自动化(RPA)平台架构是由机器人设计平台、机器人、机器人控制平台三大部分组成。如图 3-2 所示。

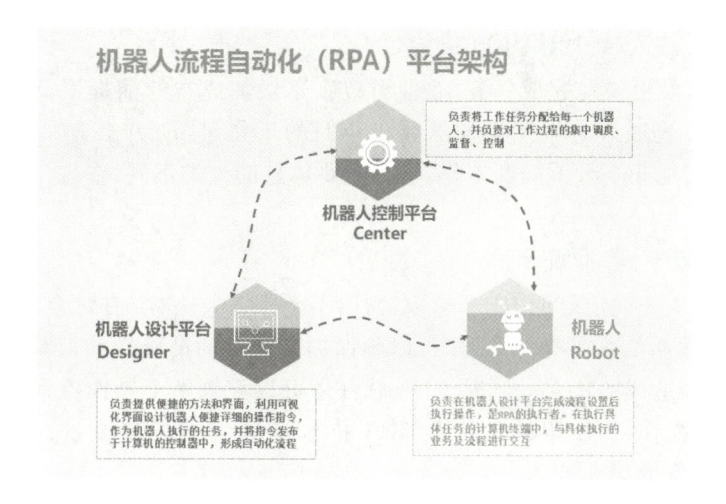

图 3-2　机器人流程自动化平台（RPA）架构

机器人设计平台，负责完成在可视化界面的流程编辑工作，是 RPA 的规划者。负责提供便捷的方法和界面，利用可视化界面设计机器人便捷详细的操作指令，作为机器人执行的任务，并将指令发布于计算机的控制器中，形成自动化流程。机器人设计平台一般会内置丰富的预置模板，集成多种编程语言来提升平台的易用性、可扩展性。

机器人，负责在机器人设计平台完成流程设置后执行操作，是 RPA 的执行者。负责在执行具体任务的计算机终端中，与具体执行的业务及流程进行交互。根据应用场景可以分为无人值守和有人值守两种，无人值守可在包括虚拟环境的多种环境下运行，有人值守需要人来控制流程开关。

机器人控制平台，负责智慧管理多个机器人的运行，保证整个软件的分工合理和风险监控，是 RPA 的领导者。负责将工作任务分配给每一个机器人，并负责对工作过程进行集中调度、监督、控制，同时包括机器人集群管理、流程任务分发、定时计划等，保证整个软件的分工合理和风险监控。

3.2　认识机器人流程自动化(RPA)技术

3.2.1　RPA 的特点

RPA 技术的优势主要在于增强劳动力，而不是代替劳动力。

1. 执行重复性、标准化、规则明确的任务

RPA 的应用场景需要符合两大条件：大量重复和规则明确。工作中大量重复的操作，使得我们有必要使用 RPA 流程自动化来降低人力成本；规则明确，使得我们有可能使用 RPA 技术来代替人类的手工劳动。

2. 全年365天,7×24小时,不知疲倦

RPA可以比人类更快地完成任务,企业可以在不增加成本的前提下,以较低的成本完成任务,提高生产率。普通人力人工操作需要1小时的工作量,RPA仅需5分钟完成。另外,RPA机器人可以实现365天不间断工作,这与需要休息的人类不同,在这一点上,人类很难与机器人竞争。

3. 安全可靠,效率高、准确率高

计算机会按照事先设定好的RPA指令运行,不会像人类一样,有时会产生一些人为误操作(睡眠不足、饥饿、粗心大意等),RPA可以确保提高输出的准确性和一致性,并能保证零出错率,彻底告别人为造成的错误。同时RPA软件还可以记录整个操作流程,以便企业可以查看何时执行了什么操作,方便审核。利用RPA技术,企业不再需要大量人力,仅需少数几名业务管理人员与运营维护人员。

4. 高敏捷性

RPA能够使企业更轻松地适应业务流程的变化。而RPA软件通常是轻量级且灵活的,而不需要IT员工花时间和资源来修改基础业务系统,操作者可以在RPA软件中进行快速调整,不需要耗费大量的时间,也不需要付出高昂的成本。

由于RPA位于企业系统之上而不是内置于企业系统中,因此新的RPA部署或对现有机器人的更改带来的中断或意外后果的风险较低。这意味着,企业可以选择使用RPA来快速调整流程,从而进一步提高敏捷性。

5. 实现增值工作

RPA技术使企业能够将员工的注意力从低价值任务转移到高价值任务,实现支持收入增长。RPA技术能使企业扩大规模,让员工有更多时间来实现增值工作。

例如,在客服行业,客户服务代表曾经会花费大量时间来收集和输入用于费率更改请求的数据,如果利用RPA机器人来处理这些收集和输入工作,就会将客服代表从大量重复的工作中解脱出来,从而使工作人员有更多时间直接与客户联系,将更多时间用于咨询性对话,而不是简单重复地复制和粘贴。

6. 提高员工敬业度

由于RPA机器人会处理重复且烦琐的任务,因此员工可以将更多的时间转移到更有价值的工作中,而这反过来也能提高员工的敬业度。RPA帮助人们将重点和资源从数据输入等低价值、大批量的任务中转移出来,并专注于创意、创新和高价值工作。这可以减少员工的倦怠感,从而减少劳动力流失。

7. 提高客户满意度

客户也可以从企业的流程自动化中受益,因为流程自动化可以创造更快更好的用户体验。例如,机器人可以访问和检索信息,以实时响应客户的请求,而无须让客户等待。

例如,目前很多国内的电信公司,或是银行、保险业务公司,已经将很多查询类业务交给机器人来完成,消除了之前人工客服短缺,客户等待的问题。

8. 不受IT底层架构限制

RPA机器人在用户界面运行,不会影响现有IT系统的功能与稳定性,与传统的IT系统不同,RPA其实运行在更高的软件层级。这就决定了它不会侵入影响已有的软件系统,从而在帮助企业提升效能的过程中,保持企业已有的IT系统功能平稳、运行可靠。

9. 流程标准化

即使企业优化其流程,也很难确保员工每次在每个办公室位置都遵循规定的步骤。有时候,个别员工在不同的地方会根据自己的喜好调整流程。而 RPA 不同,它会完全按照编程的方式执行其任务,从而确保每次在各个位置都始终遵循流程,实现高度一致的标准化。

3.2.2 机器人流程自动化(RPA)技术

机器人流程自动化(RPA)是一种软件解决方案,可以模仿各种基于规则而不需要实时创意或判断的重复流程。RPA 可以在电脑上不间断地执行基于规则的各种工作流程,它不仅比人类更快,还可以减少错误和欺诈的机会。简言之,就是"像人类一样工作""把人类进一步从机械劳动中解放出来",让人类自由地开展更高价值的工作。

机器人流程自动化技术区别于传统的自动化技术和智能自动化技术,表现在以下几个方面:

从工作任务看,RPA 技术适合重复性、固定规则的工作,属于常规的简单工作,区别于智能自动化中需要思考和决策的复杂工作内容。

从应用领域看,RPA 技术是模拟人的操作步骤完成某个流程,区别于传统的自动化技术和智能自动化技术。

从应用范围看,RPA 技术可对一切适合流程进行自动化,应用更加广泛。

从技术成熟度、开发周期、部署、后期成本角度看,RPA 技术已经非常成熟,部署及后期成本低。机器人遵循和人一样的工作方式,不影响其他用户正常访问;不改变现有系统,机器人在系统用户界面运行,不涉及已有系统改造、接口或者集成;开发周期短,机器人部署可以在数周内完成开发。

基于 RPA 技术的流程自动化与传统自动化技术和智能自动化比较详见表 3-1。

表 3-1　基于 RPA 技术的流程自动化与传统自动化技术和智能自动化比较

比较的项目	传统自动化技术	基于 RPA 技术的流程自动化技术	智能自动化技术
适用的任务	简单工作:重复性操作、固定规则、单一系统	简单工作:重复性操作、固定规则、跨系统	复杂工作:需要思考和决策的
应用领域	按操作步骤完成某个操作	模拟人的操作步骤完成某个流程	自主分析出结论
应用范围	具体:将特定操作步骤或单一环节自动化	广泛:可对一切适合流程进行自动化	具体:只适用于需要生成分析结果的特定流程
技术成熟度	成熟	成熟	发展中
部署及后期成本	中等	较低	非常高
开发周期	数月	数周	数月至数年

3.2.3 机器人流程自动化(RPA)与人工智能(AI)的区别

人工智能(Artificial Intelligence)是一个相当广泛的概念,人工智能的目的就是让计算机这台机器能够像人一样思考。人工智能中一个比较核心的概念就是机器学习（Machine Learning），通过机器学习的研究来实现计算机模拟或实现人类的学习行为，以获取新的知识或技能，使之不断改善自身的性能。

战胜围棋各段高手的 Google AlphaGo 就是机器学习的代表，它所使用的是深度学习（Deep Learning）方法。深度学习是使用包含复杂结构或由多重非线性变换构成的多个处理层（神经网络）对数据进行高层抽象的算法，因此能够处理以前机器难以企及的更加复杂的模型。

机器人流程自动，与人工智能在复杂程度和主要技术中的比较，如图 3-3 所示。机器人流程自动化主要针对结构化数据以及高重复性任务，它所涉及的批量处理、桌面自动化技术相对比较简单；人工智能主要针对非结构化数据和比较自由形式的任务，它涉及的主要技术更为复杂。

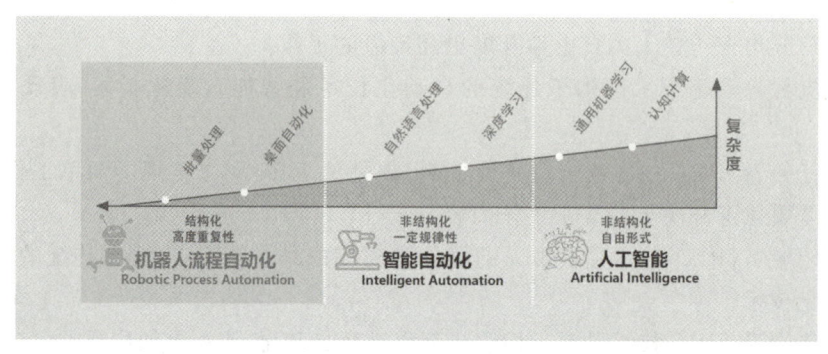

图 3-3　机器人流程自动化平台与人工智能

3.2.4　RPA 和软件自动化测试的关系

RPA 软件自动化脚本类与软件自动化测试的脚本类似，但也稍有不同。

（1）对异常的处理不同

软件自动化测试的脚本在操作应用出现异常时只要记录错误信息，一般情况下，再截屏就够了。RPA 的脚本更加注重出错处理，针对流程中所有可能出现的异常情况进行一定的处理，以确保能按照预定流程执行。另外要添加更多的检查点，确保流程执行无误。

（2）面向对象不同

软件自动化测试主要针对一个被测应用执行脚本。RPA 执行一个完整流程通常会跨多个应用。例如，同时要操作 Web 应用和 Windows 原生应用来完成流程。

（3）维护需求不同

软件自动化测试对脚本要经常维护，例如，被测应用更新后，自动化测试脚本也要做相应的更新，修改相对频繁。RPA 脚本应用在成熟的系统之上，一旦构建完成且稳定运行，一般不会进行修改，修改频度较低。

（4）对图像识别的需求不同

软件自动化测试中，自动化技术主要是对象识别，通过对象直接操作元素，通常会避免用图像识别，因为图像识别的脚本不容易维护。RPA 因为要跨多种类型应用，对象识别有时不能在所有的应用上工作，而且部署后一般不修改，所以采用图像识别的机会较多。

3.2.5 RPA 面临的问题

RPA 作为比较成熟的自动化处理技术,也有很多问题值得注意。

1. RPA 技术从某种程度会带来企业减员

尽管 RPA 机器人通常不会取代工人,但是也会带来这样的隐患。

RPA 作为一个软件机器人,其对高重复、标准化、规则明确、大批量的日常事务操作有着极强的适用性。随着 RPA 的迅速发展,很多 RPA 供应商纷纷开发各种自动化流程,来消除企业中各种高重复性工作,对于从事这些工作的人群来说的确面临被 RPA 机器人淘汰的危机。

例如,目前很多财务 RPA 机器人可以替代人工在用户界面上完成对多个银行账户的对账,财务录单,核算,报表填报制作,发票查询核对等基础工作,从而导致从事这一领域的代理记账工作逐渐面临生存危机。

2. 避免 RPA 技术复杂零散

随着添加更多的机器人来执行更多的任务,企业面临的风险是,各种各样的技术会使得管理和维护变得更加困难且成本更高。同样,如果没有有效地记录、管理和控制,RPA 会带来各种杂乱无章的软件。这会提高复杂性,可能使业务改进变得更难实现。

企业应有效地管理和构建机器人自动化流程,并在充分调研的基础上,实施有效的 PRA 流程来辅助公司的各种业务环节。

3. 避免 RPA 技术成为反向动力

企业在实施 RPA 技术之前要从战略层的角度,对公司整理业务流程进行审核和布局,合理有效确定实施 RPA 技术的环节,避免因战略决策错误,导致 RPA 应用环节错误,使得问题环节不断扩大,最终使得本应该提高生成效率的 RPA 自动化环节,成为反向动力,给企业带来灾难性后果。

4. RPA 技术存在潜在风险

RPA 凭据通常是共享的,因此可以反复使用。由于这些账户和凭据保持不变且不安全,网络攻击者可以将其窃取,升级特权并横向移动以获取对关键系统、应用程序和数据的访问权限。由于许多采用机器人流程自动化的企业在任何给定时间都有大量机器人在生产,因此潜在风险非常高。保护这一新兴的数字化劳动力利用的特权凭据是保护 RPA 工作流的重要一步。

3.3 认识机器人流程自动化(RPA)的发展与趋势

3.3.1 机器人流程自动化(RPA)发展历程

RPA 并不是一个新兴概念,其发展至今,经历了多个阶段。

1. 工业机器人时代

工业机器人是 RPA 的"前辈",所以对于机器人流程自动化(RPA)发展历程,我们先来了解一下工业机器人的发展历程,工业机器人的发展大体经过了三个阶段:

(1)第一阶段:产生和初步发展阶段(1958—1970)

1954 年,乔治·德沃尔(George Devol)申请了第一个机器人专利,工业机器人的序幕也由此被正式拉开,如图 3-4 所示。约瑟夫·恩格尔伯格对此专利很感兴趣,联合德沃尔在 1959 年共同制造了世界上第一台工业机器人,称之为 Robot,其含义是"人手把着机械手,把应当完成的任务做一遍,机器人再按照事先教给它们的程序进行重复工作",并主要用于工业生产的铸造、锻造、冲压、焊接等生产领域,特称为工业机器人。

图 3-4　乔治·德沃尔和他发明的第一台工业机器人

首台工业机器人主要用于自动执行一些简单的任务,比如拾取、移动和放置装配线上的物品。随着新的技术不断突破,传感器和摄像头让机器人似乎可以"感觉"或"看到"接下来会发生的事情,其复杂程度和性能方面更是增长迅速。

(2)第二阶段:技术快速进步与商业化规模运用阶段(1970—1984)

这一时期的技术相较于此前有很大进步,工业机器人(图 3-5)开始具有一定的感知功能和自适应能力的离线编程,可以根据作业对象的状况改变作业内容。伴随着技术的快速进步发展,这一时期的工业机器人还突出表现为商业化运用迅猛发展的特点,工业机器人的"四大家族"——库卡、ABB、安川、FANUC 公司分别在 1974 年、1976 年、1978 年和 1979 年开始了全球专利的布局。

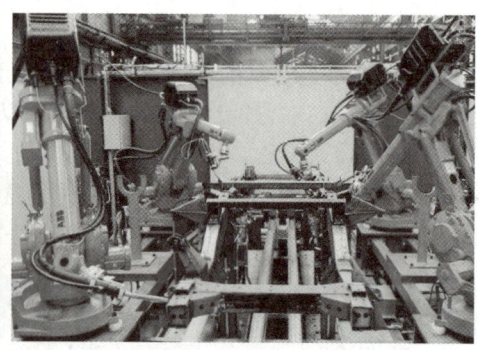

图 3-5　工业机器人

(3)第三阶段:智能机器人阶段(1985 年至今)

智能机器人(图 3-6)带有多种传感器,可以将传感器得到的信息进行融合,有效地适应变化的环境,因而具有很强的自适应能力、学习能力和自治功能。在 2000 年以后,美国、日本等国都开始了智能军用机器人研究,并在 2002 年由美国波士顿公司和日本公司共同申请了第一件"机械狗"(Boston Dynamics Big Dog)(图 3-7)智能军用机器人专利。

图 3-6　智能机器人　　　　　　　　　　　图 3-7　"机械狗"

2. RPA 的诞生时代

(1) 数据"搬运"需求

尽管已经有这么多工业机器人在帮助人们实现"将一个物品从一个地方自动移动到另一个地方"这一想法，但是，还有许多看不见、摸不着的"物品"等待着人们去处理，比如数据。

过去的三十多年，众多新兴 IT 系统在企业中的实施，包括内部部署系统、基于云的应用程序以及各种桌面应用程序等在内的众多系统，在维持着企业正常信息运转的同时，在这些不同的系统之间，产生了数据操作的大量需求，就是人工从系统 A 将需要搬运的数据复制、粘贴到系统 B 当中。当系统的数量增加到 C、D、E 甚至更多之后，这样的工作就会变得繁多而沉重。工业机器人已经在装配线上使用了数十年，以协助生产汽车以及制造其他产品。如今，白领或知识工作流程亦需要这样的软件机器人，帮助其实现数据的交换。于是，RPA 技术应运而生。

(2) RPA 的雏形

RPA 的雏形是早期的屏幕抓取工具和工作流程自动化管理软件，甚至是 Microsoft Office 自带的"宏"（Macro）功能，都是早期 RPA 的雏形。

屏幕抓取（Screen Scraping）作为一种编程，它实现了继承应用程序跟新的用户接口之间的转换。可对这些类型的软件进行编程，从计算机文件和网站收集数据。随着互联网的兴起，屏幕抓取软件迅速发展，通过访问 HTML 代码从网站中提取数据的能力，就是现在的网络爬虫工具。

工作流程自动化管理软件的出现要比屏幕抓取晚，但在流程自动化方面的表现却非常突出，特别是处理那些需要人工审批、修改或填写数据的业务流程。

在国内，诞生于 21 世纪初的"按键精灵"也常被看作是 RPA 的先驱。作为一款主要针对游戏领域的软件机器人，它的很多功能都和后来的 RPA 相似。按键精灵的操作流程如图 3-8 所示。

RPA 与这些早期的流程自动化不同，其采用了这些技术中最有用的部分，同时又逐渐发展出自己独有的功能与优势。RPA 不依赖于特定的编程语言或应用程序，它在流程的显示或表面级别运行。这就意味着发布命令、管理工作流程和集成新应用程序可以通过简单的拖放实现。RPA 不需要对已有系统进行修改，是以一种无侵入的方式，通过模拟人类员工的阅读和操作方式，自动完成相关任务。RPA 利用光学字符识别（OCR）技术，使其能够适应不断变

脚本录制　　　　　　　脚本编辑　　　　　　　脚本执行

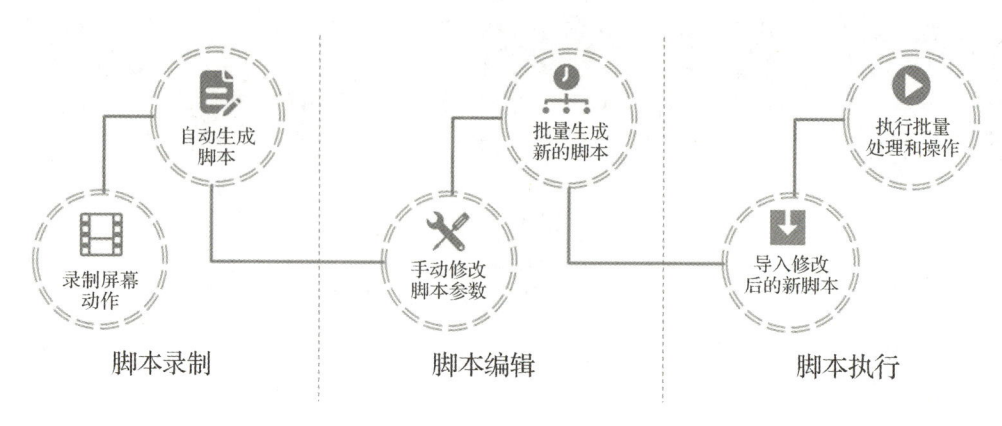

图 3-8　按键精灵操作流程

化的网站,减少人工的干预。

3. RPA 技术的迅速成长

RPA 的进化发展绝非一蹴而就,主要经历了四个阶段:

(1) 辅助性 RPA(Assisted RPA)

在 RPA 1.0 阶段,作为"虚拟助手"出现的 RPA,几乎涵盖了机器人自动化的主要功能,以及现有桌面自动化软件的全部操作,部署在员工 PC 上,以提高工作效率。缺点则是难以实现端到端的自动化,成规模地应用还很难。

(2) 非辅助性 RPA(Unassisted RPA)

在 RPA 2.0 阶段,被称为"虚拟劳动力"的 RPA,主要目标即实现端到端的自动化,以及虚拟员工分级。主要部署在 VMS 虚拟机上,能够编排工作内容,集中化管理机器人、分析机器人的表现等。缺点则是对于 RPA 软件机器人的工作仍然需要人工的控制和管理。

(3) 自主性 RPA(Autonomous RPA)

在 RPA 3.0 阶段,其主要目标是实现端到端的自动化和成规模多功能虚拟劳动力。通常部署在云服务器和 SaaS 上,特点是实现自动分级、动态负载平衡、情景感知、高级分析和工作流。缺点则是处理非结构化数据仍较为困难。

(4) 认知性 RPA(Cognitive RPA)

RPA 4.0 将是未来 RPA 发展的方向。开始运用人工智能、机器学习以及自然语言处理等技术,以实现非结构化数据的处理、预测规范分析、自动任务接受处理等功能。

目前,尽管大多数 RPA 软件产品,都还集中在 2.0～3.0,但其发展已相当成熟,产品化程度亦是很高。一些行业巨头已经开始向 RPA 4.0 发起了探索。

在过去的几年中,迅速崛起的 RPA 正颠覆着各行业的流程认知。

很多大型企业都在积极推广 RPA 财务机器人。很多行业巨头更是早早地就采用了 RPA 技术,以帮助其实现流程的优化,效率的提升。

如同此前工业机器人的发展一样,今后,不断进化的 RPA 机器人将会在更多行业中找到用武之地。

3.3.2 机器人流程自动化（RPA）发展趋势

1. 与 AI 技术融合延伸 RPA 能力边界

RPA 作为流程自动化软件，受标准化特定场景、部署流程比较短、决策链单一的制约，在大范围企业业务的快速落地上仍程度高，解决方案定制化强，由此给 RPA 的发展造成羁绊。而与 AI 能力的结合，可以提升感知非结构化数据能力和聊天机器人联动能力，帮助 RPA 提升易用性，业务端应用向前端迁移。将 RPA 添加或集成了机器学习和 AI 技术，以提供更多类型的自动化。机器人流程自动化发展趋势如图 3-9 所示。

图 3-9 机器人流程自动化发展趋势

未来，利用人工智能领域目前相对成熟的技术，RPA 作为一种软件机器人，既然是"人"，RPA 机器人将具有类似于人的感官功能：

视觉延伸，利用 OCR、图像识别、语义识别等技术，RPA 机器人可以"阅读"打印和手写的文字，实现例如发票识别、身份证识别、银行卡识别等功能。

听觉延伸，利用语音识别技术，RPA 机器人可以"听懂"人类对话，结合语义识别技术就可以实现例如会议记录（文字）、实时翻译等功能。

语音延伸，利用语音合成技术，RPA 机器人可以"说话"，结合语音识别和语义识别技术就可以实现例如职能导游、智能导购，智能 Help Desk 服务、声音提醒等功能。

动作模拟，利用机器手臂、自动驾驶等技术，RPA 机器人可以"行动"，结合机器学习等技术就可以实现例如无人驾驶、无人物流，无人工厂等。

智能辅助，利用统计分析、机器学习等人工智能技术，RPA 机器人就真正具有了智能，可以像人一样"思考、学习和决策"。

2. RPA 应用将向金融以外行业拓展

RPA 应用不受行业和部门限制，但是一直以来，RPA 的发力点仍主要落在金融、财税等信息化程度高、流程标准化程度高、重复性工作多、耗费人力大的行业和场景。相对于金融行业，制造、电信、医疗、政务等亟须转型的传统行业对 RPA 产品都有一定诉求，但渗透率并不理想。政务行业虽然存在标准化程度较高的场景，但人员短缺，对人效考核制度都不完善，对 RPA 的动力不足，因此近两年随着智慧政务的推进，利用 AI 和其他自动化软件提升政府部门在办公、监管、服务、决策等效率的提升成为共识。

3.4 认识机器人流程自动化(RPA)工具

RPA 已成为当今应用最为广泛、效果最为显著、成熟度较高的智能化软件。有很多企业都希望部署适合自己的 RPA。下面我们来介绍几种在国内外应用比较广泛的 RPA 自动化程序设计工具。

3.4.1 UiPath Community Cloud

UiPath 是一款非常具有代表性的桌面类型 RPA 工具，可提供完整的软件平台，帮助企业高效完成业务流程自动化。如图 3-10 所示。

图 3-10 UiPath

UiPath 包含适用于个人和小型团队的社区版(图 3-11)、适用于企业的 studio 版和企业服务器版。

图 3-11 UiPath 登录下载界面

社区版，适用于个人 RPA 开发者和小型团队，可随时升级到企业版，永久免费，包含两个 Studio 许可证，2 个有人值守机器人和 1 个无人值守机器人，由 Ui Path 管理更新，支持免费的论坛和在线激活。如果免费版本已经满足业务自动化的需求，则可以继续使用免费版本。其操作界面如图 3-12 所示。

UiPath 机器人工具的主要特点：

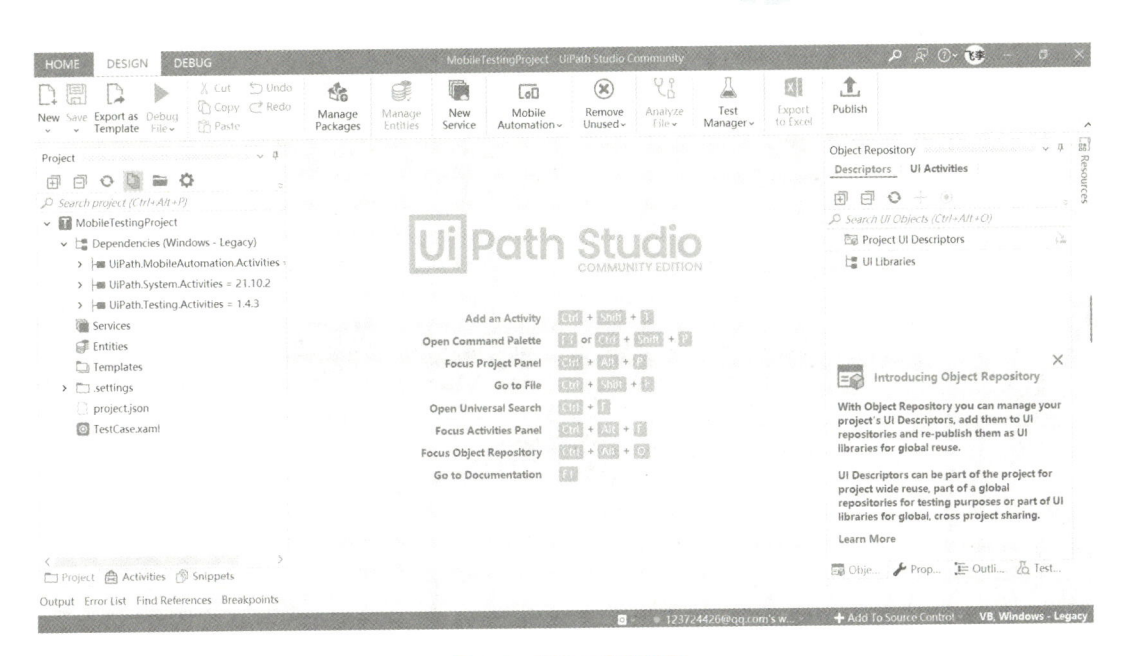

图 3-12　UiPath 操作界面

(1) 多种托管选项,可以跨云,虚拟机和终端服务托管;
(2) 应用程序兼容性,提供广泛的应用程序,包括台式机、SAP、大型机和 Web 应用程序;
(3) 支持安全和治理;
(4) 基于规则的异常处理;
(5) 支持快速应用程序开发(RAD);
(6) 易于扩展和维护。

3.4.2　Automation AnyWhere

由 Automation Anywhere(图 3-13)提供的服务器类型 RPA 工具,具有公认的全局安装记录。它具有全球用户社区,可在其中下载大量机器人零件的"RPA Bot 商店"以及培训环境,并且具有适用于大规模部署,集中管理和操作的功能。

图 3-13　Automation Anywhere

除了机器人开发功能,机器人执行功能和机器人管理功能外,还具有文档创建支持功能,可以根据操作记录自动创建文档。可以提供 30 天的免费试用版 Automation Anywhere

Enterprise RPA,包含平台完整功能。其操作界面如图 3-14 所示。

  Automation Anywhere 机器人软件的主要特点：

  (1)易于使用和管理,无须编程知识；

  (2)易于与不同平台集成；

  (3)支持分布式架构；

  (4)简单易用的 GUI。

图 3-14 Automation Anywhere 机器人软件操作界面

3.4.3 艺赛旗

  艺赛旗(图 3-15),成立于 2011 年,总部位于上海,是一家做机器人流程自动化 iS-RPA (i-Search Robotic Process Automation)产品、UEBA(User and Entity Behavior Analytics)和双录系统解决方案(CSM:Counter Service Monitor)的软件厂商,为客户提供企业内部数据跨平台整合、云安全管理、大数据安全分析、用户行为收集分析、应用操作录屏审计、客服行为可视化质检、银行柜面交易监控及分析。

  艺赛旗作为中国 RPA 行业领航者,2019、2020 年连续入选 RPA 领域案例厂商。截至目前,艺赛旗服务的客户超过 500 家,涵盖金融、运营商、能源、电力、制造业等众多领域。

图 3-15 艺赛旗

艺赛旗的 RPA 商城提供了大量的已经开发好的 RPA 流程产品，供用户下载使用，这些模块化的 RPA 产品部分是免费的，其中有些常见的邮件群发助手机器人、Word 读取设计机器人、文件格式转换设计机器人等。如图 3-16 所示。

图 3-16　艺赛旗商城提供的模块化机器人软件

3.4.4　阿里云 RPA

阿里云 RPA 在 2011 年诞生于阿里巴巴集团淘宝平台，普遍赋能集团内部，如天猫、淘宝、飞猪、集团财务、菜鸟、蚂蚁金服等，曾经获得淘宝年度创新奖和集团特殊贡献奖。2016 年正式上线后，已为电商、金融、制造、政务等多个领域输出行业解决方案，平均提高效能 500%。目前，阿里云 RPA 发布了 3.0 版本，采用 Python 开发引擎，拥有强大的控件录制功能、丰富的 SDK 能力以及更私密的数据安全措施，并且在与 Office 相关的控件上有自己独特的优势。

3.4.5　来也科技

来也科技（图 3-17）的产品是一套智能自动化平台，包含机器人流程自动化（RPA）、智能文档处理（IDP）、对话式 AI（Conversational AI）等。基于这一平台，能够根据客户需要，构造各种不同类型的软件机器人，实现业务流程的自动化，全面提升业务效率。

图 3-17　来也科技

目前，来也科技帮助保险、通信、电力、金融、零售等多行业的企业客户，以及智慧城市、政务服务、医保社保、公共医疗、院校在内的公共事业领域，实现了各种业务场景的深度突破与打通，构建起了端到端的自动化解决方案，服务近两百家世界、中国 500 强，数十个省市政府以及上千家中小企业客户。

3.5 认识机器人流程自动化(RPA)的应用

RPA 软件机器人可以应用于任何行业和业务场景,用来实现税务处理自动化的税务机器人,实现政务处理自动化的政务机器人,实现保险业务自动化的保险机器人,实现医院业务自动化的医疗机器人,实现银行业务自动化的银行机器人,实现物流业务自动化的物流机器人,实现供应链管理自动化的供应链机器人,实现销售链管理自动化的销售链机器人,实现企业人力资源管理自动化的 HR 机器人,实现企业 IT 工作自动化的 IT 机器人都得到了广泛应用。

下面通过几个典型案例,来讲解一下 RPA 机器人在具体工作环境中的自动化处理过程。

3.5.1 邮件 RPA 流程自动化处理

很多从事保险业务的企业,每月都需要处理大量的用户反馈邮件。由于时间、人力资源等问题,这些工作往往会造成积压无法完成,而且很多邮件无法得到实时有效的回复,大大地降低了客服质量。于是很多企业引入 RPA 机器人应用在电子邮件提取业务上。

RPA 自动处理阶段如图 3-18 所示。

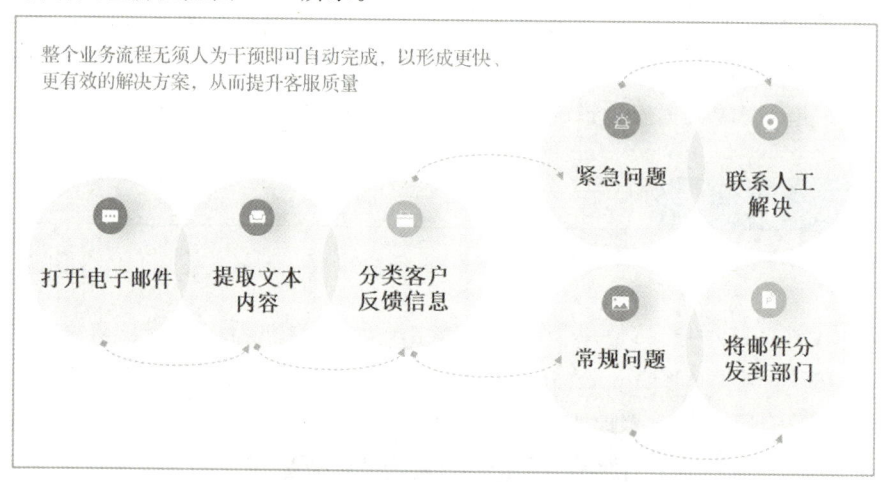

图 3-18 邮件服务机器人自动化流程

(1)RPA 机器人打开每一封电子邮件。
(2)提取所有文本内容。
(3)然后根据内置的机器学习算法,将每个客户反馈信息进行分类。
(4)当电子邮件被分好类后,RPA 机器人根据用户规则设定,将邮件自动分发到各个匹配的部门进行后续处理。

整个业务流程无须人为干预即可自动完成,如果有需要人工处理的地方,RPA 机器人则可以协助员工共同完成。当 RPA 机器人发现同一用户反复发多封邮件时,这表明该用户的情况非常紧急,需要及时处理。这时 RPA 机器人会立即将这些邮件发送给专人处理,以形成更快、更有效的解决方案,从而提升客服质量。很多大型企业有时会部署 10 个左右的 RPA 机器人来处理电子邮件业务流程,将员工从烦琐的邮件筛选中解脱出来。

3.5.2 发票查验机器人

财务领域的机器人流程自动化 RPA,是当前比较成熟的财务数字化应用技术,把财务相关的输入—处理—决策—输出的流程进行分析、拆解,再用机器人软件模拟人的操作,把原本要在各种软件平台,包括会计软件、ERP 软件、报表软件,甚至是 CRM 软件和税务软件上需要很多人力完成的填写、报送、执行命令、菜单点击、输出报表等动作,交由机器人来完成。

下面以发票核验机器人为例,说明机器人自动化的操作过程。

1. 准备阶段

(1)在输入端,可以结合光学字符识别技术(OCR),把纸质的凭证发票扫描到计算机里,并识别为电子逻辑信息。

(2)将发票税号、验证码等信息登记到电子表格中。

2. RPA 自动处理阶段(图 3-19)

(1)将已经生成的电子信息交给机器人,在前期设计和授权的前提下。

(2)机器人会自动打开国家增值税发票核验系统。

(3)自动输入发票税号、验证码等信息。

(4)点击查询。

(5)并将查询输出结果写入电子表格中。

(6)机器人重复上述操作,知道电子表格中所有信息查询完毕,将查询结果反馈给企业。

图 3-19 发票核验机器人自动化流程

除了利用光学字符识别技术(OCR)外,在财务机器人中也应用语音识别技术帮助机器人识别、接收人的语音指令,甚至从人的语音当中识别出数字信息并且进行处理。财务是一个强规则领域,财务领域内的很多事务流程和报告流程大多是可重复、有规律可循的,因此也最易于实现流程自动化。在财务决策过程中相对标准化、有清晰的规则和可重复的活动,也可以应用机器人流程自动化技术。

3.5.3 网银余额查询机器人

目前很多企业在全国 100 多家银行开设了银行账户,开展相关业务方面的工作。由于大多数的中小银行未开通银企直连,全部开发接口的对接工作量又很大,每天需要大量的人工登录到各个银行去查询前一天的资金余额,汇总成表格,编制资金使用情况的报表。

具体流程为:业务人员登录银行网银,对于有UKEY的银行还要插入对应的UKEY;点击到资金流水历史明细页面;查询到前一天的最后一笔交易的余额;人工将金额复制到表格对应的位置。

网银查询的工作量大,业务人员工作效率低、价值低、强度高;每次查询都要更换对应的UKEY,插拔次数多也容易损坏电脑接口和UKEY,UKEY管理工作烦琐。

通过财务机器人实现每天对多家银行的网银流水余额自动查询,自动化率达到100%。基于RPA的业务流程的财务机器人解决方案如下:

1. 准备阶段

业务人员将需要查询的银行UKEY全部插入财务机器人管理器上。

2. RPA自动处理阶段(图3-20)

(1)机器人运行时进行判断,如需调用UKEY,则发送指令打开对应的一个端口。

(2)机器人登录网银;进入查询历史交易明细页面;输入前一天的日期。

(3)查询出交易流水结果。

(4)获取最后一笔交易的余额。

(5)复制数据到指定的模板里。

(6)发送收集完的数据给指定的邮箱地址。

(7)运行过程中出现异常,会标记查询结果状态,自动进行3次重试。如果重试次数达到,机器人还未执行成功,则标记失败,后续由人工处理。

图3-20 网银余额查询机器人自动化流程

3.5.4 人力资源管理

传统的人力资源管理中,人力资源部门在企业中主要负责组织招聘员工、员工培训、绩效考核、薪酬计算、考勤管理、入职离职管理、人事档案管理、合同管理等事务,以及组织结构设计与企业文化建设方面的内容。

但随着企业竞争的加剧,对企业而言,任何一个部门的使命都是要为这个企业创造价值。而考量人力资源部门的指标,也由HR人员是否能高效完成日常事务上升到了能否为企业创造价值,以及HR人员对企业战略的快速主动的响应速度。当前,如何将HR人员从重复烦琐的事务中解放出来,提升人力资源管理效能,发挥HR人员的创造性价值,已成为企业运营管理工作的重中之重。

单元3　机器人流程自动化

随着数字化、智能化技术在人力资源管理领域应用的逐渐深入,自动化和智能化人力资源管理的浪潮已全面波及企业招聘、培训、绩效、薪酬、福利管理等各个领域。

RPA人力资源管理机器人是在人工智能和自动化技术的基础上建立的,以机器人作为虚拟劳动力,无须改造现有系统,通过软件机器人自动处理大量重复性、具备规则性的工作流程任务。RPA以其便于管理,效率更高,成本更低,而且能够协同和辅助人类员工等优势,成为未来企业新生产力的首选。

RPA人力资源机器人作为HR人员的得力助手,不仅可以将HR人员从重复烦琐的日常事务中解放出来,自动进行简历筛选、档案管理、考勤统计、薪资福利统计、邮件自动收发等,还能帮助企业实现整个招聘流程和薪资考勤管理等流程的自动化。

学习思考

一、选择题

1. 1954年,(　　)申请了第一个机器人专利,工业机器人的序幕也由此被正式拉开。
   A. 蒂莫西·梅　　　　　B. 比尔·盖茨
   C. 乔治·德沃尔　　　　D. 马斯克

2. 机器人流程自动化简称(　　)。
   A. RPA　　　B. AI　　　C. UPI　　　D. Ui bot

3. RPA是以机器人作为(　　),依据预先设定的程序与现有用户系统进行交互并完成大量重复的、基于规则的工作流程任务的自动化软件或平台。
   A. 劳动力　　B. 虚拟劳动力　　C. 手段　　D. 工具

4. 下列(　　)工具是RPA早期的雏形。
   A. 屏幕抓取工具　　　　　　B. 工作流程自动化管理软件
   C. Microsoft Office自带的"宏"　　D. 工业机器人

5. RPA机器人在(　　)领域都有广泛的应用。
   A. 电商/金融　　B. 财务/税务　　C. 银行/保险　　D. 人力资源

二、填空题

1. RPA的应用场景需要符合两大条件:_____和_____。工作中_____的操作,使得我们有必要使用RPA流程自动化来降低人力成本;_____使得我们有可能使用RPA技术来代替人类的手工劳动。

2. 机器人流程自动化,英文为Robotic Process Automation,缩写为_____,字面意思为机器、流程、自动化,RPA是以机器人作为_____,依据预先设定的程序与现有用户系统进行交互并完成工作流程任务的自动化_____、或_____。

3. 大多数机器人流程自动化(RPA)平台架构是由_____、_____、_____三大部分组成。

4. 机器人根据应用场景可以分为_____和_____两种,_____可在包括虚拟环境的多种环境下运行,_____需要人来控制流程开关。

55

三、问答题

1. 机器人流程自动化的概念是什么？其主要特点是什么？
2. 简述流程自动化机器人与工业机器人以及人工智能的区别与联系。
3. 列举一个到两个机器人流程自动化的应用实例。

延伸阅读

单元4 程序设计

单元导读

程序设计是给出解决特定问题程序的过程,是软件构造活动中的重要组成部分。程序设计往往以某种程序设计语言为工具,给出这种语言背景下的程序。程序设计过程应当包括分析、设计、编码、测试、排错等不同阶段。专业的程序设计人员常被称为程序员。

程序设计的出现甚至早于电子计算机的出现。英国诗人拜伦的女儿爱达·勒芙蕾丝曾设计了巴贝奇分析机上计算伯努利数的一个程序,而且她还创建了循环和子程序的概念。由于她在程序设计上的开创性工作,爱达·勒芙蕾丝被称为世界上第一位程序员。

任何设计活动都是在各种约束条件和相互矛盾的需求之间寻求一种平衡,程序设计也不例外。在计算机技术发展的早期,由于机器资源比较昂贵,程序的时间和空间代价往往是设计关心的主要因素。随着硬件技术的飞速发展和软件规模的日益庞大,程序的结构、可维护性、复用性、可扩展性等因素日益重要。

程序设计具有三种方法:

1. 面向过程的程序设计

程序具有明显的模块化特征,每个程序模块具有唯一的出口和入口语句。结构化程序的结构简单清晰,模块化强,描述方式贴近人们习惯的推理式思维方式,因此可读性强,在软件重用性、软件维护等方面都有所进步,在大型软件开发尤其是大型科学与工程运算软件的开发中发挥了重要作用。到目前为止,仍有许多应用程序的开发采用结构化程序设计技术和方法。即使在目前流行的面向对象软件开发中也不能完全脱离结构化程序设计。

2. 面向对象的程序设计

面向对象的程序设计方法是程序设计的一种新方法。所有面向对象的程序设计语言一般都含有三个方面的语法机制,即对象和类、多态性、继承性。

3. 面向切面的程序设计

Aspect Oriented Programming(AOP,面向切面编程),是一个比较热门的话题。AOP主要实现的目标是针对业务处理过程中的切面进行提取,它所面对的是处理过程中的某个步骤或阶段,以获得逻辑过程中各部分之间低耦合性的隔离效果。

学习目标

- 理解程序设计的基本概念；
- 了解主流的程序设计语言的发展历程和未来趋势；
- 掌握典型程序设计的基本思路与流程；
- 了解主流程序设计语言的特点和适用场景；
- 掌握一种主流编程工具的安装、环境配置和基本使用方法；
- 掌握一种主流程序设计语言的基本语法、流程控制、数据类型、函数、模块、文件操作等；
- 能完成简单程序的编写和调测任务，为相关领域应用开发提供支持。

4.1 程序设计

程序设计，就是根据计算机所要完成的任务，设计解决问题的数据结构和算法，然后编写相应程序代码，并测试代码正确性，直到能够得到正确的运行结果为止。通常，程序设计应遵循一定的方法和原则。良好的程序设计风格是程序具备可靠性、可读性、可维护性的基本保证。

程序设计语言是人用来编写程序的手段，是人与计算机交流的语言，程序员使用特定的语言来编写程序，达到利用计算机解决相应的问题的目的。

下面介绍几种主流的程序设计语言：C 语言，C++，Java，Matlab，Python。

4.2 程序设计语言

4.2.1 C 语言

C 语言是一种面向过程的、抽象化的通用程序设计语言。

1972 年，贝尔工作室的 Dennis Ritchie 在 B 语言的基础上设计并开发了 C 语言。随后他又和 Ken Thompson 一起使用 C 语言来构造一批为软件工作者提供开发平台的软件工具。在开发中，他们还考虑把 UNIX 移植到其他类型的计算机上使用，C 语言强大的移植性就在此显现。机器语言和汇编语言都不具有移植性，例如，为 x86 开发的程序，不可能在 Alpha，SPARC 和 ARM 等机器上运行。而 C 语言程序则可以使用在任意架构的处理器上，只要那种处理器具有对应的 C 语言编译器和库，然后将 C 源代码编译、连接成目标二进制文件之后即可运行。C 语言后续又经过多次的修改，成为如今广泛应用于底层开发的计算机语言之一。

在目前各种类型的计算机和操作系统下，有不同版本的 C 语言编写程序，但无论哪种版本，C 语言都有如下的共同特点：丰富的结构化语句；语句表达简练，使用方便灵活，可读性好；具有较高的移植性；具有强大的处理能力；程序运行效率高，时空开销小。

4.2.2 C++

C++是C语言的继承,它既可以进行C语言的过程化程序设计,又可以进行以抽象数据类型为特点的基于对象的程序设计,还可以进行以继承和多态为特点的面向对象的程序设计。C++擅长面向对象程序设计的同时,还可以进行基于过程的程序设计。

C++不仅拥有计算机高效运行的实用性特征,同时还致力于提高大规模程序的编程质量与程序设计语言的问题描述能力。

20世纪70年代中期,Bjrane Stroustrup以C语言为背景,以Simula思想为基础,设计出符合设想——既要编程简单、正确可靠,又要运行高效、可移植的程序设计语言。1979年,Stroustrup到了贝尔实验室,开始从事将C改良为带类的C的工作。1983年该语言被正式命名为C++。在1994年,联合标准化委员会在提出的第一个标准化草案中,为C++增加了一些新的特征。在完成C++标准化的第一个草案后不久,委员会投票并通过了将STL(Standard Template Library,标准模板库)包含到C++标准中的提议。STL不仅功能强大,同时非常优雅,在标准中增加STL使得C++极大地扩展了。

C++的主要特点如下:支持数据封装和数据隐藏;支持继承和重用;支持多态性。

由于继承性,这些对象能共享许多相似的特征;由于多态性,一个对象可有独特的表现方式。继承性和多态性的组合,可以轻易地生成一系列虽然类似但独一无二的对象。

4.2.3 Java

Java是一种面向对象的程序设计语言,不仅吸收了C++的各种优点,还摒弃了C++里难以理解的多继承、指针等概念,因此Java具有功能强大和简单易用两个特征。Java作为静态面向对象编程语言的代表,极好地实现了面向对象理论,允许程序员以优雅的思维方式进行复杂的编程。

20世纪90年代初期,James Gosling等人开发了Java语言的雏形,最初被命名为Oak,Oak在经历放弃和改造后,于1995年以Java的名称正式发布。Android平台的流行,也让Java获得了在客户端程序上大展拳脚的机会。随着互联网的迅猛发展,Java逐渐成为重要的网络编程语言。

Java具有简单性、面向对象、分布式、稳定性、安全性、平台独立与可移植性、多线程、动态性等特点,可以用于编写桌面应用程序、Web应用程序、分布式系统和嵌入式系统应用程序等。同时,Java拥有全球最大的开发者专业社群,在全球云计算和移动互联网的产业环境下,更具备了显著优势和广阔前景。

4.2.4 C#

C#是微软公司发布的一种由C和C++衍生出来的面向对象的、运行于.NET Framework 和 .NET Core 之上的高级程序设计语言。它使得程序员可以快速地编写各种基于 Microsoft.NET 平台的应用程序,在继承 C 和 C++强大功能的同时去掉了一些它们的复杂特性。因为这种继承关系,C♯与 C、C++具有极大的相似性,熟悉类似语言的开发者可以很快地转向 C♯。

C♯继承了 C 语言的语法风格,同时又继承了 C++的面向对象特性。而 C♯与 C++还是有许多区别的,例如,C++允许类的多继承,而 C♯只允许类的单继承,多继承则是通过接口实现;C++代码直接编译为本地可执行代码,而 C♯默认编译为中间语言代码,执行时再将需要的模块临时编译成本地代码;C++需要显式地删除动态分配的内存,而 C♯采用垃圾回收机制自动在合适的时机回收不再使用的内存。

C♯也融入其他语言,如 Java、Pascal、VB 等。C♯看起来与 Java 有着许多相似之处,它包括诸如单一继承、接口、与 Java 几乎同样的语法和编译成中间代码再运行的过程。但是 C♯与 Java 也有着明显的不同,它借鉴了 Delphi 的一个特点,与 COM 是直接继承的,而且它是微软公司 .NET Windows 网络框架的主角。

4.2.5　Matlab

Matlab 是一款专注于数学计算的高级编程软件。它提供了多种强大的数组操作来处理各种数据集。矩阵和数组是 Matlab 数据处理的核心,因为 Matlab 中的所有数据都是用数组表示和存储的。在处理数据的同时,Matlab 还提供了各种图形用户界面工具,以方便用户开发各种应用程序。

20 世纪 70 年代,新墨西哥大学计算机科学系主任 Cleve Moler 为了减轻学生编程的负担,用 Fortran 编写了最早的 Matlab。1984 年由 Little、Moler、Steve Bangert 合作成立的 MathWorks 公司正式把 Matlab 推向市场。

Matlab 的指令表达式与数学、工程中常用的形式十分相似,故用 Matlab 来解算问题要比用 C、FORTRAN 等语言完成相同的事情便捷得多,并且 Matlab 也吸收了像 Maple 等软件的优点,使 Matlab 成为一个强大的数学软件。软件主要面对科学计算、可视化以及交互式程序设计的高科技计算环境。它将数值分析、矩阵计算、科学数据可视化以及非线性动态系统的建模和仿真等诸多强大功能集成在一个易于使用的视窗环境中,为科学研究、工程设计以及必须进行有效数值计算的众多科学领域提供了一种全面的解决方案。因为这些优点以及它的易学易用性,Matlab 在全世界的范围内广泛流行。

4.2.6　Python

Python 是一种面向对象的开源的解释型计算机编程语言,具有通用性、高效性、跨平台移植性和安全性等特点。

Python 由荷兰数学和计算机科学研究学会的 Guido van Rossum 于 20 世纪 90 年代初设计,作为一门叫作 ABC 语言的替代品。

Python 提供了高效的高级数据结构,还能简单有效地面向对象编程。在国外用 Python

做科学计算的研究机构日益增多,一些知名大学已经采用 Python 来教授程序设计课程,例如卡耐基梅隆大学的编程基础、麻省理工学院的计算机科学及编程导论就使用 Python 语言讲授。Python 因其语法和动态类型的特点,以及解释型语言的本质,成为多数平台上写脚本和快速开发应用的编程语言。另外,其丰富的扩展库,可以轻易完成各种高级任务,开发者可以实现完整应用程序所需的各种功能,随着版本的不断更新和语言新功能的添加,Python 逐渐被用于独立的、大型项目的开发。

4.3 程序设计方法和实践

C 语言是目前国内外广泛使用的程序设计语言之一,它既有高级语言的特点,也有汇编语言的特点,具有较强的系统处理能力。因此,C 语言广泛应用于系统软件与应用软件的开发。本文以 C 语言为例进行程序设计和实践。

4.3.1 C 语言编译软件的安装和配置

学习 C 语言首先需要安装能够识别 C 语言代码的编译器,把 C 语言代码转换成 CPU 能够识别的二进制指令。这里我们选择其中一个轻量级的软件——Dev-C++。在 Windows 操作系统中下载完成后,双击 Dev-C++安装包即可开始安装。在选择安装功能时,按自己的需求进行选择,正常情况默认不动,如图 4-1 所示。

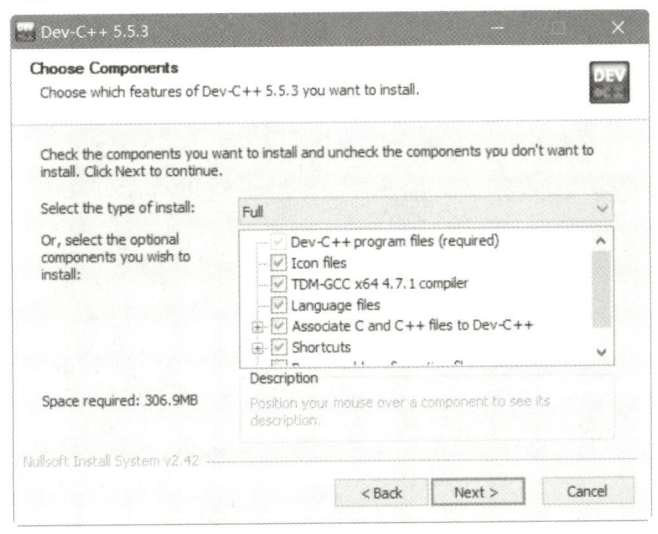

图 4-1 Dev-C++的安装

再选择安装位置进行安装。安装完成后会有起始设置,选择对应的语言,再选择自己喜欢的主题风格,左边会有预览进行参照。为了优化代码的完成,软件也提供了有文件的缓存,正常情况默认不动,如图 4-2 所示。到这里安装和配置就完成了。

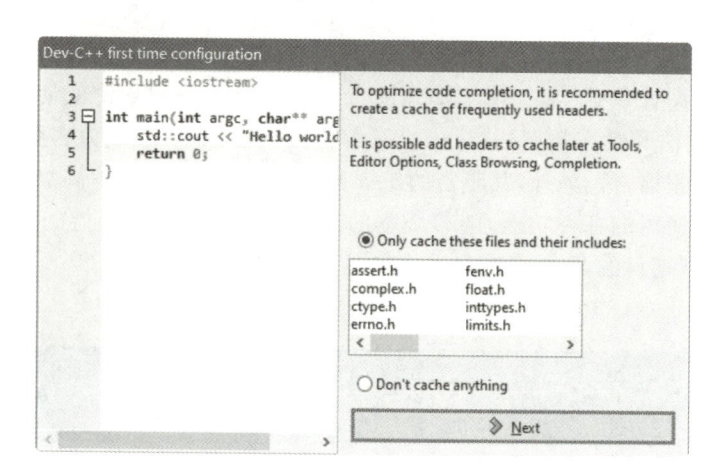

图 4-2　Dev-C++的配置

4.3.2　C 语言简单示例

为了说明 C 语言程序的结构特点，首先看一个简单的 C 语言程序示例。

例 4-1　在屏幕上显示字符串"Hello world"。

代码：

```c
#include <stdio.h>
int main() {
    printf("Hello world !");
    return 0;
}
```

运行结果如图 4-3 所示。

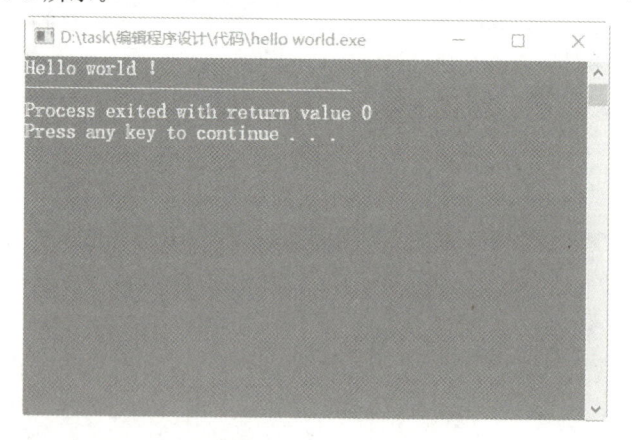

图 4-3　运行结果 1

这是一个最简单的 C 语言程序,该程序由一个主函数 main()构成。任何一个程序都必须有此函数,花括号{}所括的内容是 main 函数的函数体。

printf()是由系统提供的标准库函数之一,它完成输出功能。C 语言的输出功能不像某些高级语言由语句实现,而是由函数来完成的,这是它的特点之一。因此,在程序需要输出时,就需要调用函数库中的函数 printf()。

printf()后的分号是语句结束符,C 语言的每一个语句都要以分号终止。

为了顺利调用函数库中的函数,在程序开始时还需要嵌入定义函数的"头文件"。头文件中定义了许多函数原型,例如,在头文件 stdio.h 中就定义了函数 printf()的原型。因此,在调用系统预定义函数 printf()时,就必须在程序的最前面增加♯include＜stdio.h＞这个预处理命令,否则 printf()函数将无法工作。C语言系统中预定义了很多不同的头文件,以满足用户对不同种类函数的调用。

♯include 是预编译程序命令,它把头文件 stdio.h 的内容展开在♯include＜stdio.h＞所在的行位置处。stdio.h 文件中定义了 I/O 库所用到的某些宏和变量。因此,在每一个引用标准库函数的程序中都必须带有该♯include＜stdio.h＞命令行。

当主函数执行结束时,整个程序的执行也就结束了。

4.3.3　C语言数据类型

数据类型是程序设计中一个非常重要的概念。数据类型规定了一个以值为其元素的数据集,即规定了该类型中数据的定义域,例如,数值类型,它的值域就是计算机所能表示的数值范围内的所有数据;逻辑类型的数据取值范围只有真(TRUE)或假(FALSE);字符类型的数据取值域是某一字符集中的所有元素;指针类型的数据取值域是计算机存储单元的绝对地址或相对地址的集合。

C语言有五种基本数据类型:int(整型)、char(字符型)、float(单精度浮点型)、double(双精度浮点型)和无值型(void)。

在C语言中,数据处理的基本对象是常量和变量,它们都属于某种数据类型。在程序运行过程中,其值不能被改变的称为常量,其值可以改变的称为变量。常数的类型通常由书写格式决定,变量的类型是在定义时指定。

程序中要操作或改变值的数据总是以变量的形式存储的,因此变量在程序中十分常见。定义变量的目的就是用来在程序执行过程中保存待处理的数据,保存中间或最终结果,不同类型的变量用来保存不同类型的数据。因为变量是与内存单元相对应,当程序开始执行时,系统为变量分配内存单元,变量就有了自己的内存空间;当退出程序时,由于释放所占用的内存,变量的内容也就不复存在。

变量定义的一般形式是:
类型名 变量名表;
其中,变量名表中可以有一个变量名或由逗号间隔的多个变量名。
常量和变量的定义和使用如下:

　　int x,y;　　　　　　/* 定义两个整数型变量 x 和 y,用于存放整数 */
　　char c='a';　　　　 /* 定义字符型变量 c,其初始值为字符 a */
　　float z;　　　　　　/* 定义一个单精度浮点型变量 z,用于存放实数 */
　　x=100;　　　　　　　/* 对变量 x 赋值,100 是整型常量 */
　　x=x+5;　　　　　　　/* 在程序执行的过程中 x 的值发生了变化 */

下面给出一个程序的实例,进一步理解在C语言中数据类型及变量的使用:

例 4-2　求华氏温度 100°F 对应的摄氏温度。计算公式如下:

$$c=\frac{5\times(f-32)}{9}$$

式中,c 表示摄氏温度,f 表示华氏温度。

代码：
```c
#include<stdio.h>
int main()
{
    int celsius,fahr;           /*定义两个整型变量,celsius表示摄氏度,fahr表示华氏度*/
    fahr=100;                   /*对变量fahr赋值*/
    celsius=5*(fahr-32)/9;      /*温度转换计算*/
    printf("\n fahr=%d,celsius=%d\n",fahr,celsius);   /*调用printf()函数输出结果*/
    return 0;
}
```

运行结果如图 4-4 所示。

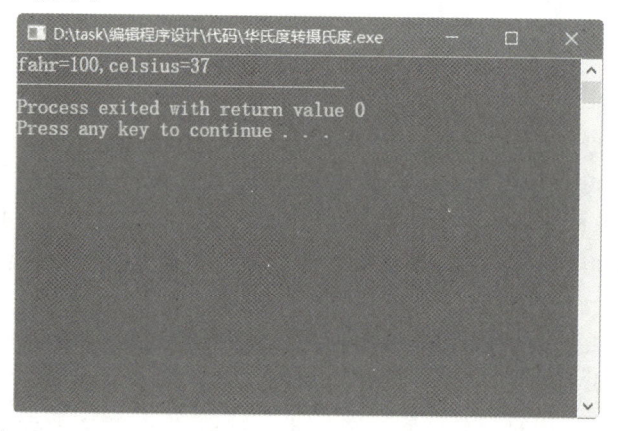

图 4-4　运行结果 2

程序中调用 printf() 函数输出结果时,将双引号内除 %d 以外的内容输出,并在第一个 %d 的位置上输出变量 fahr 的值,在第二个 %d 的位置上输出变量 celsius 的值。可见,printf() 不仅能够输出固定不变的内容,还可以输出变量的值。

4.3.4　流程控制结构

C 语言程序设计由三种控制结构完成,分别为顺序结构、分支结构和循环结构。

1. 顺序结构

顺序结构是由一组顺序执行的处理块所组成,每一个处理块可包含一条或一组语句,完成一项工作。顺序结构是任何一个算法都离不开的基本主体结构。图 4-5 是一个顺序结构的流程。

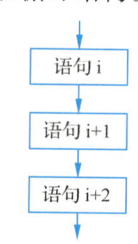

2. 分支结构

分支结构的含义是,根据对某一条件的判断结果,决定程序的走向,即选择哪一个分支中的处理块去执行,所以分支结构又称选择结构。最基本的分支结构是二分支结构,如图 4-6 所示,如果判断结果是真,就执行语句模块 i;如果判断结果是假,就执行语句模块 j。

图 4-5　顺序结构的流程

3. 循环结构

循环结构是对某一个语句模块反复执行的控制结构,这里的语句模块称为循环体。循环体执行多少次是由控制循环的条件所决定的。最基本的循环结构是"当循环",如图 4-7 所示。可以看出循环结构的执行流程,首先进入循环结构,判断循环条件,当条件为真时执行一次语句模块,然后再判断循环条件,只要循环条件为真,就循环下去,当循环条件为假时,循环结束。

图 4-6 分支结构的流程图

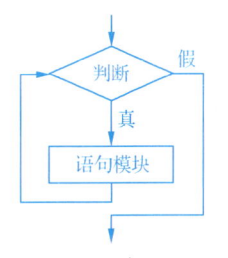

图 4-7 循环结构的流程图

下面给出一个程序的实例,进一步掌握程序编写中控制结构的使用:

例 4-3 输入两个整数 lower 和 upper,输出一张华氏-摄氏温度转换表,华氏温度的取值范围是[lower,upper],每次增加 1 ℉。计算公式如下:

$$c = \frac{5 \times (f - 32)}{9}$$

式中,c 表示摄氏温度,f 表示华氏温度。

代码:

```
#include<stdio.h>
int main()
{
  int lower,upper,fahr;
  /*定义三个整型变量,fahr表示华氏度,lower和upper分别表示华氏温度的下限和上限*/
  double celsius;                    /*定义双精度型变量celsius表示摄氏度*/
  printf("\n――――――――――――――――\n");
  printf("Input lower : ");          /*输入提示*/
  scanf("%d",&lower);                /*调用scanf函数,输入lower的值*/
  printf("Input upper : ");          /*输入提示*/
  scanf("%d",&upper);                /*调用scanf函数,输入upper的值*/
  if(lower>upper){
    printf("Invalid value\n");       /*当输入值lower大于upper时,输出错误提示*/
  }
  else{
    printf("――――――――――――――――\n");
    printf("Fahr Celsius\n");        /*输出温度转换的表头*/
    for(fahr=lower;fahr<=upper;fahr++){  /* fahr从lower开始到upper结束,每次增加1*/
      celsius=5.0*(fahr-32)/9.0;     /*温度转换计算*/
      printf(" %4d%6.2f\n",fahr, celsius);  /*输出转换前后的温度*/
    }
  }
  return 0;
}
```

运行结果如图 4-8 所示。

程序中使用 if 语句判断输入的值是否符合要求,这属于一个分支结构,当输入错误的时候,输出错误提示,否则进行温度转换的计算。程序中用 for 语句实现循环,执行流程如图 4-9 所示,对于在范围[lower,upper]内的每个温度,都使用温度转化公式计算对应的摄氏度,并输出这组温度值,温度的转换和输出是一个重复的操作,因此我们使用循环结构来实现。

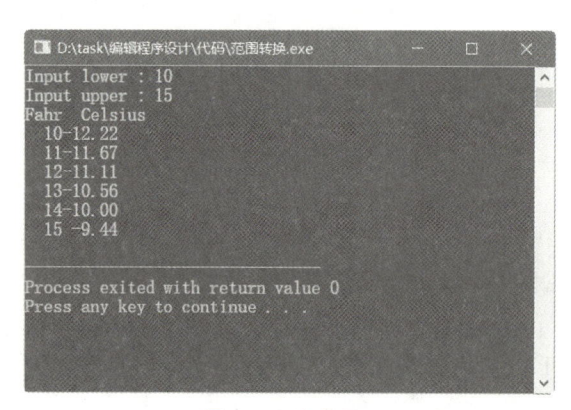

图 4-8 运行结果 3

图 4-9 例 4-3 中的 for 循环的流程图

4.3.5 函数

一个项目经过组织和分析,将一个大问题分为相互联系又彼此独立的若干子问题,这些独立的子问题能够使项目的开发和维护更加容易。这样的子问题在程序设计中被称为模块,整个系统就是由若干个不同的模块有机地搭建起来的。这样的模块在 C 语言中主要是通过函数实现的,模块的组织则是通过函数之间的调用完成的。

函数作为 C 语言程序的基本组成单元,前文的例题中也都用到了函数,如自定义的函数 main()、系统库中的函数 printf()和 scanf()。

1. 定义

函数定义就是函数的实现,即使用程序设计语言给出其动态计算过程的逻辑。函数定义的一般形式如下:

```
函数类型 函数名(形式参数列表)
{
    函数内容
}
```

函数定义的第一行叫作函数头,由函数类型、函数名、形式参数列表组成。函数类型指函数结果返回的类型,一般与 return 语句中表达式的类型一致。函数名是函数整体的称谓,在后续的使用中用来指代这个函数。形式参数列表给出函数计算所要用到的相关已知条件,各个形式参数之间用逗号隔开,形式参数前面必须写明类型,参数的个数可以是一个,也可以是多个,或者没有形式参数。

2. 声明

函数声明的目的是说明函数的类型和参数的情况,以保证程序编译时能判断该函数调用得是否正确。如果自定义函数放在主函数的后面,那么在函数调用前,需要先进行函数声明。函数声明的一般形式如下:

函数类型 函数名(形式参数列表);

可以看出,函数声明的形式与函数定义的第一行相同,并用分号结束。

3. 调用

在定义或声明一个函数后,就可以在程序的其他函数中调用这个函数。调用系统库中的函数只需要在程序最前面用#include命令包含相应的头文件即可,调用自定义函数则需要在程序中有对应函数定义。函数调用的一般形式如下:

函数名(实际参数列表);

下面以一个可以返回两个整数和的函数 Add 为例,展示函数定义、声明、调用:

例 4-4 在 main 函数中使用 Add 函数,将键盘输入的两个整数相加并输出。

代码:

```c
#include<stdio.h>

int Add(int x,int y);                    /*函数声明*/

void main()                              /*主函数*/
{
    int a,b,sum;
    printf("\n Input a and b : ");
    scanf("%d%d",&a,&b);
    sum=Add(a,b);
    printf(""\n Output : a=%d, b=%d, a+b=%d\n",a,b,sum);
}

int Add(int x,int y)                     /*函数定义*/
{
    int z;
    z=x+y;
    return z;
}
```

运行结果如图 4-10 所示。

在主函数中,调用了前面声明过的 Add 函数,并将 a 和 b 两个实参传进函数,可以注意到这里不需要标注参数的类型,Add 函数的返回值被赋值给 sum,sum 的类型与 Add 函数的类型以及其返回值的类型是一致的。另外,在 main 函数中使用的 printf 函数和 scanf 函数没有定义和声明,可以直接使用是因为#include 指令包含的头文件 stdio.h 说明了这两个函数的性质。在程序中,凡是需要使用系统库函数,都需要在源程序中使用#include 指令包含声明了这些函数的头文件,该头文件中列出了库中已实现的所有外部可调用函数的函数原型,这也是头文件的意义。

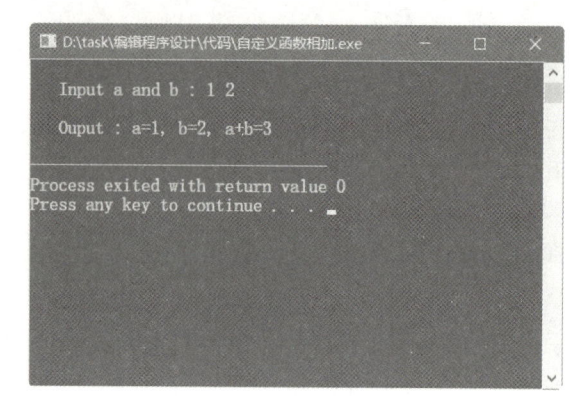

图 4-10　运行结果 4

4.3.6　结构化程序设计

结构化程序设计是一种先进的程序设计技术,由著名计算机科学家 E. W. Dijkstra 于 1969 年提出,此后专家学者们又对此进行了更广泛深入的研究,设计了 Pascal、C 等结构化程序设计语言。

结构化程序设计强调程序设计的风格和程序结构的规范化,提倡清晰的结构,其基本思路是将一个复杂问题的求解过程划分为若干阶段,每个阶段要处理的问题都容易被理解和处理,包括按自顶向下的方法对问题进行分析、模块化设计和结构化编码三个步骤。

1. 第 1 步:自顶向下分析问题的方法

自顶向下分析问题的方法,就是把大的复杂的问题分解成小问题后再解决。面对一个复杂的问题,首先进行上层的分析,按组织或功能将问题分解成子问题,如果子问题仍然十分复杂,再做进一步分解,直到处理对象相对简单、容易解决为止。当所有的子问题都得到了解决,整个问题也就解决了。在这个过程中,每一次分解都是对上一层问题进行的细化和逐步求精,最终形成一种类似树形的层次结构,来描述分析的结果。

2. 第 2 步:模块化设计

经过问题分析,设计好层次结构图后,就进入模块化设计阶段了。在这个阶段,需要将模块组织成良好的层次系统,顶层模块调用其下层模块以实现程序的完整功能,每个下层模块再调用更下层的模块,从而完成程序的某个子功能,越下层的模块完成越具体的功能。

模块化设计通常应该遵循以下原则:

(1)模块化设计时要遵循模块独立性的原则,即模块之间的联系应尽量简单。
(2)一个模块只完成一个指定的功能。
(3)模块之间只通过参数进行调用。
(4)一个模块只有一个入口和一个出口。
(5)模块内慎用全局变量。

模块化设计使程序结构清晰,易于设计和理解。当程序出错时,只需改动相关的模块及其连接。模块化设计有利于大型软件的开发,程序员们可以分工编写不同的模块。

在 C 语言中,模块一般通过函数来实现,一个模块对应一个函数。在设计某一个具体的模块时,模块中包含的语句一般不要超过 50 行,这既便于编程者思考与设计,也利于程序的阅读。如果该模块功能太复杂,可以进一步分解到低一层的模块函数,以体现结构化的程序设计思想。

3. 第 3 步:结构化编码主要原则

(1)经模块化设计后,每一个模块都可以独立编码。编程时应选用顺序、选择和循环 3 种控制结构,对于复杂问题可以通过这 3 种结构的组合、嵌套实现,以清晰表示程序的逻辑结构。

(2)对变量、函数、常量等命名时,要见名知义,有助于对变量含义或函数功能的理解。如求和用 sum 做变量名,求阶乘函数取名 fact 等,忌贪图方便取名 a、b、x、y 等。

(3)在程序中增加必要的注释,增强程序的可读性。序言性注释一般放在模块的最前面,给出模块的整体说明,包括标题、模块功能说明、模块目的等。状态性注释一般紧跟在引起状态变化语句的后面予以必要说明。

(4)要有良好的程序视觉组织,利用缩进格式,一行写一条语句,呈现出程序语句的阶梯方式,使程序逻辑结构层次分明、结构清楚、错落有致、更加清晰。

(5)程序要清晰易懂,语句构造要简单直接。在不影响功能与性能时,做到结构清晰第一、效率第二。

(6)程序有良好的交互性,输入有提示,输出有说明,并尽量采用统一整齐的格式。

4.3.7 文件操作

一个复杂的程序设计往往是由多个模块构成的,经过前面的学习我们已经掌握了如何使用函数在不同模块之间交换数据和共享信息。但是通过函数的参数传递数据仍有一定的限制,例如,传递的数据量不可过大,否则运行时的内存开销会很大;这种数据交换和共享只能存在于同一个系统中同时运行的模块之间,如果需要在不同的计算机系统间或者不同时运行的程序之间进行数据交换,就不可能通过函数的参数来实现了。为了解决上述问题,可以用文件读取数据并进行数据处理。

1. 文件的概念

文件,也称为文档,是一组相关信息的集合,例如,图形、图像、文本数据等都可以作为文件存储于某种存储介质上。程序本身也是作为文件存放的。文件有各种不同的格式,其中的信息相应地也具有不同的含义,因而也就需要用不同的方法来存取,这是我们通常理解的文件的概念。

但是 C 语言中的文件与上述含义有所不同,不仅是通常的磁盘文件,是一种数据组织方式,类似于数组、结构等,是 C 语言处理的对象。

2. 文件的类型

在 C 语言中,按数据存储的编码形式,数据文件可分为文本文件和二进制文件两种。文本文件是以字符 ASCII 码值进行存储与编码的文件,其文件的内容就是字符。二进制文件是存储二进制数据的文件。从文件的逻辑结构上看,C 语言把文件看作数据流,并将数据按顺序以一维方式组织存储,它就像录音磁带,在磁带足够长的前提下,录音长短可以任意选择,录音和放音过程是顺序进行的。这正好与数据文件的动态存取和操作顺序一致。根据数据存储的形式,文件的数据流又分为字符流和二进制流,前者称为文本文件或字符文件,后者称为二进制文件。

3. 文件的处理

(1) 定义

文件定义分为两种类型：自定义类型和指针类型。

自定义类型不是用来定义一些新的数据类型，而是将 C 语言中的已有的类型（包括已定义过的自定义类型）重新命名，用新的名称代替已有数据类型，常用于简化对复杂数据类型定义的描述。自定义类型的一般形式为：

　　typedef ＜已有类型名＞ ＜新类型名＞；

其中，typedef 是关键字，已有类型名包括 C 语言中规定的类型和已定义过的自定义类型，新类型名可由一个和多个重新定义的类型名组成。

在了解定义文件类型指针之前需要知道，文件缓冲区是内存中用于数据存储的数据块，在文件处理过程中，程序需要访问该缓冲区实现数据的存取。因此，如何定位其中的具体数据，是文件操作类程序要解决的首要问题。然而，文件缓冲区由系统自动分配，并不像数组那样可以通过数组名加下标来定位。为此，C 语言引进 FILE 文件结构，其成员指针指向文件的缓冲区，通过移动指针实现对文件的操作。除此以外，在文件操作中还需用到文件的名字、状态、位置等信息。

C 语言中定义文件类型指针的格式为：

　　FILE * fp；

其中，FILE 是文件类型定义符，fp 是文件类型的指针变量。

(2) 打开

打开文件功能用于建立系统与要操作的某个文件之间的关联，指定这个文件名并请求系统分配相应的文件缓冲区内存单元。打开文件由标准函数 fopen() 实现，形式为：

　　fopen("文件名","文件打开方式")；

这个函数需要有返回值。如果执行成功，函数将返回包含文件缓冲区等信息的 FILE 结构地址，赋给文件指针 fp。否则，将返回一个 NULL（空值）的 FILE 指针。

括号内包括两个参数："文件名"和"文件打开方式"都是字符串。"文件名"指出要对哪个具体文件进行操作，一般要指定文件的路径，如果不写出路径，则默认与应用程序的当前路径相同。文件打开方式用来确定对所打开的文件将进行什么操作。表 4-1 列出了 C 语言所有的文件打开方式。

表 4-1　　　　　　　　　　　　文件使用方式

文本文件（ASCII）		二进制文件	
操作	含义	操作	含义
"r"	打开文本文件进行只读操作	"rb"	打开二进制文件进行只读操作
"w"	建立新文本文件进行只写操作	"wb"	建立二进制文件进行只写操作
"a"	打开文本文件进行追加操作	"ab"	打开二进制文件进行写/追加操作
"r+"	打开文本文件进行读/写操作	"rb+"	打开二进制文件进行读/写操作
"w+"	建立新文本文件进行读/写操作	"wb+"	建立二进制新文件进行读/写操作
"a+"	打开文本文件进行读/写/追加操作	"ab+"	打开二进制文件进行读/写/追加操作

打开文件需要注意一些条件，例如：一旦文件经 fopen() 打开，对该文件的操作方式就被确定，并且直至文件关闭都不变，即如果一个文件按照"r"方式打开，那么这个文件只能进行读操作，不能做写入操作；如果对文件进行读操作，指定的文件必须存在，如果对文件进行写操

作,指定文件可以不存在,如果文件已经存在,则原文件被删除重新建立。

(3) 读写

向文件中写数据有三种方法:

①格式化方式的文件读写函数 fscanf()和 fprintf()

fscanf()用于从文件中按照给定的控制格式读取数据,fprintf()用于按照给定的控制格式向文件中写入数据。两个函数的使用方法与前面学过的用来从键盘上读入和输出数据函数 scanf()和函数 printf()类似。如果是读文件,会从文件中按给定的控制格式读取数据保存到变量;如果是写文件,则按格式写数据到文件。函数调用的格式为:

fscanf(文件指针,格式字符串,输入表);

fprintf(文件指针,格式字符串,输出表);

②字符/字符串方式的文件读写函数 fgetc()/fgets()和 fputc()/fputs()

对于文本文件,存取的数据都是 ASCII 码字符文本,需要逐个字符地进行文件读写时,使用函数 fgetc()、fputc()读写文件。

用 fgetc()函数实现从 fp 所指示的文件读入一个字符到 ch,fputc()函数把一个字符 ch 写到 fp 所指示的磁盘文件上,函数调用格式分别为:

ch=fgetc(fp);

fputc(ch,fp);

若写文件成功那么函数返回值为 ch,若写文件失败则返回值为 EOF,EOF 是符号常量,其值为－1。

fgetc()和 fputc()函数用于单个字符的输入输出,而 fgets()和 fputs()函数用于整行的输入输出,调用格式分别为:

fgets(sg,n,fp);

fputs(sp,fp);

其中,sg 可以是字符数组名或字符指针,sp 是要写入的字符串,可以是字符数组名、字符型指针变量或字符串常量,n 是指定读入的字符的个数,fp 是文件指针。

③数据块方式的文件读写函数 fread()和 fwrite()

fread()和 fwrite()可用来读写一组数据,比如一个数组元素、一个结构变量的值等。这两个函数多用于读写二进制文件。二进制文件中的数据流是非字符的,它包含的是数据在计算机内部的二进制形式。程序对二进制文件的处理程序与文本文件相似,只在文件打开的方式上有所不同,具体请参考表 4-1。

函数 fread()用于从二进制文件中读,如一个数据块到变量。函数 fwrite()用于向二进制文件中写入一个数据块。这两个函数的调用格式为:

fread(void * buf, int size, int count, FILE * fp);

fwrite(void * buf, int size, int count, FILE * fp);

其中 buf 是一个指针,在函数 fread()中,它表示存放输入数据的首地址,在函数 fwrite()中,它表示存放输出数据的首地址。size 表示数据块的字节数。count 表示要读写的数据块的个数。fp 表示指向文件的指针,如果读写文件成功,那么函数将返回读写的数据项的个数,如果发生了错误,返回值可能小于 count。

从文件中读写数据的三种方法:格式方式、字符方式和数据块方式。相较于前面两种方式,数据块方式的文件读写函数使用较少。用什么方式输入完全取决于文件的类型。一般来说,一个文件用什么方式写入的,也应该用同样的方式读取,但这不是必需的。

(4) 关闭

在完成对文件的操作之后,应该养成及时关闭的习惯。关闭文件使用 fclose() 函数实现。fclose() 函数的原型是:

```
int fclose(FILE * fp);
```

其中,参数 fp 是一个与打开的文件相关的 FILE 指针。当关闭文件成功时,fclose() 返回 0,如果失败则返回 −1。在文件被关闭之前,系统首先会清空该文件的缓冲区,也就是将缓冲区中的数据写入文件。

如果调用 fcloseall(),可以关闭除了标准文件以外的所有文件。所谓标准文件,包括 stdin、stdout、stdprn、stderr 和 stdaux。fecloseall() 函数的原型如下:

```
int feloseall(void);
```

这个函数在关闭文件之前,会清空所有文件的缓冲区,函数的返回值是被关闭的文件个数。

下面用一个简单的程序的实例,理解文件在 C 语言程序设计中的使用:

例 4-5 把文件 source.txt 中的内容复制到一个名为 target.txt 的新文件中。

代码:

```c
#include <stdio.h>
int main(void)
{
    FILE * fp1, * fp2;
    char c;
    fp1=fopen("source.txt","r");        /* 打开源文件 */
    fp2=fopen("target.txt","w");        /* 打开将写入的文件 */
    while ((c=fgetc(fp1))! =EOF)        /* 将源文件 fp1 的内容转存(复制)到目标文件 fp2 中 */
        fputc(c,fp2);
    fclose(fp1);                         /* 关闭文件 */
    fclose(fp2);
    return 0;
}
```

学习思考

一、填空题

1. 表示条件 10<x<100 或 x<0 的 C 语言表达式是_____。

2. 以下语句将输出_____。

```
#include <stdio.h>
printf("%d %d %d",NULL,'\0',EOF);
```

3. 函数 fopen() 的返回值是_____。

4. 下列函数输出一行字符:先输出 k 个空格,再输出 n 个指定字符(由实参指定),请根据题意,将程序补充完整。

```
#include <stdio.h>
void print(_____) {
int i;
for(i=1;i<=k;i++)
    _____
    for(_____)
        printf("%c",zf);
}
```

二、选择题

1. 执行 x=-1;do{ x=x*x;} while(x==0);循环时,下列说法正确的是(　　)。
A. 循环体将执行一次   B. 循环体将执行两次
C. 循环体将执行无限次   D. 系统将提示有语法错误

2. 以下正确的函数定义形式是(　　)。
A. int fun(int x, double y)   B. int fun(int x, double y);
C. int fun(int x; double y);   D. int fun(int x, y)

3. 以下正确的说法是(　　)。
A. 实参与其对应的形参共同占用一个存储单元
B. 实参与其对应的形参各占用独立的存储单元
C. 形参是虚拟的,不占用内存单元
D. 只有当实参与其对应的形参同名时才占用一个共同的存储单元

4. 如果二进制文件 a.dat 已存在,现在要写入全新数据,应以(　　)方式打开。
A. "w"   B. "wb"   C. "w+"   D. "wb+"

三、程序设计题

1. 求整数均值:输入 4 个整数,计算并输出这些整数的和与平均值,其中平均值精确到小数点后 1 位。试编写相应程序。

2. 利用函数计算素数个数并求和:输入两个正整数 m 和 n(1≤m,n≤500),统计并输出 m 和 n 之间的素数的个数以及这些素数的和。要求定义并调用函数 prime(m),判断 m 是否为素数。试编写相应程序。

延伸阅读

单元 5 大数据技术

单元导读

进入 21 世纪，大数据(Big Data)一词越来越多地被提及，人们用它来描述和定义信息爆炸时代产生的海量数据，并命名与之相关的技术发展与创新。

近些年来，大数据对国家建设、教育提升以及商业发展等领域产生了很大的积极意义。大数据不仅是一场技术革命、经济革命，也是一场国家治理的变革。未来大数据会渗透到更多的领域，数据化管理体系也将会成为一种刚需。

大数据无处不在，应用于包括金融、医疗、交通、政务、餐饮、电信、能源、教育和娱乐等在内的各行各业，如图 5-1 所示。

图 5-1 大数据的应用领域

大数据的价值，远远不止于此，大数据对各行各业的渗透，大大推动了社会生产和生活，未来必将产生重大而深远的影响。

学习目标

- 理解大数据的基本概念、结构类型和特征；
- 了解大数据的时代背景、应用场景和发展趋势；

- 熟悉大数据在获取、存储和管理方面的技术架构，熟悉大数据系统架构基础知识；
- 掌握大数据工具与传统数据库工具在应用场景上的区别，初步具备搭建简单大数据环境的能力；
- 了解大数据分析算法模式，初步建立数据分析概念；
- 了解基本的数据挖掘算法，熟悉大数据处理的基本流程；
- 熟悉典型的大数据可视化工具及其基本使用方法；
- 了解大数据应用中面临的常见安全问题和风险，以及大数据安全防护的基本方法，自觉遵守和维护相关法律法规。

5.1 大数据概述

5.1.1 大数据的定义

大数据是指无法在一定时间范围内用常规软件工具进行捕捉、管理和处理的数据集合，是需要新处理模式才能具有更强的决策力、洞察发现力和流程优化能力的海量、高增长率和多样化的信息资产。大数据的规模从数据度量的角度来说，一般在 TB 或 PB 级别以上。

5.1.2 大数据的来源及结构

大数据的来源主要包括两个方面：一是互联网，主要包括电子商务、社交网络；二是物联网，主要包括传感器、二维码、RFID、移动视频识别、位置信息等。

大数据的结构类型分为结构化数据、非结构化数据和半结构化数据。结构化数据占 10%～15%，非结构化和半结构化数据占 85%～90%。如图 5-2 所示。

图 5-2 大数据结构类型

1. 结构化数据

结构化数据通常基于关系型数据库的数据，也称作行数据，是由二维表结构来逻辑表达和实现的数据，严格地遵循数据格式与长度规范，主要通过关系型数据库进行存储和管理。

常见的结构化数据来源于传统的企业计划系统、医疗的医院信息系统、校园一卡通核心数据库等。比如，校园一卡通的学生信息数据库表，见表 5-1。

表 5-1　　　　　　　　　　　学生信息表

学号	姓名	班级	系别	性别	……
1001	张三	1班	软件系	男	……
1002	李四	2班	网络系	女	……
1003	王五	3班	电子系	男	……
……	……	……	……	……	……

2. 半结构化数据

半结构化数据通常指介于结构化数据和非结构化数据之间的数据。和普通纯文本相比，半结构化数据具有一定的结构性，如在做一个信息系统设计时，肯定会涉及数据的存储，一般会将数据按业务分类，并设计相应的存储格式或者表，然后将对应的信息保存到相应的存储格式或者表中。例如，邮件、HTML、报表、具有定义模式的 XML 数据文件、Json 数据文件等都属于半结构化数据。常见的半结构化数据有 XML 文档、Json 文档、日志文件的点击流等。半结构化数据示例如下：

(1) XML 文档

```
<? xml version="1.0" encoding="UTF-8"? >
<note>
<to>Tove</to>
<from>Jani</from>
<heading>Reminder</heading>
<body>Don't forget me this weekend! </body>
</note>
```

(2) Json 文档

```
{
"sites": [
{ "name":"百度" , "url":"www.baidu.com" },
{ "name":"google" , "url":"www.google.com" },
{ "name":"微博" , "url":"www.weibo.com" }
]
}
```

3. 非结构化数据

非结构化数据通常指非纯文本类数据，没有标准格式，无法直接解析出相应的值。此类数据不易收集和管理，且难以直接查询和分析，也是数据结构不规则或不完整，没有预定义的数据模型，不方便用数据库二维逻辑表来表现的数据。其包括所有格式的办公文档、文本、图片、HTML、各类报表、图像和音频/视频信息等。非结构化数据的格式非常多样，标准也是多样的，而且在技术上，非结构化信息比结构化信息更难标准化和理解，所以存储、检索、发布以及利用需要更加智能化的 IT 技术，比如海量存储、智能检索、知识挖掘、内容保护、信息的增值开发利用等。

常见的非结构化数据有 Web 网页、即时消息或者时间数据，比如微博、微信中的消息；富文本文档(Rich Text Format，RTF)、富媒体文件(Rich Media)；实时多媒体数据，比如各种视频、音频、图像文件。非结构化数据来源如图 5-3 所示。

图 5-3　非结构化数据来源

5.1.3　大数据核心特征

大数据的核心特征包括五个方面，见表 5-2。

表 5-2　　　　　　　　　　　大数据的特征

特征名称	特征说明
Volume（大量性）	即可从数百 TB 到数十数百 PB 甚至 EB 的规模
Variety（多样性）	即大数据包括各种格式和形态的数据
Velocity（时效性）	即很多大数据需要在一定的时间限度下得到及时处理，即"一秒定律"
Veracity（准确性）	即处理的结果要保证一定的准确性
Value（价值性）	即大数据包含很多深度的价值，大数据分析挖掘和利用将带来巨大的商业价值

5.2　大数据的时代背景、应用场景和发展趋势

5.2.1　大数据的时代背景

最早提出"大数据"时代到来的是全球知名咨询公司麦肯锡。麦肯锡称，数据，已经渗透到当今每一个行业和业务职能领域，成为重要的生产因素。人们对于海量数据的挖掘和运用，预示着新一波生产率增长和消费者盈余浪潮的到来。

大数据在物理学、生物学、环境生态学等领域以及军事、金融、通信等行业存在已有时日，却因为近年来互联网和信息行业的发展而引起人们关注。

21 世纪是数据信息大发展的时代，移动互联、社交网络、电子商务等极大拓宽了互联网的边界和应用范围，各种数据正在迅速膨胀变大。

5.2.2 大数据应用场景

大数据的应用场景主要包括消费大数据、医疗大数据、交通大数据、金融大数据、公安大数据、文化传媒大数据等。下面重点介绍消费大数据应用场景、交通大数据应用场景、公安大数据应用场景。

1. 消费大数据应用场景

电商平台考虑到从下单到收货之间的时间延迟可能会降低人们的购物意愿,导致他们放弃网上购物。亚马逊发明了"预测式发货"的新专利,可以通过对用户数据的分析,在他们还没有下单购物前,提前发出包裹。根据该专利文件,虽然包裹会提前从亚马逊发出,但在用户正式下单前,这些包裹仍会暂存在快递公司的转运中心或卡车里。如图5-4所示。

图 5-4 预测式发货应用场景

2. 交通大数据应用场景

UPS(United Parcel Service,InC.美国联合包裹运送服务公司)最新的大数据来源是安装在公司4.6万多辆卡车上的远程通信传感器,这些传感器能够传回车速、方向、刹车和动力性能等方面的数据。收集到的数据流不仅能说明车辆的日常性能,还能帮助公司重新设计物流路线。大量的在线地图数据和优化算法,最终能帮助UPS实时地调配驾驶员的收货和配送路线。该系统为UPS减少了8 500万英里的物流里程,由此节约了840万加仑的汽油。如图5-5所示。

图 5-5 交通大数据应用场景

3. 公安大数据应用场景

大数据挖掘技术的底层技术最早是英国军情六处研发用来追踪恐怖分子的技术。大数据筛选犯罪团伙,与锁定的罪犯乘坐同一班列车,住同一酒店的两个人可能是同伙,过去,刑侦人员要证明这一点,需要通过把不同线索拼凑起来排查疑犯,现在通过大数据技术的应用很容易做到,极大地提高了公安机关的办案效率。如图5-6所示。

图 5-6　公安大数据应用场景

大数据平台应用架构如图 5-7 所示。

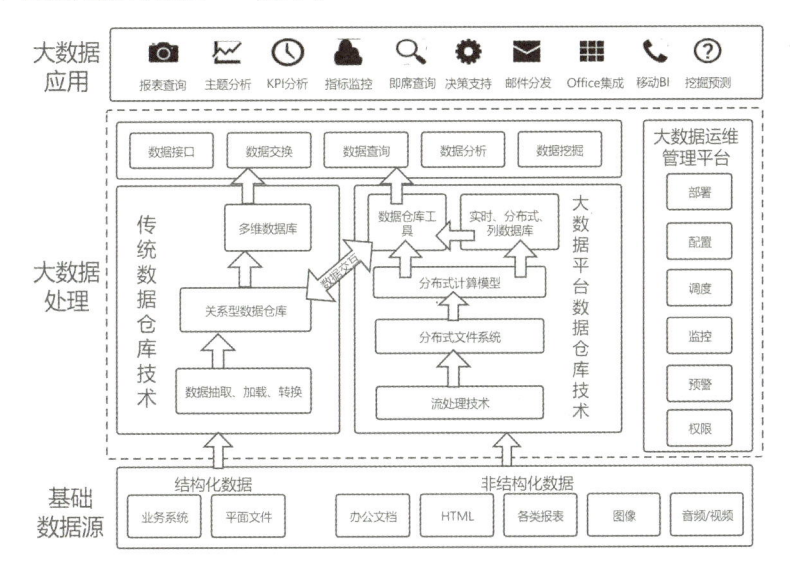

图 5-7　大数据平台应用架构

5.2.3　大数据发展趋势

未来大数据的发展趋势主要包括物联网、智慧城市、区块链技术、语音识别技术、人工智能等。

1. 物联网

把所有物品通过信息传感设备与互联网连接起来，进行信息交换，以实现智能化识别和管理。物联网是新一代信息技术的重要组成部分，也是"信息化"时代的重要发展阶段。物联网的核心和基础仍然是互联网，是在互联网基础上的延伸和扩展的网络；其用户端延伸和扩展到了任何物品与物品之间，进行信息交换和通信。

2. 智慧城市

智慧城市就是运用信息和通信技术手段感测、分析、整合城市运行核心系统的各项关键信息；对包括民生、环保、公共安全、城市服务、工商业活动在内的各种需求做出智能响应。

其实质是利用先进的信息技术,实现城市智慧式管理和运行,进而为城市中的人创造更美好的生活,促进城市的和谐、可持续成长。

3. 区块链技术

区块链是分布式数据存储、点对点传输、共识机制、加密算法等计算机技术的新型应用模式。所谓共识机制,是区块链系统中实现不同节点之间建立信任、获取权益的数学算法。区块链技术是指一种全民参与记账的方式。所有的系统背后都有一个数据库,你可以把数据库看成一个大账本。区块链有很多不同应用方式,最常见的应用是比特币跟其他加密货币的交易。

4. 语音识别技术

人们预计,未来10年内,语音识别技术将进入工业、家电、通信、汽车电子、医疗、家庭服务、消费电子产品等各个领域。语音识别技术所涉及的领域包括信号处理、模式识别、概率论和信息论、发声机理和听觉机理、人工智能等。国内的科大讯飞、百度在语音识别技术方面有很多应用产品。

5. 人工智能(AI)

人工智能(Artificial Intelligence,AI),它是研究、开发用于模拟、延伸和扩展人的智能的理论、方法、技术及应用系统的一门新的技术科学。

人工智能需要被教育,汇入很多信息才能进化,进而产生一些意想不到的结果。AI影响幅度很大,例如媒体业,现在计算机跟机器人可以写出很好的文章,而且1小时产出好几百篇,成本也低。AI对经济发展会产生重大影响,很多知识产业和白领工作也可能被机器人取代。

5.3 大数据获取、存储、处理、管理和系统架构

5.3.1 大数据的获取

大数据的获取分为以下四种方式:

1. 网络爬取数据

可以利用网络爬虫爬取一些需要的数据,再将数据存储成为表格的形式。当你在浏览网页时,浏览器就相当于客户端,会去连接我们要访问的网站获取数据,然后通过浏览器解析之后展示给我们看,而网络爬虫可以通过代码模拟人类在浏览器上访问网站,获取相应的数据,然后经过处理后保存成文件或存储到数据库中供我们使用。此外,网络爬虫还可以爬取一些手机App客户端上的数据。

2. 免费开源数据

网络爬取对技术又有一定的要求,互联网上有一些"开放数据"来源,如政府机构、非营利组织和企业会免费提供一些数据,根据需求可以免费下载。

3. 企业内部数据

企业内部数据通常包含销售数据、考勤数据、财务数据等。比如,销售数据是大部分公司

的核心数据之一,它反映了企业发展状况,是数据分析的重点对象。还有考勤数据是记录企业员工上下班工作时间的数据,通过考勤数据可以分析员工的工作效率、状态等,便于企业对员工进行管理优化。财务数据是反映企业支出与收入情况的数据,可以通过对财务数据的分析了解企业经营状况,及时调整企业发展战略等。

4. 外部购买数据

有很多公司或者平台是专门做数据收集和分析的,企业会直接从那里购买数据或者相关服务给数据分析师,这是一种常见的获取数据的方式。

5.3.2 大数据的存储

大数据因为规模大、类型多样、新增速度快,所以在存储和计算上,都需要技术支持,依靠传统的数据存储和处理工具,已经很难实现高效的处理了。结构化、半结构化和非结构化海量数据的存储和管理,轻型数据库无法满足对其存储以及复杂的数据挖掘和分析操作,通常使用分布式文件系统、NoSQL 数据库、云数据库等。

1. 分布式文件系统

分布式文件系统包含多个自主的处理单元,通过计算机网络互连来协作完成分配的任务,其分而治之的策略能够更好地处理大规模数据分析问题。比如,HDFS 分布式文件系统,该系统是一个高度容错性系统,适用于批量处理,能够提供高吞吐量的数据访问。

2. NoSQL 数据库

关系数据库已经无法满足 Web 2.0 的存储需求,主要表现为:无法满足海量数据的管理需求、无法满足数据高并发的需求、高可扩展性和高可用性的功能太弱。

NoSQL 数据库的优势:可以支持超大规模数据存储,灵活的数据模型可以很好地支持 Web 2.0 应用,具有强大的横向扩展能力等。典型的 NoSQL 数据库包含以下 4 种:键值数据库(Redis)、列族数据库(HBase)、文档数据库(MongoDB)、图形数据库(Neo4J)。

3. 云数据库

云数据库是基于云计算技术发展的一种共享基础架构的方法,是部署和虚拟化在云计算环境中的数据库。云数据库具有高可扩展性、高可用性、采用多组形式和支持资源有效分发等特点。

云数据库的特征包括:动态可扩展;高可用性;较低的使用代价;易用性;高性能;免维护;安全。

从数据模型的角度来说,云数据库并非一种全新的数据库技术,而只是以服务的方式提供数据库功能。云数据库所采用的数据模型可以是关系数据库所使用的关系模型,也可以是 NoSQL 数据库。同一个公司也可能提供采用不同数据模型的多种云数据库服务。

5.3.3 大数据的管理

大数据时代的大数据管理最主要的目的,就是将大数据的价值进行充分的展现。

在不断提高大数据时代的大数据管理形式的过程中,可以从两个方面进行:一是大数据开发管理,二是内容管理。其中,大数据开发管理注重于大数据管理的定义和管理解决策略,对其大数据的存在价值进行有效的开发。换句话说,其实也就是在大数据时代的大数据管理的过程中,对其管理形式的开发,对大数据的功能和价值,进行充分的理解。

大数据时代的大数据管理主要是为企业提供重要的发展方向,为企业提供重要的价值信息。大数据时代的大数据管理在数据应用和开发的过程中,起到了重要的衔接作用,也为我国信息技术的发展,打下了坚实的基础。

5.3.4 大数据处理的系统架构

大数据技术是新兴的,能够高速捕获、分析、处理大容量多种类数据,并从中得到相应价值的技术和架构。大数据的处理需要专门平台或框架,大数据的处理通常分为四个层次,分别为数据抽取层、数据层、计算层和引擎层。常用的大数据大数据处理平台架构如图 5-8 所示。

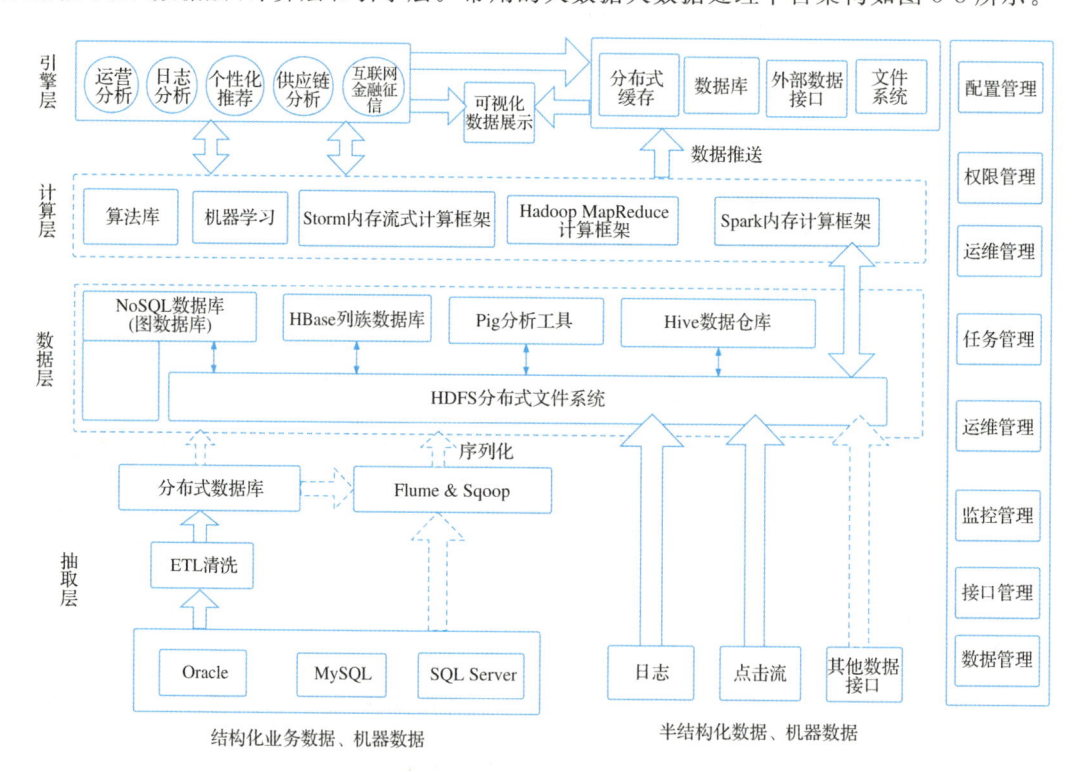

图 5-8 大数据系统架构

常用的大数据处理技术主要分为 Hadoop 生态圈技术和 Spark 生态圈技术。

Hadoop 是一个由 Apache 基金会所开发的分布式系统基础架构。Hadoop 的框架最核心的设计就是:HDFS 和 MapReduce。HDFS 为海量的数据提供了存储,而 MapReduce 则为海量的数据提供了计算。

Hadoop 生态圈技术组件见表 5-3。

表 5-3　　　　　　　　　　　　　Hadoop 生态圈组件说明

组件	功能说明
HDFS	分布式文件系统
MapReduce	分布式并行编程模型
YARN	资源管理和调度器
Tez	运行在 YARN 之上的下一代 Hadoop 查询处理框架
Hive	Hadoop 上的数据仓库工具
HBase	Hadoop 上的非关系型的分布式数据库
Pig	一个基于 Hadoop 的大规模数据分析平台,提供类似 SQL 的查询语言 Pig Latin
Sqoop	用于在 Hadoop 与传统数据库之间进行数据传递
Oozie	Hadoop 上的工作流管理系统
Zookeeper	提供分布式协调一致性服务
Storm	流计算框架
Flume	一个高可用的、高可靠的、分布式的海量日志采集、聚合和传输的系统
Ambari	Hadoop 快速部署工具,支持 Apache Hadoop 集群的供应、管理和监控
Kafka	一种高吞吐量的分布式发布订阅消息系统,可以处理消费者规模的网站中的所有动作流数据
Spark	类似于 Hadoop MapReduce 的通用并行框架

Apache Spark 是专为大规模数据处理而设计的快速通用的计算引擎。Spark 是 UC Berkeley AMP lab(加州大学伯克利分校的 AMP 实验室)所开源的类 Hadoop MapReduce 的通用并行框架,Spark 拥有 Hadoop MapReduce 所具有的优点,但不同于 MapReduce 的是 Job 中间输出结果可以保存在内存中,从而不再需要读写 HDFS。因此,Spark 能更好地适用于数据挖掘与机器学习等需要迭代的 MapReduce 的算法。

Spark 计算框架在处理数据时,所有的中间数据都保存在内存中,从而减少磁盘读写操作,提高框架计算效率。同时 Spark 还兼容 HDFS、Hive,可以很好地与 Hadoop 系统融合,从而弥补 MapReduce 高延迟的性能缺点。所以说,Spark 是一个更加快速、高效的大数据计算平台。Spark 系统组件如图 5-9 所示。

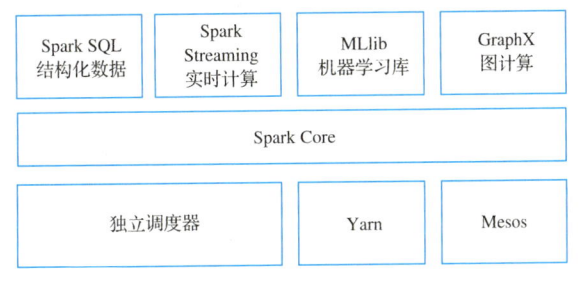

图 5-9　Spark 系统组件

Spark 系统组件说明如下:

1. Spark Core

Spark 核心组件,实现了 Spark 的基本功能,包含任务调度、内存管理、错误恢复、与存储系统交互等模块。Spark Core 中还包含对弹性分布式数据集的 API 定义。

2. Spark SQL

用来操作结构化数据的核心组件,通过 Spark SQL 可直接查询 Hive、HBase 等多种外部数据源中的数据。Spark SQL 的重要特点是能够统一处理关系表和 RDD。

3. Spark Streaming

Spark 提供的流式计算框架，支持高吞吐量、可容错处理的实时流式数据处理，其核心原理是将流数据分解成一系列短小的批处理作业。

4. Spark MLlib

Spark 提供的关于机器学习功能的算法程序库，包括分类、回归、聚类、协同过滤算法等，还提供了模型评估、数据导入等额外的功能。

5. Spark GraphX

Spark 提供的分布式图处理框架，拥有对图计算和图挖掘算法的 API 接口及丰富的功能和运算符，便于实现对分布式图处理的需求，能在海量数据上运行复杂的图算法。

6. 独立调度器、Yarn、Mesos

集群管理器，负责 Spark 框架高效地在一个到数千个节点之间进行伸缩计算的资源管理。

5.4　大数据工具与传统数据库工具在应用场景上的区别

大数据工具与传统数据库工具在应用场景上的区别见表 5-4。

表 5-4　　　　　　大数据工具与传统数据库工具在应用场景上的区别

类别	传统数据工具	大数据工具
数据规模	规模小，以 MB、GB 为处理单位	规模大，以 TB、PB 为处理单位
数据生成速率	每小时，每天	更加迅速
数据结构类型	单一的结构化数据	多样化
数据源	集中的数据源	分散的数据源
数据存储	关系数据库管理系统（RDBMS）	分布式文件系统（HDFS）、非关系型数据库（NoSQL）
模式和数据的关系	先有模式后有数据	先有数据后有模式，且模式随数据变化而不断演变
处理对象	数据仅作为被处理对象	数据作为被处理对象或辅助资源来解决其他领域问题
处理工具	一种或少数几种处理工具	不存在单一的全处理工具

5.5　大数据分析

5.5.1　大数据分析概述

广义的数据分析包括狭义数据分析和数据挖掘。

狭义的数据分析是指根据分析目的，采用对比分析、分组分析、交叉分析和回归分析等分析方法，对收集来的数据进行处理与分析，提取有价值的信息，发挥数据的作用，得到一个特征统计量结果的过程。

数据挖掘则是从大量的、不完全的、有噪声的、模糊的、随机的实际应用数据中,通过应用聚类、分类、回归和关联规则等技术,挖掘潜在价值的过程。

数据分析的流程步骤如下:

1. 需求分析

数据分析中的需求分析也是数据分析环节的第一步和最重要的步骤之一,决定了后续分析的方向、方法。

2. 数据获取

数据获取是数据分析工作的基础,是指根据需求分析的结果提取、收集数据。

3. 数据预处理

数据预处理是指对数据进行数据合并、数据清洗、数据变换和数据标准化,数据变换后使得整体数据变得干净整齐,可以直接用于分析建模这一过程的总称。

4. 分析与建模

分析与建模是指通过对比分析、分组分析、交叉分析、回归分析等分析方法和聚类、分类、关联规则、智能推荐等模型与算法发现数据中有价值的信息,并得出结论的过程。

5. 模型评价

模型评价是指对已经建立的一个或多个模型,根据其模型的类别,使用不同的指标评价其性能的过程。

6. 部署

部署是指将通过了正式应用数据分析的结果与结论应用至实际生产系统的过程。

数据分析建模流程如图 5-10 所示。

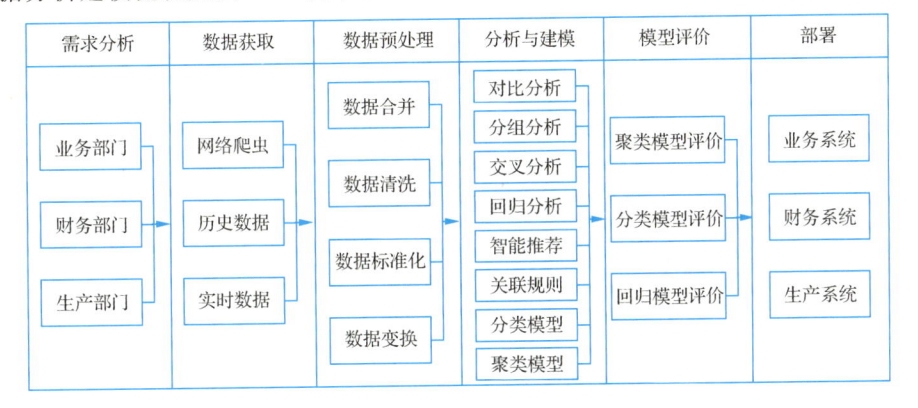

图 5-10 数据分析建模流程

5.5.2 大数据分析算法

大数据分析主要依靠机器学习和大规模计算。机器学习包括监督学习、无监督学习、强化学习等,而监督学习又包括分类学习、回归学习、排序学习、匹配学习等。分类是最常见的机器学习应用问题,比如垃圾邮件过滤、人脸检测、用户画像、文本情感分析、网页归类等,本质上都是分类问题。分类学习也是机器学习领域研究最彻底、使用最广泛的一个分支。大数据分算法分类如图 5-11 所示。

1. 监督学习（Supervised Learning）（预测）

定义：利用一组已知类别的样本调整分类器的参数，使其达到所要求性能的过程，也称为监督训练或有教师学习，是从标记的训练数据来推断一个功能的机器学习任务。训练数据包括一套训练示例。在监督学习中，每个实例都是由一个输入对象（通常为矢量）和一个期望的输出值（也称为监督信号）组成。监督学习算法是分析该训练数据，并产生一个推断的功能，其可以用于映射出新的实例。一个最佳的方案将允许该算法来正确地决定那些看不见的实例的类标签。这就要求学习算法是在一种"合理"的方式从一种从训练数据到看不见的情况下形成。常见的监督学习分类算法：k-近邻算法、贝叶斯分类、决策树与随机森林、逻辑回归、神经网络；回归算法：线性回归、岭回归。

2. 无监督学习（Unsupervised Learning）

定义：现实生活中常常会有这样的问题，如缺乏足够的先验知识，因此难以人工标注类别或进行人工类别标注的成本太高。很自然地，我们希望计算机能代我们完成这些工作，或至少提供一些帮助。根据类别未知（没有被标记）的训练样本解决模式识别中的各种问题，称之为无监督学习。常用的无监督学习聚类算法：k-means。

机器学习算法分析建模流程如图 5-12 所示。

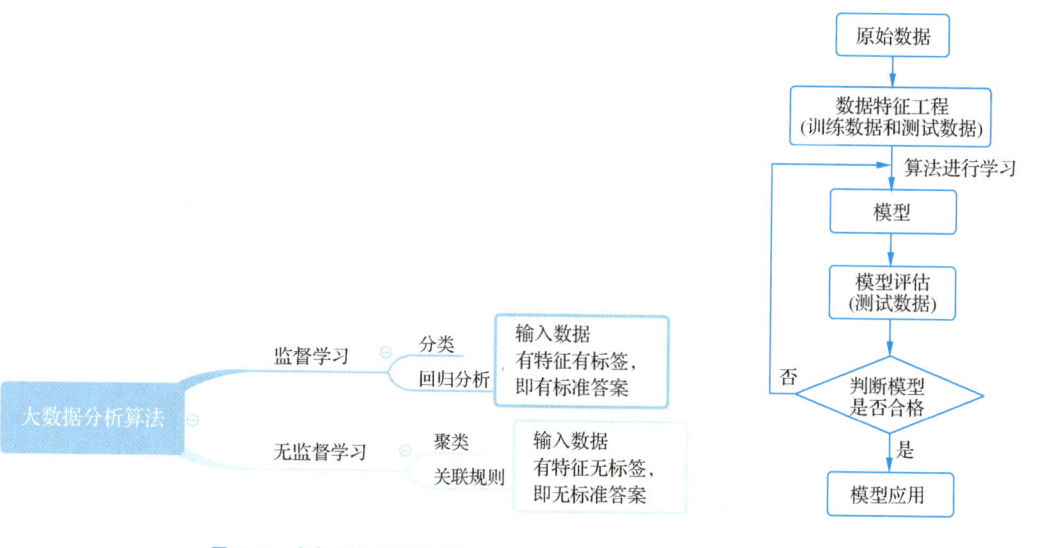

图 5-11 大数据分析算法分类

图 5-12 机器学习算法分析建模流程

5.5.3 数据挖掘

从技术角度看，数据挖掘是从大量的、不完全的、有噪声的、模糊的、随机的实际数据中，提取隐含在其中的、人们不知道的但又是潜在有用的信息和知识的过程。

从商业应用角度看，数据挖掘是一种崭新的商业信息处理技术。其主要特点是对商业数据库中大量业务数据进行抽取、转化、分析和模式化处理，从中提取辅助商业决策的关键知识，即从一个数据库中自动发现相关商业模式。

数据挖掘对象可以是存储的任何类型的信息，如关系数据库、数据仓库、事务数据库、万维网、面向对象数据库、对象关系数据库、时间序列数据库、空间数据库、文本数据库、多媒体数据库等。

常用的数据挖掘算法如图5-13所示。

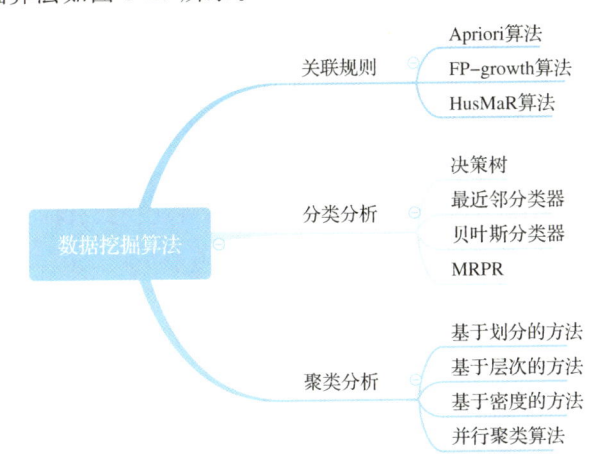

数据挖掘算法
- 关联规则
  - Apriori算法
  - FP-growth算法
  - HusMaR算法
- 分类分析
  - 决策树
  - 最近邻分类器
  - 贝叶斯分类器
  - MRPR
- 聚类分析
  - 基于划分的方法
  - 基于层次的方法
  - 基于密度的方法
  - 并行聚类算法

图5-13 常用的数据挖掘算法

5.6 数据可视化工具

5.6.1 什么是数据可视化

数据可视化是指将大型数据集中的数据以图形图像形式表示，并利用数据分析和开发工具发现其中未知信息的处理过程。

数据可视化技术的基本思想是将数据库中每一个数据项作为单个图元素表示，大量的数据集构成数据图像，同时将数据的各个属性值以多维数据的形式表示，可以从不同的维度观察数据，从而对数据进行更深入的观察和分析。

数据可视化过程包括数据预处理、绘制、显示和交互。

5.6.2 数据可视化的标准

可视化技术应用标准应该包含以下四个方面：
(1) 直观化：将数据直观、形象地呈现出来。
(2) 关联化：突出地呈现出数据之间的关联性。
(3) 艺术性：使数据的呈现更具有艺术性，更加符合审美规则。
(4) 交互性：实现用户与数据的交互，方便用户控制数据。

5.6.3 数据可视化流程

数据获取：主动式是以明确的数据需求为目的，如卫星影像、测绘工程等；被动式是以数据平台为基础，由数据平台的活动者提供数据来源，如电子商务、网络论坛等。

数据处理：是指对原始的数据进行质量分析、预处理和计算等步骤。数据处理的目标是保证数据的准确性、可用性。

可视化模式：是数据的一种特殊展现形式，常见的可视化模式有标签云、序列分析、网络结构、电子地图等。可视化模式的选取决定了可视化方案的雏形。

可视化应用：主要根据用户的主观需求展开，最主要的应用方式是用来观察和展示，通过观察和人脑分析进行推理和认知，辅助人们发现新知识或者得到新结论。

常用的可视化工具如下：

1. 入门级工具

入门级工具如 Excel。Excel 作为一种常用的办公软件，可以说是典型的入门级数据可视化工具。Excel 可以方便地进行数据处理，统计分析，生成折线图、柱形图、饼图、雷达图、散点图、气泡图等各种统计图表。示例如图 5-14 所示。

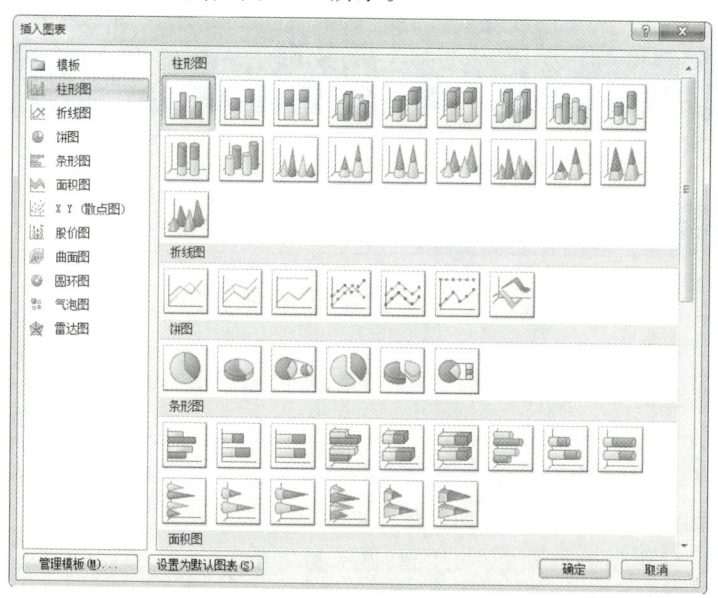

图 5-14 Excel 统计信息

2. 信息图表工具

信息图表工具常用的有 ECharts、D3 和 Tableau。

（1）ECharts

ECharts 是 Enterprise Charts 的缩写，表示商业级数据图表，百度的一个开源数据可视化工具，纯 Javascript 的图表库，能够在 PC 端和移动设备上流畅运行，兼容当前绝大部分浏览器（IE6/7/8/9/10/11，chrome，firefox，Safari 等），底层依赖轻量级的 Canvas 库 ZRender。ECharts 提供直观、生动、可交互、可高度个性化定制的数据可视化图表。创新的拖拽重计算、数据视图、值域漫游等特性大大增强了用户体验，赋予了用户对数据进行挖掘、整合的能力。

如图 5-15 所示。

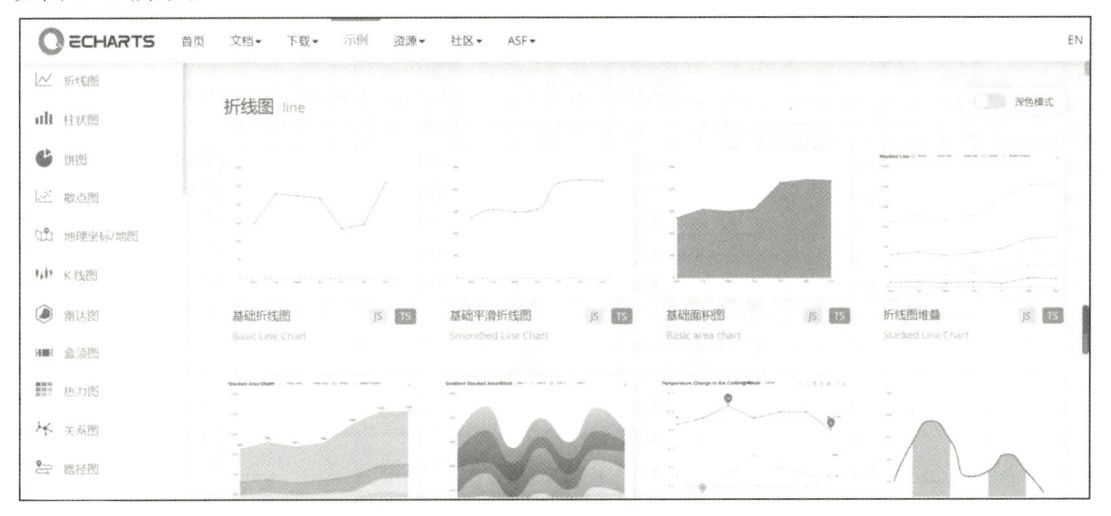

图 5-15　ECharts 可视化界面

(2) D3

D3 是最流行的可视化库之一，是一个用于网页作图、生成互动图形的 JavaScript 函数库，提供了一个 D3 对象，所有方法都通过这个对象调用。D3 能够提供大量线性图和条形图之外的复杂图表样式，例如 Voronoi 图、树形图、圆形集群和单词云等。如图 5-16 所示。

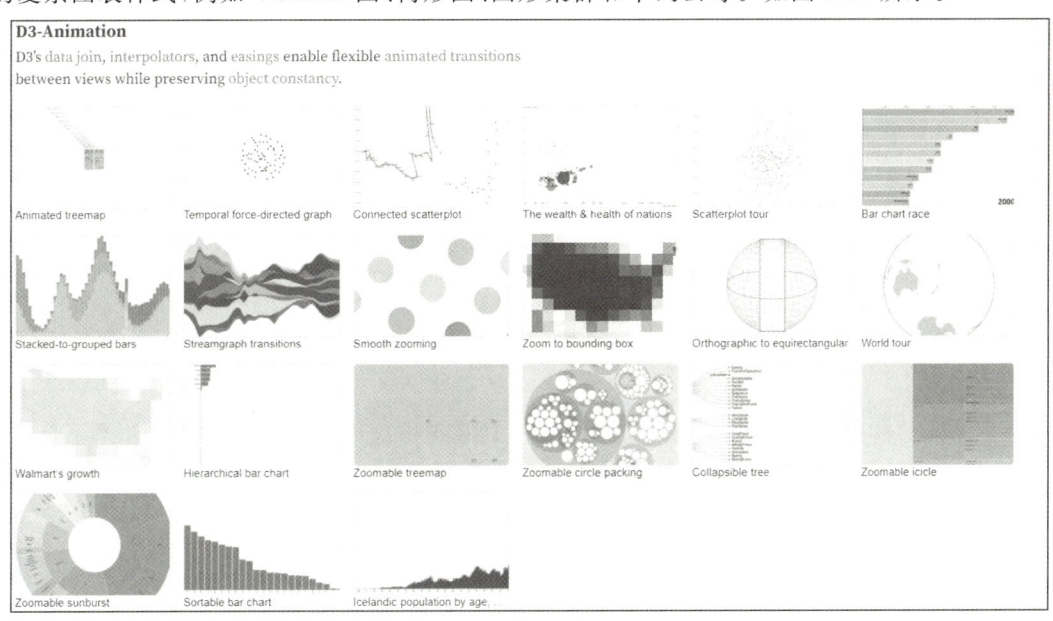

图 5-16　D3 可视化示例

(3) Tableau

Tableau 是桌面系统中最简单的商业智能工具软件，更适合企业和部门进行日常数据报表和数据可视化分析工作。Tableau 实现了数据运算与美观的图表的完美结合，用户只要将大量数据拖放到数字"画布"上，转眼间就能创建好各种图表。如图 5-17 所示。

3. 时间线工具

Timetoast 是在线创作基于时间轴事件记载服务的网站，提供个性化的时间线服务，可以

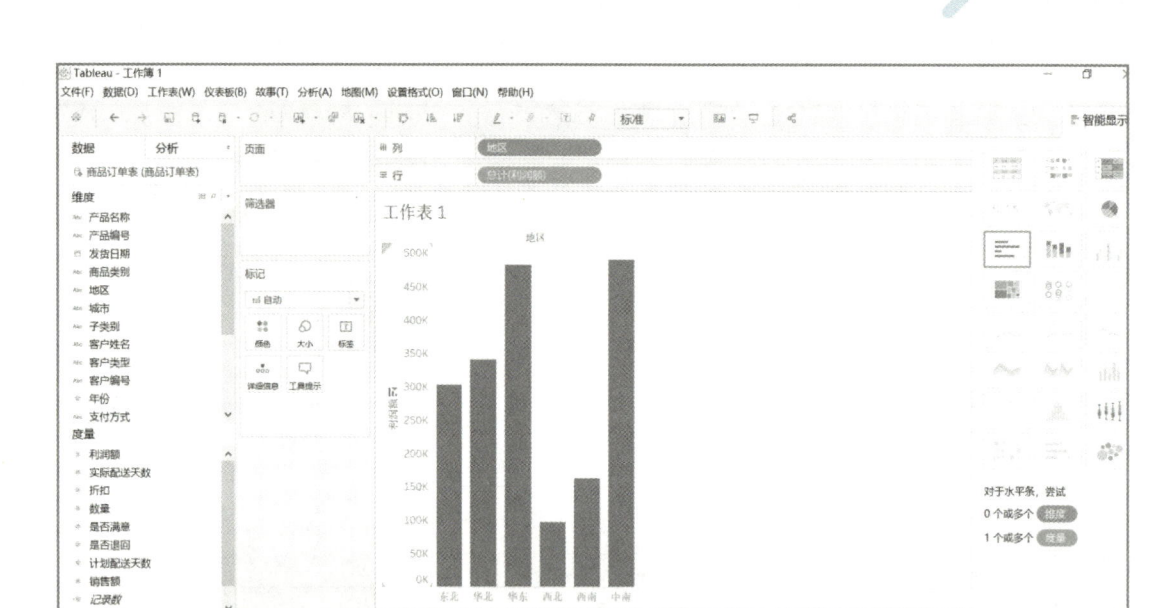

图 5-17　Tableau 可视化示例

用不同的时间线来记录用户某个方面的发展历程、心理路程、进度过程等。Timetoast 基于 flash 平台，可以在类似 flash 时间轴上任意加入事件，定义每个事件的时间、名称、图像、描述，最终在时间轴上显示事件在时间序列上的发展，事件显示和切换十分流畅，随着鼠标单击可显示相关事件，操作简单。如图 5-18 所示。

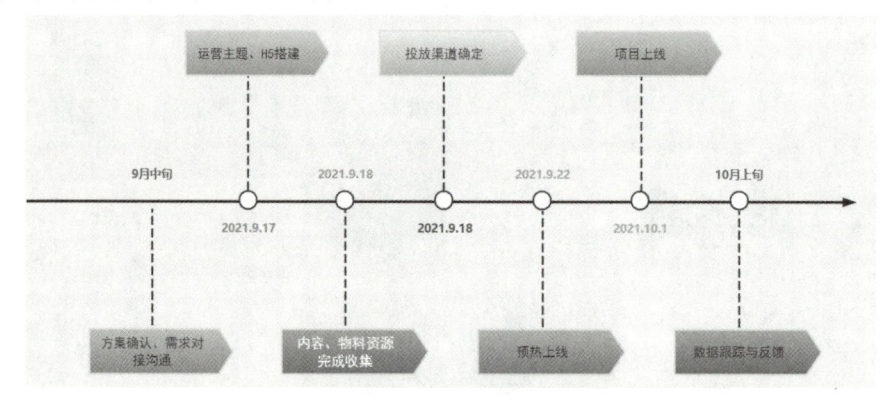

图 5-18　时间线示例

4. 高级分析工具

可视化高级分析工具见表 5-5。

表 5-5　　　　　　　　　　　　可视化高级分析工具

名称	说明
Python	Python 既有通用编程语言的强大功能，也有特定领域脚本语言（比如 MATLAB 或 R）的易用性。Python 包含数据加载、统计分析、自然语言处理、图像处理、可视化分析等各种功能的库。这个大型工具箱为数据科学家提供了大量的通用功能和专用功能
R	R 是用于统计分析、绘图的语言和操作环境。R 是属于 GNU 系统的一个自由、免费、源代码开放的软件，是一个用于统计计算和统计制图的优秀工具。其主要功能包括数据存储和处理系统、数组运算工具（强大的向量、矩阵运算方面）、完整连贯的统计分析工具、优秀的统计制图功能

5.7 大数据安全防护

5.7.1 大数据的常见安全问题

大数据的常见安全问题和风险见表5-6。

表5-6　大数据常见安全问题和风险

问题	说明
数据隐私和安全	容易泄漏用户信息、难以管控
数据存取和共享机制	存取速度不同以及存取内容不同,所以应设计不同的共享模式
数据存储和处理问题	数据增长,存储技术发展
数据分析方面的挑战	数据量过于庞大,数据分析无从下手
	全部数据是否都要进行存储和分析处理
	如何在庞大数据库中找出关键信息点
	如何更好地利用数据集使其发挥更大的价值
发展需求	发展需要学术与工业应用相结合
技术挑战	容错性;可扩展性;数据质量;异构数据处理

5.7.2 大数据安全防护方法

大数据安全防护要"以数据为中心""以技术为支撑""以管理为手段",聚焦数据体系和生态环境,明确数据来源、组织形态、路径管理、应用场景等,围绕大数据采集、传输、存储、应用、共享、销毁等全过程,构建由组织管理、制度规程、技术手段组成的安全防护体系,实现大数据安全防护的闭环管理。大数据安全防护方法见表5-7。

表5-7　大数据安全防护方法

大数据生命周期阶段名称	安全防护方法
大数据采集安全	通过数据安全管理、数据类型和安全等级,将相应功能内嵌入后台的数据管理系统,或与其无缝对接,从而保证网络安全责任制、安全等级保护、数据分级分类管理等各类数据安全制度有效落地实施
大数据存储及传输安全	通过密码技术保障数据的机密性和完整性。在数据传输环节,建立不同安全域间的加密传输链路,也可直接对数据进行加密,以密文形式传输,保障传输过程安全。数据存储过程中,可采取数据加密、磁盘加密、HDFS加密等技术保障存储安全
大数据应用安全	除了防火墙、入侵监测、防病毒、防DDoS、漏洞扫描等安全防护措施外,还应对账号统一管理,加强数据安全域管理,使原始数据不离开数据安全域,可有效防范内部人员盗取数据的风险。另外还应对手机号码、身份证号、家庭住址、年龄等敏感数据进行脱敏工作
大数据共享及销毁	在数据共享时,除了应遵循相关管理制度,还应与安全域结合起来,在满足业务需求的同时,有效管理数据共享行为。在数据销毁过程中,可通过软件或物理方式操作,保证磁盘中存储的数据永久删除、不可恢复

5.7.3 大数据安全防护建议

1. 大数据安全防护工作

随着大数据在企业数字化转型的逐步应用，大数据安全问题已成为企业必须面对的重点问题。企业要站在战略角度高度关注大数据安全，提高风险防范能力，从组织机构、管理措施、技术措施等方面做好安全防护工作。

(1) 建立安全组织机构，明确安全管理要求

企业可在传统的信息化管理部门之外，设置专门的大数据管理团队及岗位，负责落实数据安全管理工作，自上而下地建立起从各个领导层面至基层员工的管理组织架构，明确岗位职责和工作规程，编制大数据安全防护工作计划和预算，保证大数据安全管理方针、策略、制度的统一制定和有效实施。

(2) 制定安全管理措施，提升数据管控能力

结合数据全生命周期安全管理要求，企业应优化完善网络机房管理、数据交换管理、数据中心管理、数据应用管理等规定，优化元数据标准、数据交换标准、数据加密标准等规范，完善大数据安全防护管理制度及相关规定，通过制度建设为数据安全管理工作提供办事规程和行动准则，提升数据全过程管控能力。

(3) 着力加强技术防护，提高安全应急能力

企业应围绕数据全生命周期，结合实际开展数据加密、区块链、人工智能、可信计算等技术在数据安全防护中的应用，开展态势感知、行为监控、安全审计等平台建设，加强反侦察、反窃听、防破坏等技术防护工作，为落实数据安全制度规程，实现大数据安全防护的总体目标提供技术支持。

2. 实践任务——Hadoop 本地伪分布式实验环境搭建

Hadoop 的安装方式有三种，分别是单机模式、伪分布式模式、分布式模式。

(1) 单机模式

Hadoop 默认模式为非分布式模式（本地模式），无须进行其他配置即可运行。非分布式即单 Java 进程，方便进行调试。

(2) 伪分布式模式

Hadoop 可以在单节点上以伪分布式的方式运行，Hadoop 进程以分离的 Java 进程来运行，节点既作为 NameNode 也作为 DataNode，同时，读取的是 HDFS 中的文件。

(3) 分布式模式

使用多个节点构成集群环境来运行 Hadoop。

本实验采取单机伪分布式模式搭建实验环境。

提示：本教程 Linux 环境采取虚拟机方式进行安装。在 Windows 平台下使用 VMware Workstation 虚拟机软件安装 Ubuntu 20.04 虚拟机。在做本实验之前，假设已经安装完成 Ubuntu 20.4 虚拟机，如果没有该实验环境，请自行安装。

总体实验步骤如下：

(1) 修改配置文件：hadoop-env.sh、core-site.xml、hdfs-site.xml、mapred-site.xml、yarn-site.xml；

(2) 初始化文件系统 hdfs namenode -format；

(3) 启动所有进程 start-all.sh 或者分步启动 start-dfs.sh、start-yarn.sh；

(4)访问 web 界面,查看 Hadoop 信息;

(5)运行实例;

(6)停止所有实例:stop-all.sh。

具体实验步骤如下:

(1)第 1 步:创建用户并授权

①进入 Linux 系统,打开终端,创建 root 账号密码。

```
test@bigdataVM:~$ sudo passwd
[sudo] test 的密码:              # 输入当前用户的密码
新的密码:                        # 输入 root 的密码
重新输入新的密码:                # 确认 root 的密码
passwd:已成功更新密码
test@bigdataVM:~$ su root        # 切换到 root 用户
密码:                            # 输入刚刚设置的 root 密码
root@bigdataVM:/home/test#       # 成功切换到 root 用户
```

②在当前终端创建 hadoop 用户,进入/etc 目录,编辑 sudoers 给 hadoop 用户增加权限。

```
root@bigdataVM:/home/test# sudo adduser hadoop
正在添加用户"hadoop"...
正在添加新组"hadoop"(1001)...
正在添加新用户"hadoop"(1001)到组"hadoop"...
创建主目录"/home/hadoop"...
正在从"/etc/skel"复制文件...
新的密码:
重新输入新的密码:
passwd:已成功更新密码
正在改变 hadoop 的用户信息
请输入新值,或直接按 Enter 键以使用默认值
    全名[]:
    房间号码[]:
    工作电话[]:
    家庭电话[]:
    其他[]:
这些信息是否正确?[Y/n] Y
root@bigdataVM:/home/test# cd /etc
root@bigdataVM:/etc# vi sudoers
```

sudoers 增加内容如图 5-19 所示。

```
# User privilege specification
root    ALL=(ALL:ALL) ALL
hadoop  ALL=(ALL:ALL) ALL
```

图 5-19 sudoers 增加内容

③在当前终端下安装 vim 编辑器,终端命令:

```
root@bigdataVM:/etc# apt-get install vim    # 如果提示没有 vim 安装包,执行 apt-get update 更新
                                              软件包,然后再进行 vim 安装
root@bigdataVM:/etc# vim sudoers            # 测试是否安装成功,如果安装成功,可以正常编辑 sudoers,
                                              可以看到刚才的文件内容颜色已经改变
```

运行结果如图 5-20 所示。

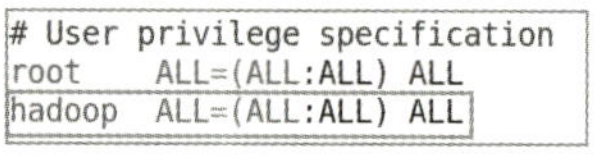

```
# User privilege specification
root    ALL=(ALL:ALL) ALL
hadoop  ALL=(ALL:ALL) ALL
```

图 5-20　安装结果

④使用 su hadoop 命令切换到刚创建的 hadoop 用户,测试 hadoop 用户是否创建成功。

root@bigdataVM:/etc# su hadoop

hadoop@bigdataVM:/etc$

(2)第 2 步:SSH 无密码登录安装与配置

集群、单节点模式都需要用到 SSH 登录,类似于远程登录,用户可以登录某台 Linux 主机,并且在上面运行命令,Ubuntu 默认已安装了 SSH client,此外还需要安装 SSH server,安装过程根据提示确认即可。安装命令如下:

hadoop@bigdataVM:~$ sudo apt-get install openssh-server

安装后,可以使用如下命令登录本机。此时会有如下提示(SSH 首次登录提示),输入 yes。然后按提示输入 hadoop 账号密码,这样就登录到本机了。登录成功,有欢迎提示,如图 5-21 所示。

```
hadoop@bigdataVM:~$ ssh localhost
The authenticity of host 'localhost (127.0.0.1)' can't be established.
ECDSA key fingerprint is SHA256:+LNw5Lvc+kLde1S5YBPLDvX4utKiNXuhZYJaL62hP9M.
Are you sure you want to continue connecting (yes/no/[fingerprint])? yes
Warning: Permanently added 'localhost' (ECDSA) to the list of known hosts.
hadoop@localhost's password:
Welcome to Ubuntu 20.04.2 LTS (GNU/Linux 5.11.0-25-generic x86_64)

 * Documentation:  https://help.ubuntu.com
 * Management:     https://landscape.canonical.com
 * Support:        https://ubuntu.com/advantage

193 updates can be installed immediately.
0 of these updates are security updates.
To see these additional updates run: apt list --upgradable

Your Hardware Enablement Stack (HWE) is supported until April 2025.
```

图 5-21　登录成功提示

但这样登录是需要每次输入密码的,因此需要配置成 SSH 无密码登录比较方便。

首先退出刚才的 ssh,就回到了原先的终端窗口,然后利用 ssh-keygen 生成密钥,并将密钥加入授权中,命令如下所示,操作结果如图 5-22 所示。

hadoop@bigdataVM:~$ exit　　　　　　　# 退出刚才的 ssh localhost

#注销

Connection to localhost closed.

hadoop@bigdataVM:~$ cd ~/.ssh/　　　　# 若没有该目录,请先执行一次 ssh localhost

hadoop@bigdataVM:~/.ssh$ ssh-keygen -t rsa

　　　　　　　　　　　　　　　　　　　# 会有提示,都按 Enter 键就可以

hadoop@bigdataVM:~/.ssh$ cat ./id_rsa.pub >> ./authorized_keys　　# 加入授权

此时再用 ssh localhost 命令,无须输入密码就可以直接登录了,如图 5-23 所示。

(3)第 3 步:下载并安装 JDK

①在线下载 JDK 或直接本地拷贝或者拖放到 Linux 虚拟机当前用户下载 Downloads 目录下。本教材选择 jdk-11.0.12,把软件安装在/opt 目录下,后面所有的软件也默认安装到该

图 5-22　操作结果

图 5-23　无密码登录成功示例

目录下,方便统一管理。下载完成后拖放到 hadoop 用户"下载"目录下,如图 5-24 所示。

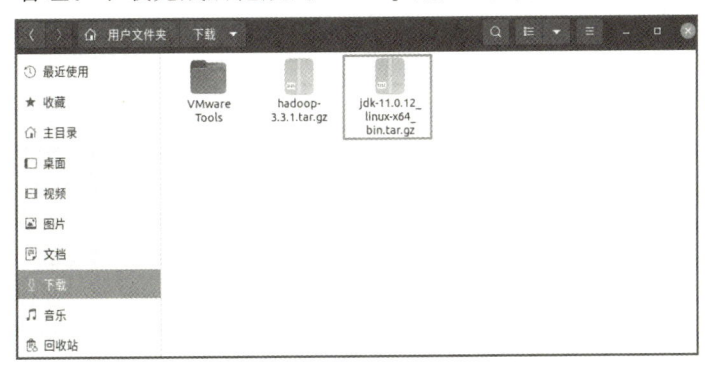

图 5-24　下载 JDK 安装文件

②查看安装文件是否在指定目录下,命令和操作如图 5-25 所示。

图 5-25　查看安装文件是否在指定目录下

③进入/opt 目录,创建 java 文件夹,然后解压 JDK 到该文件夹。命令和操作如图 5-26 所示。

```
hadoop@bigdataVM:~/下载$ cd /opt
hadoop@bigdataVM:/opt$ sudo mkdir java
[sudo] hadoop 的密码：
hadoop@bigdataVM:/opt$ cd ~/下载
hadoop@bigdataVM:~/下载$ sudo tar -zxvf jdk-11.0.12_linux-x64_bin.tar.gz -C /opt/java/
```

图 5-26　解压 JDK 到 Java 文件夹

④配置 JDK 环境变量，有两种方式，修改/etc 目录下的 profile 文件或者/usr/目录下的.bashrc 文件，任选一即可，二者区别自行学习，本教程所有的配置选择 profile 文件。命令如下所示。

　　sudo vim /etc/profile　　　# 编辑 profile 文件

　　# 增加如下内容：

　　export JAVA_HOME=/opt/java/jdk-11.0.12

　　export PATH=$PATH：$JAVA_HOME/bin

操作结果如图 5-27 所示。

```
# /etc/profile: system-wide .profile file for the Bourne shell (sh(1))
# and Bourne compatible shells (bash(1), ksh(1), ash(1), ...).

export JAVA_HOME=/opt/java/jdk-11.0.12/
export PATH=$PATH:$JAVA_HOME/bin
if [ "${PS1-}" ]; then
  if [ "${BASH-}" ] && [ "$BASH" != "/bin/sh" ]; then
    # The file bash.bashrc already sets the default PS1.
    # PS1='\h:\w\$ '
    if [ -f /etc/bash.bashrc ]; then
      . /etc/bash.bashrc
    fi
  else
```

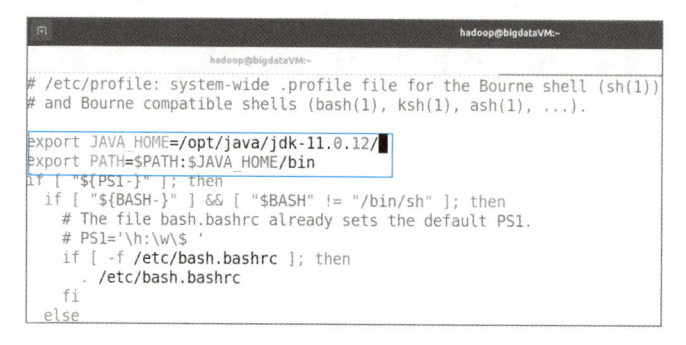

图 5-27　配置 JDK 环境变量

⑤重新加载环境变量脚本，验证 Java 是否生效。命令和操作如图 5-28 所示。

```
hadoop@bigdataVM:~$ sudo vim /etc/profile
hadoop@bigdataVM:~$ source /etc/profile
hadoop@bigdataVM:~$ java -version
java version "11.0.12" 2021-07-20 LTS
Java(TM) SE Runtime Environment 18.9 (build 11.0.12+8-LTS-237)
Java HotSpot(TM) 64-Bit Server VM 18.9 (build 11.0.12+8-LTS-237, mixed mode)
hadoop@bigdataVM:~$
```

图 5-28　验证 Java 是否生效

（4）第 4 步：下载 Hadoop 安装包并解压

①下载 Hadoop 安装包，如图 5-29 所示。

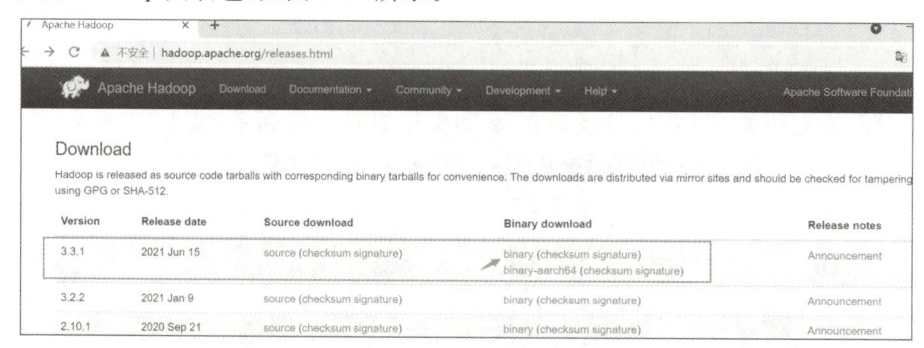

图 5-29　下载 Hadoop 安装包

可以自己选择合适版本，最新版是 hadoop-3.3.1.tar.gz，下载完成后拖放到 hadoop 用户

"下载"目录下。

②解压安装包。先到/opt 目录下新建文件夹 hadoop，然后解压到该目录下。命令和操作如图 5-30 所示。

```
hadoop@bigdataVM:~$ cd /opt
hadoop@bigdataVM:/opt$ sudo mkdir hadoop
hadoop@bigdataVM:/opt$ cd ~/下载
hadoop@bigdataVM:~/下载$ sudo tar -zxvf hadoop-3.3.1.tar.gz -C /opt/hadoop/
```

图 5-30　解压安装包

- 在 Hadoop 安装包目录下有几个比较重要的目录。具体说明如下：

sbin：启动或停止 Hadoop 相关服务的脚本。

bin：对 Hadoop 相关服务（HDFS，YARN）进行操作的脚本。

etc：Hadoop 的配置文件目录。

share：Hadoop 的依赖 jar 包和文档，文档可以被删掉。

lib：Hadoop 的本地库（对数据进行压缩解压缩功能的）。

- 配置 hadoop 环境变量。命令如下所示。

hadoop@bigdataVM:~ $ sudo vim /etc/profile

- 在原来的基础上增加标注内容，如图 5-31 所示。

```
hadoop@bigdataVM: /opt/hadoop/hadoop-3.3.1/sbin
# /etc/profile: system-wide .profile file for the Bourne shell (sh(1))
# and Bourne compatible shells (bash(1), ksh(1), ash(1), ...).
export JAVA_HOME=/opt/java/jdk-11.0.12/
export HADOOP_HOME=/opt/hadoop/hadoop-3.3.1/
export PATH=$PATH:$JAVA_HOME/bin:$HADOOP_HOME/bin:$HADOOP_HOME/sbin

if [ "${PS1-}" ]; then
  if [ "${BASH-}" ] && [ "$BASH" != "/bin/sh" ]; then
```

图 5-31　配置 Hadoop 环境变量

- 重新读取环境变量，检查是否可用。如果正确显示版本号证明可用。命令和操作如图 5-32 所示。

```
hadoop@bigdataVM:~$ sudo vim /etc/profile
hadoop@bigdataVM:~$ source /etc/profile
hadoop@bigdataVM:~$ hadoop version
Hadoop 3.3.1
Source code repository https://github.com/apache/hadoop.git -r a3b9c37a397ad4188041dd80621bdeef
Compiled by ubuntu on 2021-06-15T05:13Z
Compiled with protoc 3.7.1
From source with checksum 88a4ddb2299aca054416d6b7f81ca55
This command was run using /opt/hadoop/hadoop-3.3.1/share/hadoop/common/hadoop-common-3.3.1.jar
hadoop@bigdataVM:~$
```

图 5-32　验查环境变量

- 修改文件夹权限，命令和操作如图 5-33 所示。

```
hadoop@bigdataVM:~$ cd /opt/hadoop/
hadoop@bigdataVM:/opt/hadoop$ sudo chown -R hadoop:hadoop hadoop-3.3.1/
```

图 5-33　修改文件夹权限

(5) 第 5 步：配置 Hadoop 环境

配置 Hadoop 伪分布式环境，需要修改其中的 5 个配置文件。

①进入 Hadoop 的 etc 目录下,命令如下所示。

hadoop@bigdataVM:~ $ cd /opt/hadoop/hadoop-3.3.1/etc/hadoop/

修改如图 5-34 所示 5 个文件。

```
hadoop@bigdataVM:~$ cd /opt/hadoop/hadoop-3.3.1/etc/hadoop/
hadoop@bigdataVM:/opt/hadoop/hadoop-3.3.1/etc/hadoop$ ls
capacity-scheduler.xml              httpfs-env.sh                mapred-site.xml
configuration.xsl                   httpfs-log4j.properties      shellprofile.d
container-executor.cfg              httpfs-site.xml              ssl-client.xml.example
core-site.xml                       kms-acls.xml                 ssl-server.xml.example
hadoop-env.cmd                      kms-env.sh                   user_ec_policies.xml.template
hadoop-env.sh                       kms-log4j.properties         workers
hadoop-metrics2.properties          kms-site.xml                 yarn-env.cmd
hadoop-policy.xml                   log4j.properties             yarn-env.sh
hadoop-user-functions.sh.example    mapred-env.cmd               yarnservice-log4j.properties
hdfs-rbf-site.xml                   mapred-env.sh                yarn-site.xml
hdfs-site.xml                       mapred-queues.xml.template
hadoop@bigdataVM:/opt/hadoop/hadoop-3.3.1/etc/hadoop$
```

图 5-34 需要修改的配置文件(5 个)

②修改第 1 个配置文件。命令和操作如下所示。

hodoop@bigdataVM:/opt/hadoop/hadoop-3.3.1/etc/hadoop $ sudo vim hadoop-env.sh

找到第 54 行,修改 JAVA_HOME。命令和操作如下所示。

52 # The jave implementation to use. By default, this environment
53 # variable is REQUIRED on ALL platforms except OS X!
54 export JAVA HOME=/opt/java/jdk-11.0.12

③修改第 2 个配置文件。命令和操作如下所示。

hadoop@bigdataVM:/opt/hadoop/hadoop-3.3.1/etc/hodoop $ sudo vim core-site.xml

在<configuration> </configuration>之间添加如下配置:

```
<configuration>
    <!-- 配置 hdfs 的 namenode(老大)的地址 -->
    <property>
        <name>fs.defaultFS</name>
        <value>hdfs://localhost:9000</value>
    </property>
    <!-- 配置 Hadoop 运行时产生数据的存储目录,不是临时的数据 -->
    <property>
        <name>hadoop.tmp.dir</name>
        <value>file:/opt/hadaoop/hadoop-3.3.1/tmp</value>
    </property>
</configuration>
```

④修改第 3 个配置文件。命令和操作如下所示。

hadoop@bigdataVM:/opt/hadoop/hadoop-3.3.1/etc/hadoop $ sudo vim hdfs-site.xml

在<configuration> </configuration>之间添加如下配置:

```xml
<configuration>
<!-- 指定 HDFS 存储数据的副本数据量 -->
  <property>
    <name>dfs.replication</name>
    <value>1</value>
  </property>
<!-- 指定 HDFS 名称节点(namenode)和数据节点(DataNode)保存路径 -->
<property>
    <name>dfs.namenode.name.dir</name>
    <value>file:/opt/hadoop/hadoop-3.3.1/tmp/dfs/name</value>
  </property>
  <property>
    <name>dfs.datanode.data.dir</name>
    <value>file:/opt/hadoop/hadoop-3.3.1/tmp/dfs/data</value>
  </property>
</configuration>
```

⑤修改第4个配置文件。命令和操作如下所示。

```
hadoop@bigdataVM:/opt/hadoop/hadoop-3.3.1/etc/hadoop$ sudo vim mapred-site.xml
```

添加如下配置：

```xml
<configuration>
    <!-- 指定 mapreduce 编程模型运行在 yarn 上 -->
    <property>
        <name>mapreduce.framework.name</name>
        <value>yarn</value>
    </property>
</configuration>
```

⑥修改第5个配置文件。命令和操作如下所示。

```
hadoop@bigdataVM:/opt/hadoop/hadoop-3.3.1/etc/hadoop$ sudo vim yarn-site.xml
```

添加如下配置：

```xml
<configuration>
        <!-- 指定 yarn 的老大(ResourceManager 的地址) -->
        <property>
            <name>yarn.resourcemanager.hostname</name>
            <value>localhost</value>
        </property>
        <!-- mapreduce 执行 shuffle 时获取数据的方式 -->
        <property>
            <name>yarn.nodemanager.aux-services</name>
            <value>mapreduce_shuffle</value>
        </property>
</configuration>
```

⑦对 HDFS 进行初始化，也即格式化 HDFS。命令和操作如下所示。

```
hadoop@bigdataVM:~$ cd /opt/hadoop/hadoop-3.3.1/bin/
hadoop@bigdataVM:/opt/hadoop/hadoop-3.3.1/bin$ hdfs namenode -format
```

⑧如果提示如下信息,证明格式化成功。如图 5-35 所示。

```
2021-08-15 18:04:46,293 INFO common.Storage: Storage directory /opt/hadoop/hadoop-3.3.1/tmp/dfs/name has been successfully formatted.
2021-08-15 18:04:46,348 INFO namenode.FSImageFormatProtobuf: Saving image file /opt/hadoop/hadoop-3.3.1/tmp/dfs/name/current/fsimage.ckpt_0000000000000000000 using no compression
2021-08-15 18:04:46,470 INFO namenode.FSImageFormatProtobuf: Image file /opt/hadoop/hadoop-3.3.1/tmp/dfs/name/current/fsimage.ckpt_0000000000000000000 of size 399 bytes saved in 0 seconds .
2021-08-15 18:04:46,492 INFO namenode.NNStorageRetentionManager: Going to retain 1 images with txid >= 0
2021-08-15 18:04:46,515 INFO namenode.FSNamesystem: Stopping services started for active state
2021-08-15 18:04:46,515 INFO namenode.FSNamesystem: Stopping services started for standby state
2021-08-15 18:04:46,526 INFO namenode.FSImage: FSImageSaver clean checkpoint: txid=0 when meet shutdown.
2021-08-15 18:04:46,527 INFO namenode.NameNode: SHUTDOWN_MSG:
/************************************************************
SHUTDOWN_MSG: Shutting down NameNode at bigdataVM/127.0.1.1
************************************************************/
```

图 5-35 HDFS 格式化成功

(6)第 6 步:启动并测试 Hadoop

①切换到 sbin 目录下,启动命令:start-all.sh,停止命令:stop-all.sh。命令和操作如下所示。

  hadoop@bigdataVM:~$ cd /opt/hadoop/hadoop-3.3.1/sbin/

  hadoop@bigdataVM:/opt/hadoop/hadoop-3.3.1/sbin$ sudo ./start-all.sh

如果启动时报以下错误提示,需要修改 4 个文件,如图 5-36 所示。

```
hadoop@bigdataVM:/opt/hadoop/hadoop-3.3.1/sbin$ sudo ./start-all.sh
Starting namenodes on [localhost]
ERROR: Attempting to operate on hdfs namenode as root
ERROR: but there is no HDFS_NAMENODE_USER defined. Aborting operation.
Starting datanodes
ERROR: Attempting to operate on hdfs datanode as root
ERROR: but there is no HDFS_DATANODE_USER defined. Aborting operation.
Starting secondary namenodes [bigdataVM]
ERROR: Attempting to operate on hdfs secondarynamenode as root
ERROR: but there is no HDFS_SECONDARYNAMENODE_USER defined. Aborting operation.
Starting resourcemanager
ERROR: Attempting to operate on yarn resourcemanager as root
ERROR: but there is no YARN_RESOURCEMANAGER_USER defined. Aborting operation.
Starting nodemanagers
ERROR: Attempting to operate on yarn nodemanager as root
ERROR: but there is no YARN_NODEMANAGER_USER defined. Aborting operation.
```

图 5-36 启动报 HDFS 和 YARN 未定义错误提示

根据以上错误,需要修改/hadoop/sbin 路径下的以下四个文件:start-dfs.sh,stop-dfs.sh,start-yarn.sh,stop-yarn.sh。

②首先,切换到 sbin 目录下,将 start-dfs.sh,stop-dfs.sh 两个文件顶部添加以下参数。命令和操作如下所示。

  hadoop@bigdataVM:/opt/hadoop/hadoop-3.3.1/sbin$ sudo vim start-dfs.sh

  hadoop@bigdataVM:/opt/hadoop/hadoop-3.3.1/sbin$ sudo vim stop-dfs.sh

打开文件后,在两个文件最上面都添加如下代码:

#!/usr/bin/env bash
HDFS_DATANODE_USER=root
HADOOP_DATANODE_SECURE_USER=hafs
HDFS_NAMENODE_USER=root
HDFS_SECONDARYNAMENODE_USER=root

③在/hadoop/sbin 路径下,将 start-yarn.sh,stop-yarn.sh 顶部添加以下参数。命令和操作如下所示。

  hadoop@bigdataVM:/opt/hadoop/hadoop-3.3.1/sbin$ sudo vim start-yarn.sh

  hadoop@bigdataVM:/opt/hadoop/hadoop-3.3.1/sbin$ sudo vim stop-yarn.sh

打开文件后,在两个文件最上面都添加如下代码:

```
#! /usr/bin/env bash
HDFS DATANODE USER=root
HADOOP DATANODE SECURE USER=hafs
HDFS NAMENODE USER=root
HDFS SECONDARYNAMENODE USER=root
```

④修改后重启,执行 ./start-dfs.sh,如果有五个进程,表明成功! 命令和操作如下所示。

hadoop@bigdataVM:— $ cd /opt/hadoop/hadoop-3.3.1/sbin/
hadoopabigdataVM:/opt/hadoop/hadoop-3.3.1/sbin $ ./start-all.sh
WARNING:Attempting to start all Apache Hadoop daemons as hadoop in 10 seconds.
WARNING:This is not a recommended production deployment configuration.
WARNING:Use CTRL—C to abort.
Starting namenodes on [localhost]
Starting datanodes
Starting secondary namenodes [bigdataVM]
Starting resourcemanager
Starting nodemanagers

提示:如果启动执行没有成功,出现如图 5-37 所示的错误,是因为无密码登录没有设置成功。

```
hadoop@bigdataVM:/opt/hadoop/hadoop-3.3.1/sbin$ sudo ./start-all.sh
[sudo] hadoop 的密码:
Starting namenodes on [localhost]
localhost: Warning: Permanently added 'localhost' (ECDSA) to the list of known hosts.
localhost: root@localhost: Permission denied (publickey,password).
Starting datanodes
localhost: root@localhost: Permission denied (publickey,password).
Starting secondary namenodes [bigdataVM]
bigdataVM: Warning: Permanently added 'bigdatavm' (ECDSA) to the list of known hosts.
bigdataVM: root@bigdatavm: Permission denied (publickey,password).
Starting resourcemanager
Starting nodemanagers
localhost: root@localhost: Permission denied (publickey,password).
```

图 5-37　启动报错(Permission denied)

要解决上述错误,请参考前面步骤重新设置无密码登录,重新设置之前要先删除以前设置生成的所有文件。设置完成后,输入 ssh localhost,登录成功后再启动 hadoop。命令如下所示。

ssh localhost

如果提示如图 5-38 所示的写日志错误,需要对日志目录进行授权。

```
hadoop@bigdataVM:/opt/hadoop/hadoop-3.3.1/sbin$ ./start-all.sh
WARNING: Attempting to start all Apache Hadoop daemons as hadoop in 10 seconds.
WARNING: This is not a recommended production deployment configuration.
WARNING: Use CTRL-C to abort.
Starting namenodes on [localhost]
localhost: ERROR: Unable to write in /opt/hadoop/hadoop-3.3.1/logs. Aborting.
Starting datanodes
localhost: ERROR: Unable to write in /opt/hadoop/hadoop-3.3.1/logs. Aborting.
Starting secondary namenodes [bigdataVM]
bigdataVM: ERROR: Unable to write in /opt/hadoop/hadoop-3.3.1/logs. Aborting.
Starting resourcemanager
ERROR: Unable to write in /opt/hadoop/hadoop-3.3.1//logs. Aborting.
Starting nodemanagers
localhost: ERROR: Unable to write in /opt/hadoop/hadoop-3.3.1/logs. Aborting.
```

图 5-38　写日志报错(logs)

为避免后续启动报错或者缺少进程节点,除了对日志 logs 授权外,还需要对 HDFS 数据存储路径 tmp 文件夹进行授权(授予 777 权限),允许日志和分布式文件进行正常的写入。命

令和操作如下所示,目录变为绿色表明授权成功,如图 5-39 所示:

```
hadoop@bigdataVM:/opt/hadoop/hadoop-3.3.1$ ls
bin    include  libexec           licenses-binary  logs             NOTICE.txt   sbin  tmp
etc    lib      LICENSE-binary    LICENSE.txt      NOTICE-binary    README.txt   share
hadoop@bigdataVM:/opt/hadoop/hadoop-3.3.1$ sudo chmod -R 777 logs/
hadoop@bigdataVM:/opt/hadoop/hadoop-3.3.1$ sudo chmod -R 777 tmp/
hadoop@bigdataVM:/opt/hadoop/hadoop-3.3.1$ ls
bin    include  libexec           licenses-binary  logs             NOTICE.txt   sbin  tmp
etc    lib      LICENSE-binary    LICENSE.txt      NOTICE-binary    README.txt   share
```

图 5-39　授权成功

```
sudo chmod 777 -R tmp/
sudo chmod 777 -R logs/
```

⑤启动成功,使用 jps 命令检查进程是否存在,总共包含五个进程(jps 进程本身除外),缺一不可,五个进程分别为:NameNode、DataNode、SecondaryNameNode、NodeManager、ResourceManager,每次重启,进程 ID 号都会不一样。命令和操作如下所示。

```
hadoop@bigdataVM:/opt/hadoop/hadoop-3.3.1$ jps
18869 ResourceManager
19352 Jps
19017 NodeManager
18457 DataNode
18283 NameNode
18668 SecondaryNameNode
```

⑥如果要关闭可以使用 stop-all.sh 命令。因为在前面在/etc/profile 下配置了环境变量,所有在任何路径下都可以随时执行 start-all.sh 和 stop-all.sh 命令进行启动和停止,不必切换到 sbin 目录下。命令和操作如下所示。

```
hadoop@bigdataVM:~ $ stop-all.sh
WARNING: Stopping all Apache Hadoop daemons as hadoop in 10 seconds.
WARNING: Use CTRL-C to abort.
Stopping namenodes on [localhost]
Stopping da tanodes
Stopping secondary namenodes [bigdataVM]
Stopping nodemanagers
Stopping resourcemanager
```

⑦当然,也可以使用如下命令分步启动 hadoop,先启动 hdfs,再启动 yarn。命令和操作如下所示。

```
hadoop@bigdataVM:~ $ start-dfs.sh
Starting namenodes on [localhost]
Starting datanodes
Starting secondary namenodes [bigdataVM]
hadoop@bigdataVM:~ $ start-yarn.sh
Starting resourcemanager
Starting nodemanagers
```

⑧访问 hdfs 的管理界面。

Hadoop3.x 版本默认访问地址:localhost:9870,如图 5-40 所示。

⑨访问 yarn 的管理界面。

yarn 的默认访问地址:localhost:8088,集群节点的相关信息,如图 5-41 所示。

⑩如果单击节点 Node HTTP Address,发现 bigdataVM:8042 也可访问,显示相关节点信息。如图 5-42 所示。

⑪如果想停止所有服务,请输入 stop-all.sh。

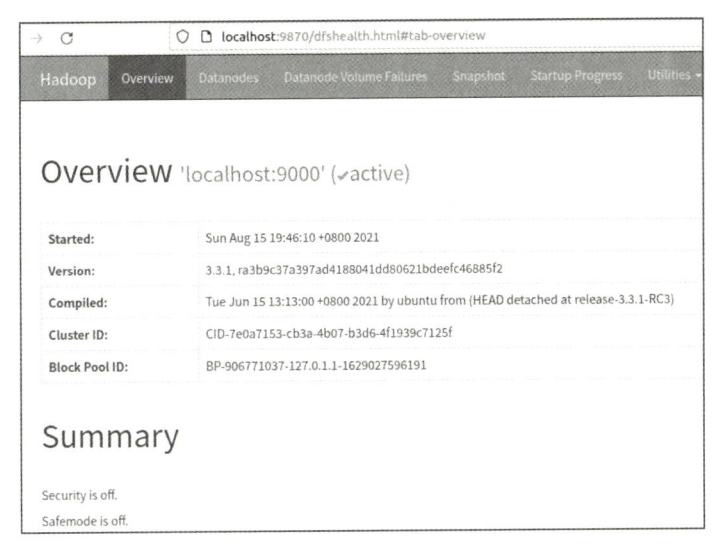

图 5-40 访问 HDFS 系统管理界面

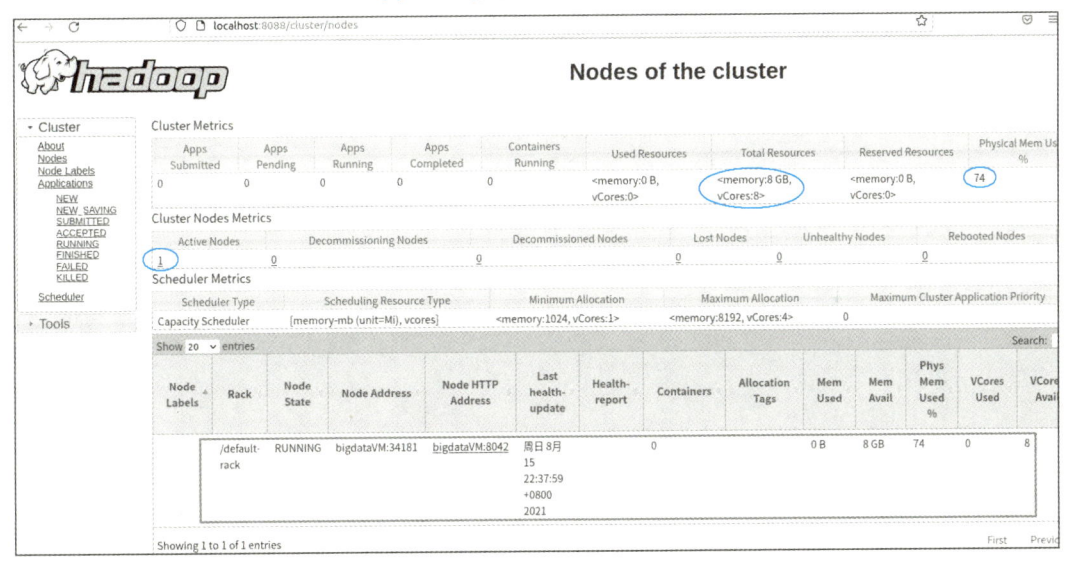

图 5-41 yarn 访问界面

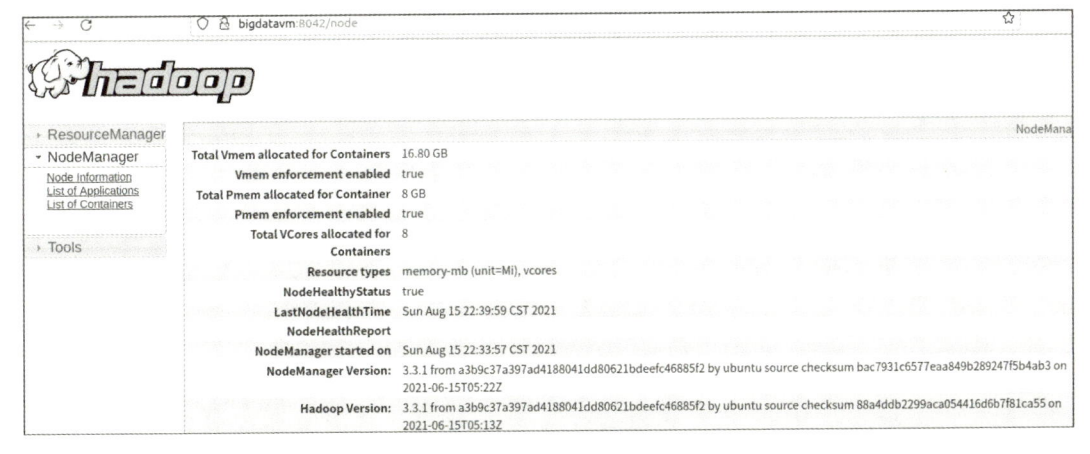

图 5-42 节点信息界面

学习思考

1. 简述大数据的定义、来源、结构分类和特征。
2. 请列举大数据常见的应用场景。
3. 简述大数据的处理流程以及每一个流程所涉及的关键技术。
4. 简述大数据分析建模的流程。
5. 使用 Hadoop 搭建本地伪分布式实验环境。

延伸阅读

单元6 人工智能

单元导读

人工智能时代即将来临,你准备好了吗?

阿尔法鹰眼,能识别情绪的人工智能,让谎言无处可藏。

阿尔法鹰眼可通过视频检测的方式准确识别人类真实的情绪,主要应用于安防等领域,发现潜在可疑人员,真正做到让坏人无处可藏,如图6-1所示。在人工智能领域,阿尔法鹰眼不再是冰冷的数据,而是能读懂人心的"智者",是中国智慧的代表。

阿尔法鹰眼采用情感计算算法,当人产生喜、怒、哀、乐等情绪的时候,内心会有一些情感的波动,在外在表现上则会有一些肌肉的微振动,这种微振动由于频率非常低,很难被人的眼睛所察觉,而阿尔法鹰眼采用一种非常特殊的方式,能够让摄像头准确捕捉到这种微振动,并且将其对应的情绪识别出来。

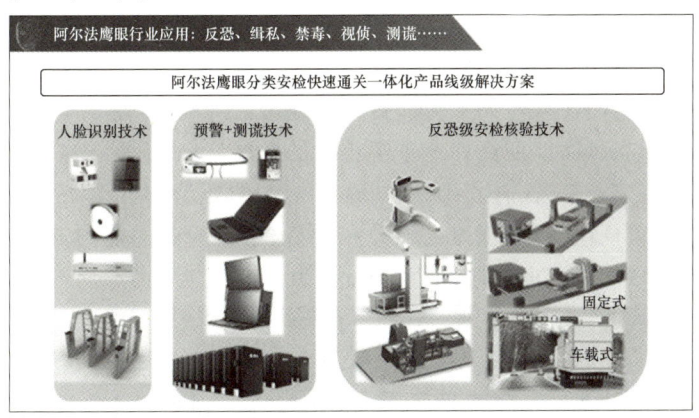

图6-1 阿尔法鹰眼识别产品

在央视《机智过人》节目中,阿尔法鹰眼就表现出了令人震惊的人类真实情感识别能力,不仅轻松通过主持人的故意刁难,还在更高难度的考验中战胜了心理学领域的专家。

在广州白云机场,阿尔法鹰眼找出了私自携带枪支入境的机长;在义乌火车站,阿尔法鹰眼帮助警方抓获盗窃人员……未来,阿尔法鹰眼还可能更多地被应用于医疗、金融、招聘等场景,如图6-2所示。

图 6-2　阿尔法鹰眼情绪识别系统

案例来源：php 源（phpyuan）网

学习目标

- 了解人工智能的定义、基本特征和社会价值；
- 了解人工智能的发展历程，及其在互联网及各传统行业中的典型应用和发展趋势；
- 熟悉人工智能技术应用的常用开发平台、框架和工具，了解其特点和适用范围；
- 熟悉人工智能技术应用的基本流程和步骤；
- 了解人工智能涉及的核心技术及部分算法，能使用人工智能相关应用解决实际问题；
- 能辨析人工智能在社会应用中面临的伦理、道德和法律问题。

6.1　人工智能概况

　　人工智能正在快速地改变着人们的生活、学习和工作，把人类社会带入一个全新的、智能化的、自动化的时代。人们在享受人工智能带来便捷生活的同时，需要全面而深入地了解人工智能的基本知识与研究领域，以便更好地了解社会的发展趋势，把握未来的发展机会。

　　什么是人工智能？"人工"比较好理解，"智能"指人的智慧和行动能力，智能的内涵指"知识＋思维"，外延指发现规律、运用规律的能力和分析、解决问题的能力。要了解人工智能，首先要认识它的研究领域和存在的应用价值，图 6-3 为人工智能示意。

人工智能定义

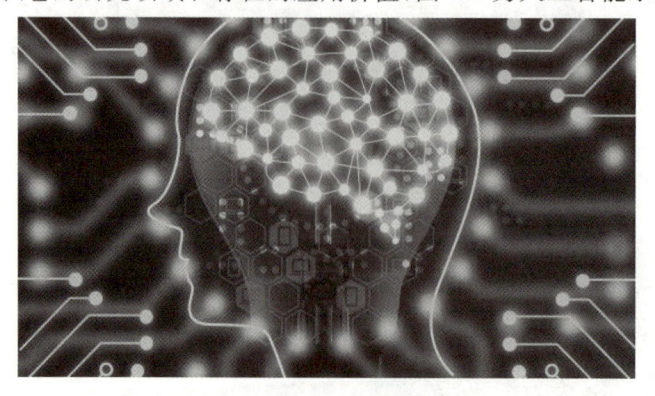

图 6-3　人工智能示意

6.1.1 人工智能定义

人工智能（Artificial Intelligence，AI）是研究、开发用于模拟、延伸和扩展人的智能的理论、方法、技术及应用系统的一门学科，其目标是希望计算机拥有像人一样的思维过程和智能行为（如识别、认知、分析、决策等），使机器能够胜任一些通常需要人类智能才能完成的复杂工作。

人工智能是计算机科学的一个重要分支，融合了自然科学和社会科学的研究范畴，涉及计算机科学、统计学、脑神经学、心理学、语言学、逻辑学、认知科学、行为科学、生命科学、社会科学和数学，以及信息论、控制论和系统论等多学科领域，如图 6-4 所示。

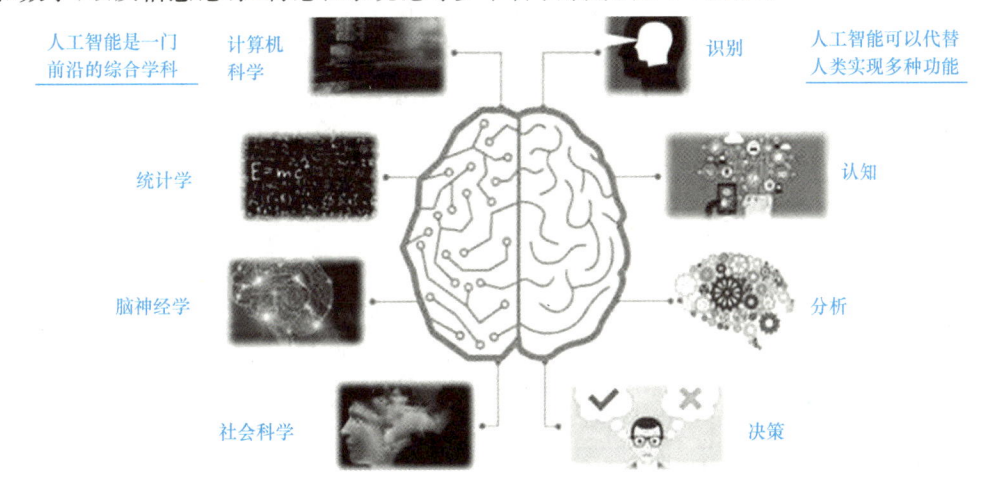

图 6-4 人工智能定义

6.1.2 人工智能的研究领域

人工智能研究的目的是利用机器模拟、延伸和扩展人的智能，这些机器主要是电子设备。其研究领域十分广泛，主要包括如图 6-5 所示的几个方面。

图 6-5 人工智能的研究领域

6.1.3 人工智能的发展

1. 创始人艾伦·图灵与图灵测试

艾伦·图灵（Alan Turing）是英国著名的数学家、逻辑学家，被称为"计算机科学之父""人工智能之父"。

1936年，图灵向伦敦权威的数学杂志投了一篇《论数字计算在决断难题中的应用》的论文，在这篇论文中，图灵提出著名的"图灵机"（Turing Machine）的设想。如图6-6所示。

图灵机的出现使数学逻辑符号与现实世界建立了联系，后来的计算机及人工智能都建立在这个设想之上。

1950年，图灵发表《计算机器与智能》的论文，并提出了一个举世瞩目的想法——图灵测试。按照图灵的设想，如果一台机器能够与人类开展对话而不能被辨别出机器身份，那么这台机器就具有智能，如图6-7所示。图灵测试对计算机智能与人类智能进行了形象的描绘，因此也成为后来检测计算机是否具有智能的重要方法。

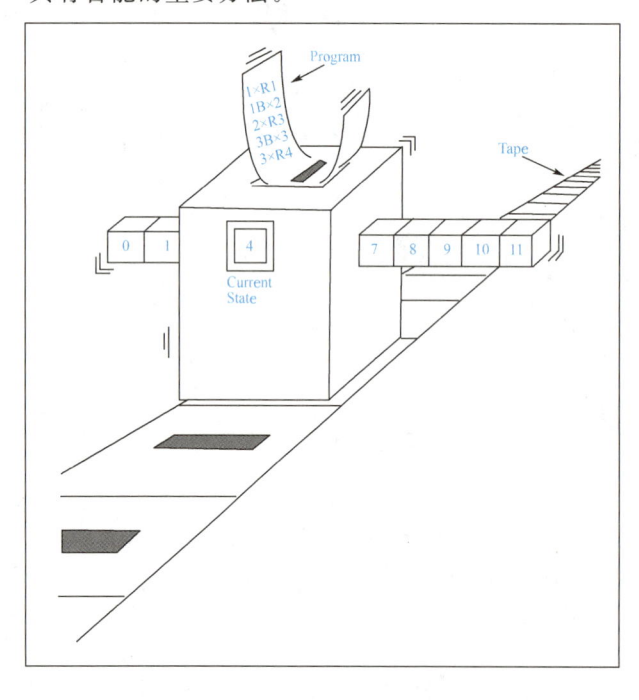

图6-6　图灵机　　　　　　　　图6-7　图灵测试

1956年，图灵又发表了《机器能思考吗？》的论文。这个时期人工智能已进入实践阶段。图灵关于机器智能的思想直接影响了人工智能的发展，并延续至今。

2. 人工智能的诞生和蓬勃发展

1956年的夏天，在一个名叫达特茅斯的小镇上，一群年轻的科学家在一起聚会，讨论着用机器模拟智能的一系列有关问题。从此，一个崭新的学科——人工智能诞生了，并以它独具魅力的发展势头，开启了传奇曲折的漫漫征程。

2016年的春天,一场AlphaGo与世界顶级围棋高手的人机对决,再次将人工智能推到了世界舞台的聚光灯下。

3. 人工智能的发展阶段

(1) 第一阶段(1956—1980):计算推理,奠定基础

达特茅斯会议之后是大发现的时代。对很多人来讲,这一阶段开发出来的程序堪称神奇:计算机可以解代数应用题,证明几何定理,学习和使用英语。1951年Marvin Minsky制造出第一台神经网络机,提出了感知器、贝尔曼公式、搜索式推理、自然语言等。

但由于计算机运算能力有限,无法解决指数型爆炸的复杂计算问题,20世纪70年代初,人工智能遭遇瓶颈。常识和推理需要大量对世界的认识信息,计算机达不到"看懂"和"听懂"的能力,无法解决部分涉及自动规划的逻辑问题,神经网络研究学者遭遇冷落。

(2) 第二阶段(1980—1993):知识表示,走出困境

由于专家系统的诞生,人工智能获得了极大的发展。人工智能在知识的处理和形式化推理方面已经形成了比较成熟的理论和经验。BP算法实现了神经网络训练的突破,神经网络研究学者重新受到关注。AI研究人员首次提出:为了获得真正的智能,机器必须具有躯体,它需要有感知、运动、生存以及与这个世界交互的能力。感知、运动技能对于常识推理等高层次技能是至关重要的,基于对事物的推理能力比抽象能力更为重要,这也促进了未来自然语言、机器视觉的发展。

1987年,人工智能硬件的市场需求突然下跌。科学家发现,专家系统虽然很有用,但它的应用领域过于狭窄,而且更新迭代和维护成本非常高。计算机性能瓶颈仍无法突破,仍然缺乏海量数据训练机器。且受到台式机和"个人电脑"理念的冲击影响,商业机构对人工智能从追捧到冷落,使人工智能化为泡沫并破裂。

(3) 第三阶段(1993—2006):机器学习,迎来曙光

互联网的出现,突破了知识获取的难题。在这一时期,由于数据量的剧增,人工智能开始由知识获取阶段进化到机器学习阶段。

在摩尔定律下,计算机性能不断突破。云计算、大数据、机器学习、自然语言和机器视觉等领域发展迅速,人工智能迎来第三次高潮。

(4) 第四阶段(2006年至今):深度学习,蓬勃兴起

2006年,杰弗里·希尔顿提出了深度学习的概念,这一概念的提出表明了机器学习的又一大进步。人工智能通过深度学习再度获得巨大的发展机遇,步入新的发展阶段。2012年,卷积神经网络在图像识别领域中的惊人表现,引发了神经网络研究的再一次兴起。

人工智能的发展历程如图6-8所示。

经过60多年的演进,特别是在移动互联网、大数据、超级计算、传感网、脑科学等新理论、新技术以及经济社会发展强烈需求的共同驱动下,人工智能加速发展,呈现出深度学习、跨界融合、人机协同、群智开放、自主操控等新特征。大数据驱动知识学习、跨媒体协同处理、人机协同增强智能、群体集成智能、自主智能系统成为人工智能的发展重点,受脑科学研究成果启发的类脑智能蓄势待发,芯片化、硬件化、平台化趋势更加明显,人工智能发展进入新阶段。

4. 近年人工智能主要事件

近年人工智能主要事件见表6-1。

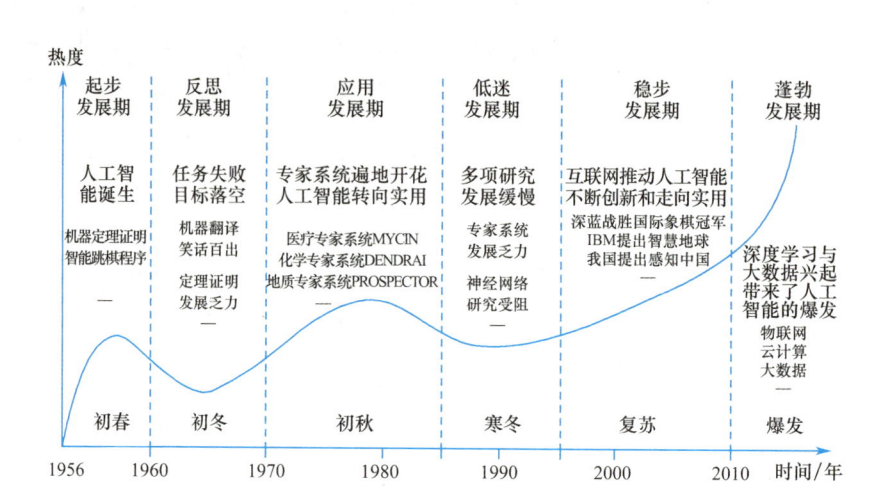

图 6-8　人工智能的发展历程

表 6-1　　　　　　　　　　　　　　近年人工智能主要事件

时间	事件
1997 年	IBM 的国际象棋机器人深蓝战胜国际象棋世界冠军卡斯帕罗夫
2005—2006 年	Stanford 开发的一台机器人在一条沙漠小径上成功地自动行驶了约 210 公里,赢得了 DARPA 挑战大赛头奖 2006 年 Geoffrey Hinton 提出多层神经网络的深度学习算法 Eric Schmidt 在搜索引擎大会提出"云计算"概念
2010—2013 年	Google 发布个人助理 Google Now,2011 年 IBM Waston 参加智力游戏《危险边缘》,击败最高奖金得主 Brad Rutter 和连胜纪录保持者 Ken Jennings 苹果发布语音个人助手 Siri,2013 年,深度学习算法在语音和视觉识别领域获得突破性进展
2014 年	微软亚洲研究院发布人工智能小冰聊天机器人和语音助手 Cortana 百度发布 Deep Speech 语音识别系统
2015—2017 年	Facebook 发布了一款基于文本的人工智能助理 M,2016 年 Google AlphaGo 以比分 4∶1 战胜围棋九段棋手李世石 Google 发布语音助手 Assistant,2017 年 Google AlphaGo 以比分 3∶0 完胜世界第一围棋九段棋手柯洁 苹果在 WWDC 上发布 Core ML、ARKit 等组件 百度 AI 开发者大会正式发布 Dueros 语音系统,无人驾驶平台 Apollo1.0 自动驾驶平台 华为发布全球第一款 AI 移动芯片麒麟 970 iPhone X 配备前置 3D 感应摄像头(TrueDepth),脸部识别点达到 3 万个,具备人脸识别、解锁和支付等功能

6.2　人工智能的社会价值

　　人工智能是引领未来的战略性高科技,作为新一轮产业变革的核心驱动力,它将催生新技术、新产品、新产业、新模式,引发经济结构重大变革,深刻改变人类生产生活方式和思维模式,实现社会生产力的整体跃升。

　　"无论是体力工作还是脑力工作,只需要单调工作的职业,不需要创造性和灵活性的职业,都将被取代。因为这些职业的思维是AI最容易替代的。"《人类简史》和《未来简史》的作者尤瓦尔·赫拉利说。

6.2.1 人工智能的应用价值

随着人工智能理论和技术的日益成熟,应用范围不断扩大,既包括城市发展、生态保护、经济管理、金融风险等宏观层面,也包括工业生产、医疗卫生、交通出行、能源利用等具体领域。专门从事人工智能产品研发、生产及服务的企业迅速成长,真正意义上的人工智能产业正在逐步形成、不断丰富,相应的商业模式也在持续演进和多元化。

人工智能逐渐渗透到各行各业,带动了各行业的创新,使行业领域迅速发展。人工智能引发各大产业巨头进行新的布局,开拓新的业务。人工智能与互联网技术相结合,并进行细分领域的人工智能新产品研发和人工智能技术研发,带给传统行业新的发展机遇,带来新的行业创新,推动大众创业、万众创新。

6.2.2 人工智能的社会价值

1. 人工智能带来产业模式的变革

人工智能在各领域的普及应用,触发了新的业态和商业模式,并最终带动产业结构的深刻变化。其主要应用如图6-9所示。

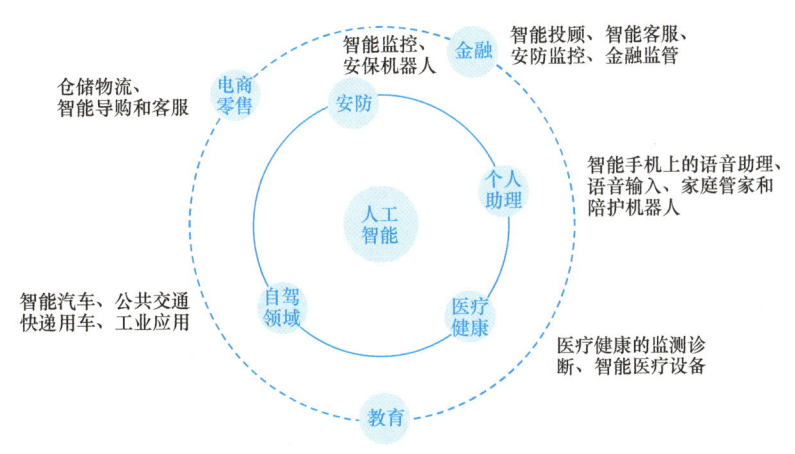

图 6-9 人工智能的主要应用领域

2. 人工智能带来智能化的生活

人工智能的到来,将带给人们更加便利、舒适的生活。比如智能家居,使人们的生活更加幸福,如图6-10所示。

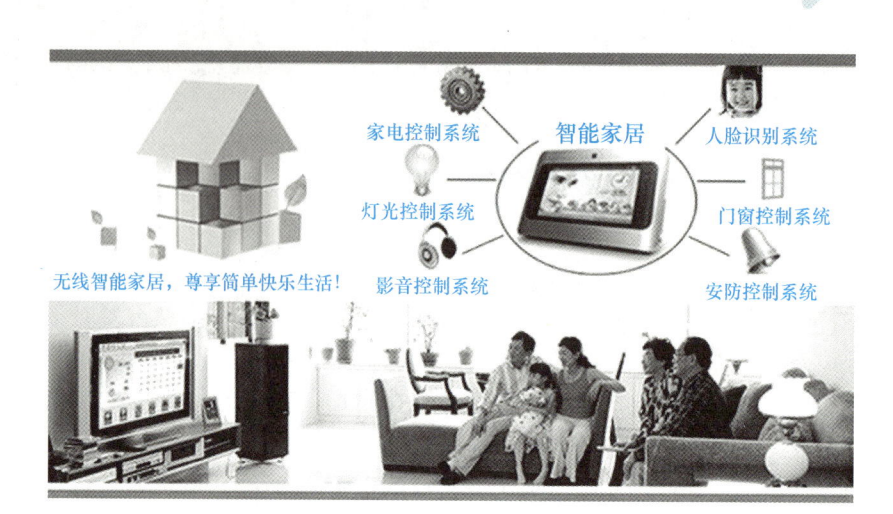

图 6-10　智能家居生活

6.3　人工智能的应用领域

人工智能技术对各领域的渗透形成"AI+"的行业应用终端、系统及配套软件，然后切入各种场景，为用户提供个性化、精准化、智能化服务，深度赋能医疗、交通、金融、零售、教育、家居、农业、制造、网络安全、人力资源、安防等领域。

人工智能应用领域没有专业限制。通过 AI 产品与生产生活的各个领域相融合，对改善传统环节流程、提高效率、提升效能、降低成本等方面产生了巨大的推动作用，大幅提升业务体验，有效提升各领域的智能化水平，给传统领域带来变革。

人工智能的应用领域见表 6-2。

表 6-2　人工智能的应用领域

应用领域	主要应用内容	应用效能
AI+医疗	包括医学研究、制药研发、智能诊疗、疾病风险预测、医疗影像、辅助诊疗、虚拟助手、健康管理、医保控费等	使医疗机构和人员的工作效率得到显著提高，医疗成本大幅降低，并且可以科学有效地进行日常检测预防，更好地管理自身健康
AI+金融	包括智慧银行、智能投顾、智能风控、智能信贷、金融搜索引擎、智能保险、身份验证、智能客服和智能监管等	提升金融机构的服务效率，拓展金融服务的广度和深度，实现金融服务的智能化、个性化和定制化
AI+零售	包括智能营销推荐、智能支付系统、智能客服、无人仓/无人车、无人店、智能配送等	优化从生产、流通到销售的全产业链资源配置与效率，从而实现产业服务与效能的智能化升级
AI+教育	从应用角度看，智能教育可分为学习管理、学习评测、教学辅导、教学认知思考四个环节。从细分领域看，其包括教育评测、拍照答题、智能教学、智能教育、智能阅卷、AI 自适应学习等	注重对学生个性化的教育，有助于教师因材施教，提升教学与学习质量，促进教育均衡化、可负担化

续表

应用领域	主要应用内容	应用效能
AI+家居	包括智能家电、智能照明系统、智能能源管理系统、智能视听系统、智能家居控制系统、家庭安防监控等	使家居生活更安全、更舒适、更节能、更高效、更便捷
AI+农业	包括农业机器人、精准农业和无人机分析以及畜牧监测等	使农业可以有效应对极端天气,降低资源消耗量,优化资源配置,降低成本,优化时间与资源配置,以获得最大产量与效益
AI+制造	包括智能产品与装备;智能工厂、车间与生产线;智能管理与服务;智能供应链与物流;智能软件研发与集成;智能监控与决策等	可以显著缩短制造周期和提高制造效率,改善产品质量,降低人工成本
AI+网络安全	包括网络监控防范(包括实时识别、响应和防御网络攻击、安全漏洞与系统故障预测、云安全保障等);网络流量异常检测;应用安全检测;网络风险评估等	预防恶意软件和文件被执行;提高安全运营中心的运营效率;有助于厂商、企业,乃至个人有效提升应对越来越多的网络欺诈和恶意攻击等网络安全问题的能力
AI+人力资源	包括招聘前的人才渠道维护、人才预测分析、职位匹配、简历筛选、AI聊天支持等;招聘过程中的约面试、查结果、办入职等;员工入职时的培训、QA互动问答、知识学习和职业规划支持;入职后的员工行为与效率分析、薪酬分析、心理健康分析、团队文化分析等	有助于人力资源服务于管理过程的流程自动化升级,大幅提高工作效率与合规性,减少人员招聘的管理成本及避免个人偏见
AI+安防	目标跟踪检测与异常行为分析,视频质量诊断与摘要分析,人脸识别与特征提取分析,车辆识别与特征提取分析等	填补了传统安防在当下越发不能满足行业对于安防系统准确度、广泛程度和效率的需求缺陷
智能驾驶	包括芯片、软件算法、高清地图、安全控制等	有效提高生产与交通效率,缓解劳动力短缺,达到安全、环保、高效的目的,从而引领产业生态及商业模式的全面升级与重塑
智能机器人	包括智能工业机器人、智能服务机器人和智能特种机器人	使机器人具备了与人类似的感知、协同、决策与反馈能力。智能工业机器人一般具有打包、定位、分拣、装配、检测等功能;智能服务机器人一般具有家庭伴侣、业务服务、健康护理、零售贩卖、助残康复等功能;智能特种机器人一般具有侦察、搜救、灭火、铣削、破拆等功能

6.4 人工智能的未来与展望

人工智能发展的终极目标是类人脑思考。目前的人工智能已经具备学习和储存记忆的能力,人工智能最难突破的是人脑的创造力。而创造力的产生需要以神经元和突触传递为基础的一种化学环境。目前的人工智能是以芯片和算法框架为基础的。若在未来能再模拟出类似于大脑突触传递的化学环境,计算机与化学结合后的人工智能,将很可能带来另一番难以想象的未来世界。新一代人工智能发展规划如图6-11所示。

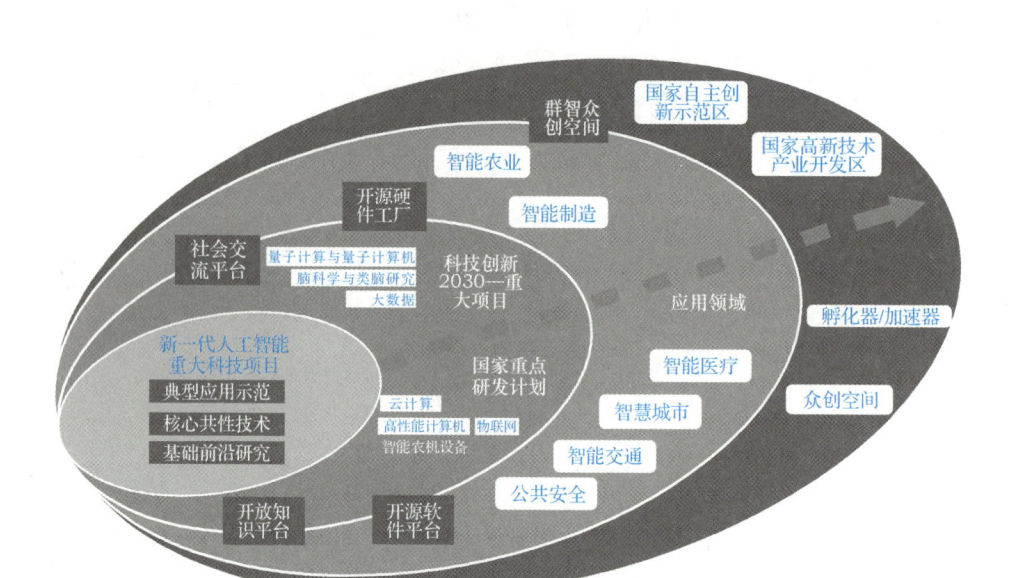

图 6-11　新一代人工智能发展规划

6.4.1　从专用智能到通用智能

如何实现从专用智能到通用智能的跨越式发展，既是下一代人工智能发展的必然趋势，也是研究与应用领域的重大挑战。

6.4.2　从机器智能到人机混合智能

人类智能和人工智能各有所长，可以互补。所以，人工智能一个非常重要的发展趋势，是 From AI(Artificial Intelligence) to AI(Augmented Intelligence)，两个 AI 含义不一样。人类智能和人工智能不是零和博弈，"人＋机器"的组合将是人工智能演进的主流方向，"人机共存"将是人类社会的新常态。

6.4.3　从"人工＋智能"到自主智能系统

人工采集和标注大样本训练数据，是这些年来深度学习取得成功的一个重要基础或者重要人工基础。比如，要让人工智能明白一幅图像中哪一块是人、哪一块是草地、哪一块是天空，都要人工标注好，非常费时费力。此外，还有人工设计深度神经网络模型、人工设定应用场景、用户需要人工适配智能系统等。所以有人说，目前的人工智能有多少智能，取决于付出多少人工，这话不太精确，但确实指出了问题。下一步发展趋势是怎样以极少人工来获得最大限度的智能。人类看书可学习到知识，机器还做不到，所以一些机构例如谷歌，开始试图创建自动机器学习算法，来降低 AI 的人工成本。

6.4.4 学科交叉将成为人工智能创新源泉

深度学习知识借鉴了大脑的原理：信息分层，层次化处理。所以，人工智能与脑科学交叉融合非常重要。Nature 和 Science 都有这方面成果报道。比如，Nature 发表了一个研究团队开发的一种自主学习的人工突触，它能提高人工神经网络的学习速度。但大脑到底是怎么处理外部视觉信息或者听觉信息的，很大程度还是一个黑箱，这就是脑科学面临的挑战。这两个学科的交叉有巨大创新空间。

6.4.5 人工智能产业将蓬勃发展

国际知名咨询公司曾预测，2016 年到 2025 年人工智能的产业规模将几乎呈直线上升。我国在《新一代人工智能发展规划》中提出，2030 年人工智能核心产业规模超过 1 万亿元，带动相关产业规模超过 10 万亿元。这个产业是蓬勃发展的，前景光明。

6.4.6 人工智能的法律法规将更加健全

大家很关注人工智能可能带来的社会问题和相关伦理问题，联合国还专门成立了人工智能和机器人中心这样的监察机构。

2017 年 10 月，欧盟 25 个国家签署了人工智能合作宣言，共同面对人工智能在伦理、法律等方面的挑战。中国科学院也考虑了这方面的题目。

6.4.7 人工智能将成为更多国家的战略选择

人工智能作为引领未来的战略性技术，世界各国都高度重视，纷纷制定人工智能发展战略，力争抢占该领域的制高点。

中国政府也高度重视人工智能产业的发展，2017 年人工智能首次写入中国政府工作报告，国务院印发《新一代人工智能发展规划》，标志着人工智能已经上升至国家战略高度。规划提出构筑我国人工智能发展的先发优势，加快建设创新型国家和世界科技强国，制定了"三步走"的战略目标，提出了发展人工智能的六大重点任务。从科技理论创新、产业智能化、社会智能化、军民融合、基础设施建设以及科技前瞻布局六个方面梳理了社会全行业与人工智能渗透融合的路径，同时配套发布了资源配置方案和发展保障措施，以确保落实发展规划。

6.4.8 人工智能教育将会全面普及

中国政府发布了《中国教育现代化 2035》《加快推进教育现代化实施方案（2018—2022 年）》《高等学校人工智能创新行动计划》，全面谋划人工智能时代教育中长期改革发展蓝图。2019 年 5 月，在北京召开了国际人工智能与教育大会，国家主席习近平向大会致贺信：人工智能是引领新一轮科技革命和产业变革的重要驱动力,正深刻改变着人们的生产、生活、学习方式,推动人类社会迎来人机协同、跨界融合、共创分享的智能时代。把握全球人工智能发展态势,找准突破口和主攻方向,培养大批具有创新能力和合作精神的人工智能高端人才,是教育的重要使命。中国高度重视人工智能对教育的深刻影响,积极推动人工智能和教育深度融合,促进教育变革创新,充分发挥人工智能优势,加快发展伴随每个人一生的教育、平等面向每个人的教育、适合每个人的教育、更加开放灵活的教育。

原教育部部长陈宝生在国际人工智能与教育大会上做的主旨报告中指出:将把人工智能知识普及作为未来智能教育发展的前提和基础。及时将人工智能的新技术、新知识、新变化提炼概括为新的话语体系,根据大、中、小学生的不同认知特点,让人工智能新技术、新知识进学科、进专业、进课程、进教材、进课堂、进教案、进学生头脑,让学生对人工智能有基本的认识、基本的概念、基本的素养、基本的兴趣。有了普及,就有了丰厚的土壤,就有可能长出参天大树。我们还需要引导教师,在教师职前培养和在职培训中设置相关知识和技能课程,培养教师实施智能教育的能力。我们还要在非学历继续教育培训中、在全民科普活动中,增设有关人工智能的课程和知识,进一步推进全民智能教育,提升全民人工智能素养。

这些宏观发展趋势,既有科学研究层面,也有产业应用层面,还有国家战略和政策法规层面。在科学研究层面特别值得关注的趋势是:从专用智能到通用智能,从人工智能到人机混合智能,学科交叉借鉴脑科学等。

6.5 人工智能技术应用的常用开发平台

人工智能技术应用的常用开发平台有 AI 开放平台。已有许多企业推出 AI 开放平台,比如:百度 AI 开放平台、腾讯 AI 开放平台、阿里 AI 开放平台、京东 AI 开放平台、小爱 AI 开放平台、讯飞 AI 开放平台等。

大部分的 AI 开放平台,涉及人工智能的一些应用领域,有语音识别、语音合成、动物识别、人脸对比、手势识别、证件文字识别、智能问答等的应用。

开发者可以根据各个 AI 开放平台的特点,结合自己的需要,选择不同的 AI 开放平台及其提供的功能进行开发。

下面以百度 AI 开放平台为例。

百度 AI 开放平台,为开发者提供了人工智能的许多应用领域的接口,比如:语音技术的语音识别、语音合成、语音唤醒;数据智能的大数据分析、舆情分析、大数据风控、大数据营销等。

打开百度 AI 开放平台的网页,如图 6-12 所示。

图 6-12　百度 AI 开放平台的首页

百度 AI 开放平台，提供了许多人工智能领域的接口，图 6-13 是百度 AI 开放平台的开放能力。

图 6-13　百度 AI 开放平台的开放能力

语音技术、图像技术、文字识别、人脸识别等是比较热门的技术。图 6-14 是开放能力的语音技术。

图 6-14　开放能力的语音技术

图像技术，提供图像识别、车辆分析、图像审核、图像特效、图像增强等应用。图 6-15 是图像技术的车型识别。

图 6-15　图像技术的车型识别

百度 AI 开放平台，提供了开发平台，比如：EasyDL 零门槛 AI 开发平台、BML 全功能 AI 开发平台。图 6-16 是它的开发平台。

图 6-16　百度 AI 开放平台的开发平台

6.6　人工智能技术应用的常用开发框架

人工智能技术应用的常用开发框架有 TensorFlow、PaddlePaddle、Torch、Spark MLlib、Caffe、MXNe 等。

其中，TensorFlow 支持 C＋＋、C♯、Java、Python 等语言。TensorFlow 既有 C＋＋的合理使用界面，也有 Python 的易用使用界面，用户可以直接编写 Python、C＋＋程序。TensorFlow 具有可移植性的特点，可以在台式机、移动设备上运行。TensorFlow 又是可用于数值计算的开源软件库。

打开 TensorFlow 网站，首页如图 6-17 所示。

图 6-17　框架 TensorFlow 的首页

TensorFlow 是一个端到端开源机器学习平台，借助 TensorFlow，初学者和专家都可以轻松地创建机器学习模型。TensorFlow 分别为新手和专家提供了研究接口，如图 6-18 所示。

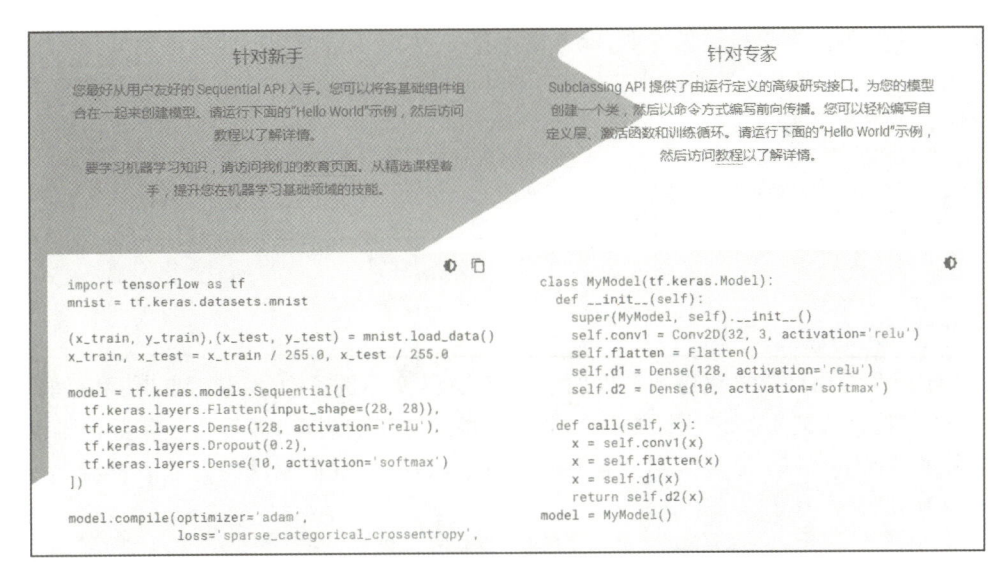

图 6-18 框架 TensorFlow 分别针对新手和专家的研究接口

6.7 人工智能技术应用的常用开发工具

人工智能技术应用的常用开发工具,包括语言工具、编程工具、第三方库和集成开发工具等。本文主要介绍集成开发工具。常用的集成开发工具有 Python 集成开发工具、Pycharm 集成开发工具和 Anaconda 集成开发工具。

其中,Python 自带的 IDLE 是一款集成开发工具。打开 IDLE,它是一种交互式的开发工具。用户可以登录 Python 的官方网站下载并进行安装。

Python 的 IDLE 集成开发工具,如图 6-19 所示。

图 6-19 Python IDLE 的集成开发工具

6.8 机器学习和深度学习

人类具有学习的本能,这也是人类的智能特征之一。长久以来,人们一直探索如何使机器也能够具有像人类一样的自我学习能力。

机器学习是一门多学科交叉专业，涵盖概率论知识、统计学知识、近似理论知识和复杂算法知识，使用计算机作为工具并致力于真实、实时地模拟人类学习方式，并将现有内容进行知识结构划分来有效提高学习效率。

6.8.1 机器学习概述

1. 机器学习的概念

机器学习是指用计算机程序模拟人的学习能力，从实际例子中学习得到知识和经验，不断改善性能，实现自我完善。它从样本数据中学习得到知识和规律，然后用于实际的推断和决策。它和普通程序的一个显著区别是需要样本数据，是一种数据驱动的方法。机器学习模型如图 6-20 所示。

图 6-20 机器学习模型

机器学习致力于研究如何通过计算机手段，利用经验改善系统自身的性能，其根本任务是数据的智能分析与建模，进而从数据里挖掘出有价值的信息。

2. 学习系统的特点

机器学习是人工智能及模式识别领域的共同研究热点，其理论和方法已被广泛应用于解决工程应用和科学领域的复杂问题。

机器学习历经 70 余年的曲折发展，以深度学习为代表，借鉴人脑的多分层结构、神经元连接交互信息的逐层分析处理机制，发展自适应、自学习的强大并行信息处理能力，在很多方面收获了突破性进展，不同时期不同领域的学者曾给出过不同的概念。通常的观点是将机器学习描述为机器利用获取知识、发现规律、积累经验等的方法和手段来改进或完善系统性能的过程。

一个学习系统应具有以下特点：

(1) 具有适当的学习环境

学习系统中的环境并非指通常的物理条件，而是指学习系统进行学习时所必需的信息来源。

(2) 具有一定的学习能力

一个好的学习方法和一定的学习能力是取得理想学习效果的重要手段。所以，学习系统应模拟人的学习过程，使系统通过与环境反复多次相互作用，逐步学到有关知识，并且使系统在学习过程中通过实践验证、评价所学知识的正确性。

(3) 能用所学的知识解决问题

学习的目的在于应用，学习系统能把学到的信息用于对未来的估计、分类、决策和控制。

(4) 能提高系统的性能

提高系统的性能是学习系统的最终目标。通过学习，系统随之增长知识，提高解决问题的能力，使之能完成原来不能完成的任务，或者比原来做得更好。

由此看来：学习系统至少应有环境、知识库、学习单元和执行单元四个基本部分。一种典型的学习系统——迪特里奇(Dietterich)学习模型如图 6-21 所示。环境向系统的学习单元提供某些信息；学习单元利用这些信息修改知识库，增强执行单元的效能；执行单元根据知识库完成任务，同时把获得的信息反馈给学习单元。

环境 → 学习单元 → 知识库 → 执行单元

图 6-21　典型的学习系统——迪特里奇学习模型

6.8.2　机器学习方法

1. 机械学习

机械学习也称为死记式学习，是一种最简单、最原始、最基本的学习方法。这种学习类似于小孩子最初对文字、单词等的学习过程。只是通过记忆把新的知识简单地存储起来，供需要时检索调用，不需要进行计算和推理。需要时就从知识库中检索出相应的知识直接用来求解问题。

机械学习由于其学习方式简单，因此应用范围有限，需要在某些特定情况下使用才有意义。例如，如果利用机械学习检索一个项目的时间比重新计算一个项目的时间要短，这时机械学习才有意义。检索得越快，其意义就越大。相反，如果检索一个数据所需的时间比重新计算一个数据所需的时间还要多，机械学习也就失去了意义。另外，机械学习所存储的信息应该能够适用于未来的情况。如果信息变化特别频繁，所存储的信息很快就不适用了，那么机械学习同样也失去了意义。

2. 指导式学习

指导式学习是比机械学习复杂一些的学习方式，又称嘱咐式学习或教授式学习。在这种学习方式下，外部环境向系统提供一般性的指示或建议，系统把它们具体地转换为细节知识并送入知识库。在学习过程中要反复对形成的知识进行评价，使其不断完善。

对于使用指导式学习策略的系统来说，外界输入知识的表达方式与内部表达方式不完全一致，系统在接收外部知识时需要一点推理、翻译和转换工作。一般地，指导式学习系统需要通过请求、解释、实用化、并入、评价等步骤实现其功能。其中，请求就是征询指导者的指示或建议；解释就是消化吸收指导者的建议并把它转换成内部表示；实用化就是把指导者的指示或建议转换成能够使用的形式；并入就是归入知识库中；评价就是分析执行部分动作的结果，并将结果反馈到第一步。

指导式学习是一种比较实用的学习方法，可用于专家知识获取。它既可避免由系统自己进行分析、归纳从而产生新知识所带来的困难，又无须领域专家了解系统内部知识表示和组织的细节，因此目前应用得较多。

3. 类比学习

类比是人们认识世界的一种重要方法，也是诱导人们学习新事物、进行创造性思维的重要手段。类比能够清晰、简洁地描述对象之间的相似性。类比学习就是通过类比，即通过相似事物加以比较所进行的一种学习。

类比学习的基础是类比推理。类比推理是指由新情况与已知情况在某些方面的相似来推导出它们在其他相关方面的相似。类比推理是在两个相似域之间进行的,一个是已经认识的源域,或者称为基(类比源),包括过去解决过的且与当前问题类似的问题以及相关知识;另一个是当前尚未完全认识的目标域,是待解决的新问题。类比推理的目的是从源域中选出与当前问题最近似的问题及其求解方法,以求解当前问题,或者建立起目标域中已有命题间的联系,形成新知识。

类比学习主要包括以下四个过程:

(1)输入一组已知条件(已解决问题)和一组未完全确定的条件(新问题)。

(2)对输入的两组条件,根据其描述,按某种相似性的定义寻找两者可类比的对应关系。

(3)根据相似变换的方法,将已有问题的概念、特性、方法、关系等映射到新问题上,以获得待求解新问题所需的新知识。

(4)对类比推理得到的新问题的新知识进行校验。验证正确的知识存入知识库中,而暂时还无法验证的知识只能作为参考性知识,置于数据库中。

当前类比学习的主要困难是基(类比源)的联想,即给定一个目标域,再从无数个错综复杂的结构中找出一个或数个候选的基。在当前实际应用中,基都是由用户给出的,这实际上决定了机器只能重复人们已知的类比,而不能帮助人们学到什么。

4.归纳学习

归纳是人类拓展认识能力的重要方法,是一种从个体到一般、从部分到整体的推理行为。归纳推理是使用归纳方法所进行的推理,即从足够多的事例中归纳出一般性的知识,它是一种从个体到一般的推理。归纳学习是应用归纳推理进行学习的一类学习方法,也是研究最广的一种符号学习方法。

由于在进行归纳时,通常不能考察全部有关的事例,因此归纳出的结论不能绝对保证它的正确性,只能在某种程度上相信它为真,这是归纳推理的一个重要特征。例如,由"喜鹊会飞""麻雀会飞""乌鸦会飞"这样一些已知事实,可归纳出"有羽毛的动物会飞""鸟会飞"等结论。这些结论一般情况下是正确的。但鸵鸟、企鹅等鸟类有羽毛,却不会飞,这就说明上面归纳的结论不是绝对为真的,只能在某种程度上相信它为真。

在进行归纳学习时,学习者从所提供的事实或观察到的假设出发进行归纳推理,获得某个概念。归纳学习可按其有无教师指导分为示例学习和观察与发现学习。

(1)示例学习

示例学习又称概念获取或实例学习,是通过从环境中获取若干与某概念有关的例子,经归纳得出一般性概念的学习方法。在这种学习方法中,外部环境(教师)提供一组例子(包括正例和反例),学习系统从例子所蕴含的知识中归纳出具有更大适用范围的一般性知识或概念,以覆盖所有的正例和排除所有的反例。

例如,我们以一组动物为示例,告诉学习系统哪个动物是"牛",哪个动物不是"牛",当示例足够多时,学习系统就能掌握"牛"的概念,能够把牛和其他动物区分开。

在示例学习系统中,有两个重要的概念:示例空间和规则空间。示例空间是我们向系统提供的训练例集合。规则空间是例子空间所潜在的某种事物规律的集合。学习系统应该从大量的训练例中自行总结出这些规律。可以把示例学习看成选择训练例去指导规则空间的搜索过程,直到搜索出能够准确反映事物本质的规则为止。

(2)观察与发现学习

观察与发现学习分为观察学习与机器发现两种。前者用于对事例进行概念聚类,形成概念描述;后者用于发现规律,产生定律或规则。

概念聚类是观察学习研究中的一个重要技术。其基本思想是把事例按一定的方式和准则进行分组,如划分为不同的类、不同的层次等,使不同的组代表不同的概念,并且对每一个分组进行特征概括,得到一个概念的语义符号描述。例如:

斑马、老虎、狮子、骆驼、大象、猪、牛、羊……

根据它们是否适合家养可分为两类:

野生动物={斑马,老虎,狮子,骆驼,大象……}

家畜={猪,牛,羊……}

这里,"野生动物"和"家畜"就是由分类得到的新概念,根据相应的动物特征还可得知:

"野生动物有毛、肺、腿、野生"。

"家畜有毛、肺、腿、家养"。

如果把它们的共同特性抽取出来,就可进一步形成"兽类""哺乳动物"等概念。

机器发现是指从观察到的事例或经验中归纳出规律或规则,这是最困难、最富有创造性的一种学习。它可分为经验发现与知识发现两种,前者是指从经验数据中发现规律和定律;后者是指从已观察到的事例中发现新的知识。

归纳学习在协助获取专家知识方面起到很好的作用。由于专家多年来积累的经验通常是"隐性知识",甚至只是一种直觉,因此难以表述和提取。但专家经验来源于实践,是对大量实例和现象的归纳。因此,用归纳学习方法来获取专家知识恰到好处,它为解决专家系统的知识获取这个瓶颈问题提供了重要的手段。

但是,归纳学习仅通过实例之间的比较来提取共性与不同,难以区分重要的、次要的和不相关的信息。此外,归纳学习必须有多个实例,对有些领域来说给出多个实例并非易事,且得出的归纳结论的正确性问题进一步限制了其使用的范围。

5. 解释学习

解释学习是通过运用相关领域知识,对当前的实例进行分析,从而构造解释并产生相应知识的一种学习方法。

在进行解释学习时,要向学习系统提供一个实例和完善的领域知识。在分析实例时,首先建立关于该实例是如何满足所学概念定义的一个解释。由这个解释所识别出的实例的特性,被用来作为一般性概念定义的基础;然后通过后继的练习,期待学习系统在练习中能够发现并总结出更具一般性的概念和原理。在这个过程中,学习系统必须设法找出实例与练习间的因果关系,并应用实例去处理练习,把结果上升为概念和原理,并存储起来供以后使用。

在基于解释的学习系统中,系统通过应用领域知识逐步进行演绎,最终构造出训练实例满足目标概念的证明(解释)。其中,领域知识对证明的形成起着重要的作用,这就要求领域知识是完善的,可以解释被处理的所有例子。但是在现实世界中,大多数领域不具备这个特征。因此,必须研究如何使解释学习在不完善的领域理论中依然有效;同时,还要研究如何修改不完善的领域理论,使之具有更强的解释能力。

6.8.3 深度学习概述

深度学习的概念由 Geoffrey Hinton 等人于 2006 年提出。这一年,加拿大多伦多大学教授、机器学习领域的泰斗 Geoffrey Hinton 和他的学生 Ruslan Salakhutdinov 在《科学》杂志上发表了一篇基于神经网络深度学习理念的突破性文章"Reducing the dimensionality of data with neural networks"。

深度学习是机器学习的一个类型，该类型的模型直接从图像、文本或声音中学习执行分类任务。通常使用神经网络架构实现深度学习。"深度"一词是指网络中的层数，层数越多，网络越深。传统的神经网络只包含 2 层或 3 层，而深度网络可能有几百层。多层神经网络如图 6-22 所示。

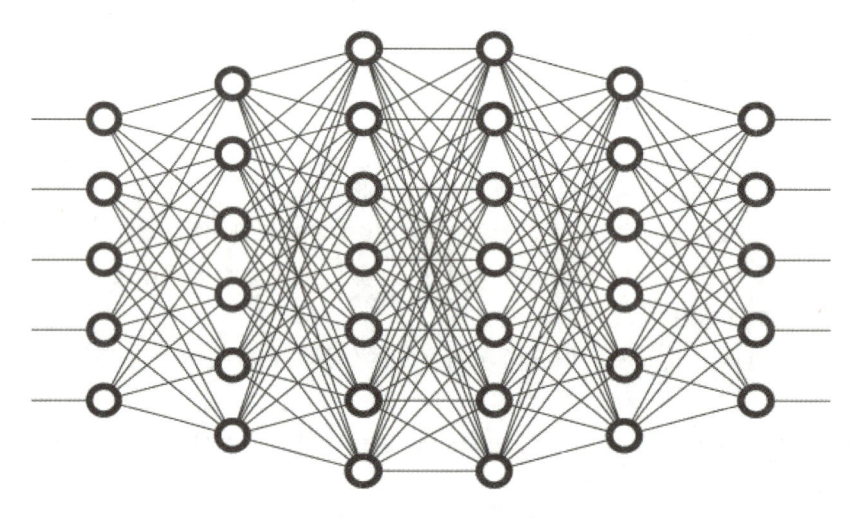

图 6-22　多层神经网络

早期的深度学习受到了神经科学的启发，它们之间有着非常密切的联系。深度学习能够具备提取抽象特征的能力，也可以看成从生物神经网络中获得了灵感。图 6-23 展示了深度学习和传统机器学习在流程上的差异。

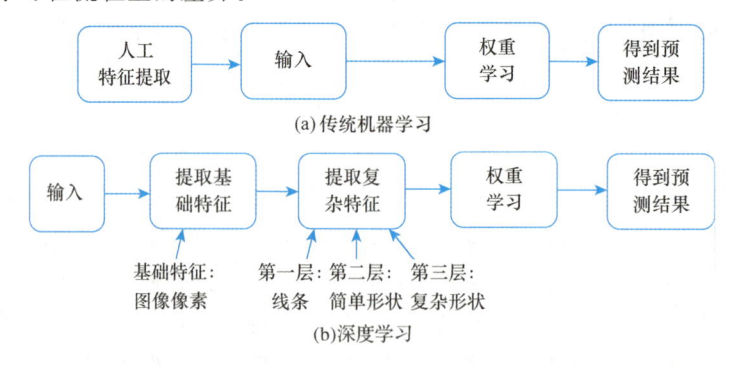

图 6-23　深度学习与传统机器学习在流程上的差异

如图 6-23(a)所示，传统机器学习算法需要在将样本数据输入模型前经历一个人工特征提取的步骤，之后通过算法更新模型的权重参数。经过这样的步骤后，当再有一批符合样本特征的数据被输入模型中时，模型就能得到一个可以接受的预测结果。而深度学习[图 6-23(b)]不需要在将样本数据输入模型前经历一个人工特征提取的步骤，将样本数据输入模型中后，模型会从样本中提取基础特征（图像像素）。之后，随着模型提取的逐步深入，从这些基础特征中组合出了更高层次的特征，比如线条、简单形状（如汽车轮毂边缘）等。此时的特征还是抽象的，我们无法想象将这些特征组合起来会得到什么。简单形状可以被进一步组合，在模型提取更深入的地方,这些简单形状也逐步地转化成更加复杂的特征(特征开始具体化,比如看起来更像一个轮毂而不是车身),这就使得不同类别的图像更容易区分。这时,将这些提取到的特征再经历类似机器学习算法中的更新模型权重参数等步骤,就可以得到一个令人满意的预测结果。

"深度学习"自提出以来,一些重要的成果证明深度学习算法确实具有提取特征的能力。例如,在2011年,斯坦福人工智能实验室主任吴恩达领导Google的科学家们,用1 600台计算机模拟了一个人脑神经网络,并向这个网络展示了1 000万段随机从YouTube上选取的视频,看看它能学会什么,结果在完全没有外界干涉的条件下,它自己识别出了猫脸。

学习思考

(1)查阅相关文献资料,设想一下未来五年内人工智能的发展蓝图。
(2)谈谈自己在哪一方面想得到人工智能的帮助。
(3)编写一个情景剧:2030年我们的美好生活。

微视频课堂

"度秘"解说

阿里云机器学习PAI

人工神经网络的应用

智能家居

"微软小冰"能做什么?

智能机器人的三个要素

Python语言让智能更智能

人工智能语言

单元 7
云 计 算

单元导读

每年的"双11"电商大战相信大家都亲身经历过,然而当你在网上血拼的时候,可曾想过怎样的计算机系统能经受住每秒十几万次的订单成交量?如果没有云计算技术,为了完成这样的任务必定要投入大量的资金去购买昂贵的服务器和存储资源,为了让这些设备正常运行,还要配备专业的运维人员。然而,井喷式的成交量一年也只有几次,大部分时间这些设备的资源都是闲置的,不能得到有效的利用。正因为如此,云计算技术应运而生并在短时间内得到了广泛的应用,接下来就让我们一起来详细了解一下吧!

早在20世纪60年代,John McCarthy就提出了把计算能力作为一种像水和电一样的公共事业提供给用户的理念,这成为云计算思想的起源。云计算是继个人计算机变革、互联网变革之后的第三次IT浪潮,如图7-1所示,这也是中国战略性新兴产业的重要组成部分。

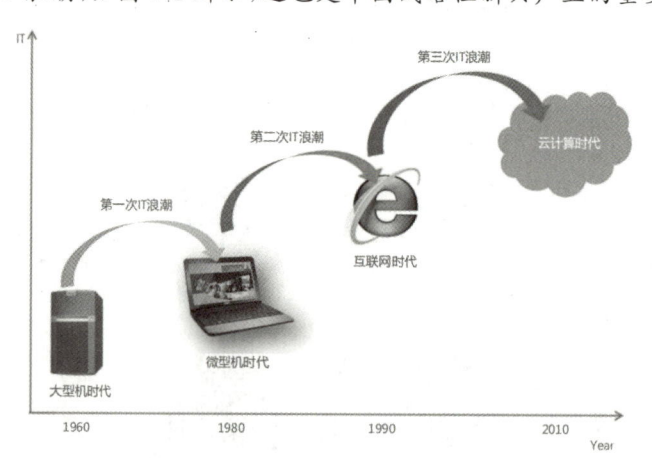

图 7-1 云计算与第三次IT浪潮图

最早推出云计算服务的是亚马逊(Amazon)公司,它是一家类似于淘宝网的电商公司。为了满足电商促销活动时公司的网站仍然能够在大流量请求的情况下正常服务的需求,亚马逊的IT工程师们不得不增加数据中心服务器的数量。然而,这样带来了一个服务器资源浪费的问题,因为在平时,公司网站的请求数量并没有搞促销活动时那么大。因此,如何将这些空闲的资源发挥它们的价值成为亚马逊亟待解决的问题。于是,亚马逊公司在 2006 年首次推出了弹性计算云服务(Amazon EC2),即将自己数据中心服务器以租赁的形式共享给其他的用户,云计算在这样的背景下应运而生。

学习目标

- 了解云计算的定义、历史、应用行业和典型场景;
- 掌握云计算的关键技术;
- 掌握云计算的三种架构和部署模式;
- 通过体验、熟悉理解云计算的服务和应用。

7.1 什么是云计算

7.1.1 皮特云的故事

在我们的周围不断地会看到云这个东西,百度云盘,腾讯云,苹果的 iCloud,等等,云在不断地改变着我们的工作和生活方式。那么什么是云计算呢?让我们来听听一个关于皮特云的故事。

皮特是一家大型游戏公司的技术总监,由于在线玩家的严重流失,整个公司坚持了不到半年就濒临破产。面对那一大堆的游戏服务器、存储设备、网络设备……陷入两难境地,这么多的资源卖掉的话可惜,出租的话,赚不了多少钱,关键是放在那还需要为它们提供这么大的场地,不知道怎么利用这些资源。皮特被迫离职后就跟着父亲去了煤气站兼职开发管道燃气信息管理系统,那个时候管道煤气已经很成熟,新小区都预埋了煤气管道。但皮特家是一个老的小区,还是采用传统的煤气罐方式,根据具体的需求,你可以购买不同容量的煤气罐(图 7-2),然后使劲把它扛到楼上去。这种传统的方式除了需要体力外,还要预备 1 罐多余的燃气瓶以防炒菜时没气了,当然最重要的是缺少安全性,煤气瓶爆炸事件层出不穷,危及生命安全。每天,皮特在煤气站与领导们一起熟悉具体的流程并分析功能需求,包括燃气收费系统、设备管理、生产调度管理等。经过奋战,终于帮助燃气站开发了一个小型的智能信息管理系统。可以按照用户的需求开通管道燃气,根据用户的燃气使用情况进行计费,大大提高了管道燃气的效率。经历了这个兼职,除了获得了不菲的收入外,皮特脑海里始终有一种隐隐的感觉,对原先的工作和这个管道煤气总有一种相似的东西,并且一直出现如图 7-3 所示的服务器的选择画面。

图 7-2　不同容量的煤气罐

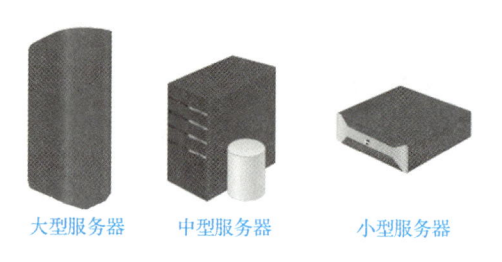

大型服务器　　中型服务器　　小型服务器

图 7-3　服务器的选择

传统的方式就是跟煤气罐一样直接买回家,但是这种方式随着公司业务的不断发展出现了很多问题,比如设备老化、耗电量大、占用大量空间等。有没有一种类似燃气站的方式呢?燃气管中的资源是煤气,服务器中的资源包括计算(CPU 和内存)、存储资源和网络资源。能不能像图 7-4 所示那样也建一个这样的资源中心通过收费的方式提供给用户呢?

计算机资源站

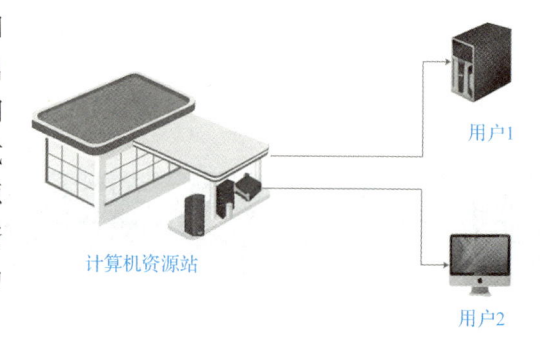

用户1

用户2

图 7-4　计算机资源站

资源站提供的是满足用户需求的各类计算机资源,用户根据自己的需求构建自己的计算机环境。"对了!太好了!"皮特如梦初醒,老板那边不就是一个计算机资源站吗,这么多的资源浪费在哪里不就是可以利用吗!于是马上将这个想法告诉了老板,老板非常认可,于是找来了原先的技术人员不断地努力研发,终于在某一天这个产品诞生了,将其命名为"皮特云",以此来表达皮特对该产品的创新与贡献。自从推出了这个云之后,来自全世界各个角落的用户络绎不绝,老板的公司也从原先快倒闭的游戏公司成功转型成了一家云计算公司,而且业务已经远远不能满足这种需求,于是不停地构建更大的资源中心,慢慢地从当地发展到了各个中心城市,云也慢慢地走入了人们的生活中。

7.1.2　云计算的定义

云计算是基于互联网的相关服务的增加、使用和交付模式,通常涉及通过互联网来提供动态易扩展且经常是虚拟化的资源。云是网络、互联网的一种比喻说法。过去在图中往往用云来表示电信网,后来也用来表示互联网和底层基础设施的抽象。因此,云计算甚至可以让你体验每秒 10 万亿次的运算能力,拥有这么强大的计算能力可以模拟核爆炸、预测气候变化和市场发展趋势。用户通过台式计算机、笔记本电脑、手机等方式接入数据中心,按自己的需求进行运算。

目前广为接受的是美国国家标准与技术研究院(NIST)定义:云计算是一个模型,这个模型可以方便地按需访问一个可配置的计算资源(包括网络、服务器、存储设备、应用以及服务等)的公共集。这些资源可以被迅速提供并发布,同时最小化管理成本或服务提供商的干涉。

根据这个定义以及其他学者和组织对云计算的理解，云计算模型有 5 个关键功能，即按需自助服务、广泛的网络访问、共享的资源池、快速弹性能力和可度量的服务。

除此之外，这些定义中有一个共同点，即"云计算是一种基于网络的服务模式"。用户只需根据自己的实际需求，向云计算平台申请相应的计算、存储、网络等云资源，并根据使用情况进行付费即可。这是共享经济的一个非常典型的应用，能够将计算机资源发挥它最大的价值。

7.1.3 简要历史

"云"中计算的想法可以追溯到效用计算的起源，这个概念是计算机科学家 John McCarthy 在 1961 年公开提出的：

"如果我倡导的计算机能在未来得到使用，那么有一天，计算机也可能像电话一样成为公用设施……计算机应用（computer utility）将成为一种全新的、重要的产业的基础。"

1969 年，ARPANET 项目（Internet 的前身）的首席科学家 Leonard Kleinrock 表示：

"现在，计算机网络还处于初期阶段，但是随着网络的进步和复杂化，我们将可能看到'计算机应用'的扩展……"

从 20 世纪 90 年代中期开始，普通大众已经开始以各种形式使用基于 Internet 的计算机应用，比如：搜索引擎（Yahoo，Google）、电子邮件（Hotmail，Gmail）、开放的发布平台（Facebook，YouTube），以及其他类型的社交媒体（Twitter，LinkedIn）。虽然这些服务是以用户为中心的，但是它们普及并且验证了形成现代云计算基础的核心概念。

20 世纪 90 年代后期，Salesforce.com 率先在企业中引入远程提供服务的概念。2002 年，Amazon.com 启用 Amazon Web 服务（Amazon Web Service，AWS）平台，该平台是一套面向企业的服务，提供远程配置存储、计算资源以及业务功能。

20 世纪 90 年代早期，在整个网络行业出现了"网络云"或"云"这一术语，但其含义与现在的略有不同。它是指异构公共或半公共网络中数据传输方式派生出的一个抽象层，虽然蜂窝网络也使用"云"这个术语，但是这些网络主要使用分组交换。此时，组网方式支持数据从一个端点（本地网络）传输到"云"（广域网），然后继续传递到特定端点。由于网络行业仍然引用"云"这个术语，所以，这是相关的，并且被认为是较早采用的奠定效能计算基础的概念。

直到 2006 年，"云计算"这一术语才出现在商业领域。在这个时期，Amazon 推出其弹性计算云（Elastic Compute Cloud，EC2）服务，使得企业通过"租赁"计算容量和处理能力来运行其企业应用程序。同年，Google Apps 也推出了基于浏览器的企业应用服务。三年后，Google 应用引擎（Google App Engine）成为另一个里程碑。

7.1.4 云计算的特点

通过分析云计算的定义，我们可以发现云计算有着明显区别于传统 IT 技术的特征。云计算主要有以下几个特点：

（1）按需付费。这是云计算模式最核心的特点，用户可以根据自身对资源的实际需求，通过网络方便快捷地向云计算平台申请计算、存储、网络等资源,平台在用户使用结束后可快速回收这些资源,用户也可以在使用过程中根据业务需求增加或者减少所申请的资源,最后,再根据用户使用的资源量和使用时间进行付费。如图 7-5 所示,云计算所提供的服务就像我们平常生活中超市售卖的商品和电厂提供的生活用电一样,我们作为普通的用户无须关心这个商品是怎么生产出来的,也无须关心电厂是怎么发电的。当我们需要商品的时候我们只需去超市购买,当我们需要用电的时候只需要插上电源,因此,云计算其实是资源共享理念在 IT 信息技术领域的应用。

图 7-5 超市模式、电厂模式和云计算模式图

(2)无处不在的网络接入。在任何时间、任何地点,只要有网络的地方,我们只需要用手机、计算机等设备就可以接入云平台的数据中心,使用我们已购买的云资源。

(3)资源共享。资源共享是指计算和存储资源集中汇集在云端,再对用户进行分配。通过多租户模式服务多个消费者。在物理上,资源以分布式的共享方式存在,但最终在逻辑上以单一整体的形式呈现给用户,最终实现在云上资源分享和可重复使用,形成资源池。

(4)弹性。用户可以根据自己的需求,增减相应的 IT 资源(包括 CPU、存储、带宽和软件应用等),使得 IT 资源的规模可以动态伸缩,满足 IT 资源使用规模变化的需要。

(5)可扩展性。用户可以实现应用软件的快速部署,从而很方便地扩展原有业务和开展新业务。

7.2 云计算交付模式

你还记不记得你买过多少东西?我想可能是一大串,估计很难说完,那你有想过这些东西是怎么到你手上的吗?你是一个客户,当你购买了一件商品的时候,企业就把商品交付到你手上。

商品的种类千变万化。有些可能是原材料,比如钢,有些是很基础的零件,比如汽车轮胎,客户会通过零件去生产更大的产品,有些可能是直接可以用的东西,比如汽车。那云计算是怎么交付的呢?还是一起来看看吧。

云计算是一种通过租赁交付给客户云资源的服务模式。按照服务的范围和结构特征将云计算的交付分成了 IaaS(基础即服务)、PaaS(平台即服务)和 SaaS(软件即服务)三种。下面进行具体介绍。

7.2.1　IaaS

把硬件资源集中起来的一个关键性技术突破就是虚拟化技术。虚拟化可以提高资源的有效利用率,使操作更加灵活,同时简化变更管理。单台物理服务器可以有多个虚拟机,同时提供分离和安全防护,每个虚拟机就像在自己的硬件上运行一样。

这种把主机集中管理,以市场机制通过虚拟化层对外提供服务,用按使用量收费的盈利模式,形成了云计算的基础层。这就是基础设施即服务(Infrastructrue as a Service,IaaS),构成了云计算的基础层,结构如图 7-6 所示。

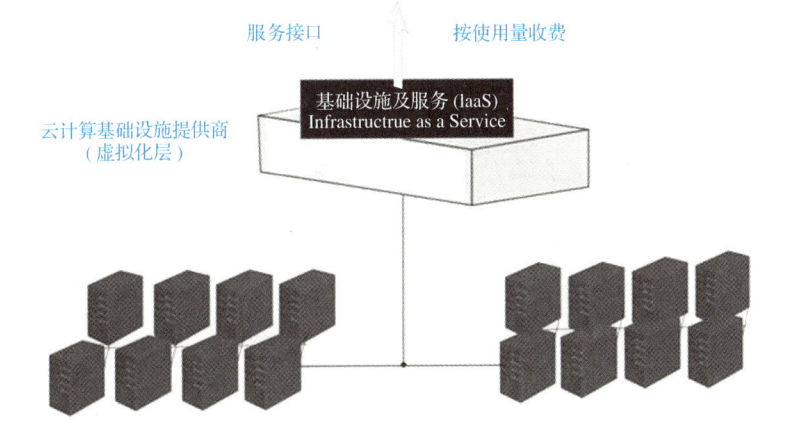

图 7-6　IaaS 架构图

硬件平台在云计算中是极其重要的,事实上只有硬件设备能以低成本实现大规模处理量的时候,云计算的实现才有可能。以上这种虚拟化(通过虚拟机的方式)提供硬件设备有很多好处:

(1)云计算的管理平台能够动态地把计算平台定位到所需要的物理平台上,而无须停止在虚拟机上运行的应用程序。

(2)能更有效地使用机器资源,当负载比较轻的时候,可以把负载合并到同一个物理节点上,关闭其他的物理节点,以节约资源。

(3)通过虚拟机在不同物理节点的动态迁移,可以得到动态负载平衡的效果。

(4)在部署上更加灵活,可以把虚拟机直接部署到物理计算平台当中。

7.2.2　PaaS

为了给用户提供更大的方便,很多公司开始提供云计算的应用平台,这就是云计算的第二层:平台即服务(Platform as a Service,PaaS)。平台即服务(PaaS)是指把一个完整的应用程序运行平台作为一种服务提供给客户。在这种服务模式中,客户不需要购买底层硬件和平台软件,只需要利用 PaaS 平台,就能够创建、测试和部署应用程序。

这种类型的云计算架构有以下特点:

(1)提供服务平台的编程接口,开发人员需要根据服务平台的服务接口进行应用程序开发。

(2)提供应用程序的托管平台,针对这个平台开发的应用程序一般只部署在这个平台上。

7.2.3　SaaS

在云计算推出之前，人们已经开始认识到软件与服务的关系，首先提出来的概念就是："软件即是服务"。其概念可以这样来定义：把软件部署为托管服务，用户不需要购买软件，可以通过网络访问所需要的服务，或者把各种服务综合成自己的需要，而客户按照使用量付费。SaaS 的出现彻底颠覆了传统软件的运营模式。它不仅仅从价格、交付模式、实施风险上带来了明显改观。在云计算上，SaaS 有了更好的发展空间。而云计算的推出，给 SaaS 提供了更好的生态环境。这就形成了云计算的第三层：软件即服务。

这三个层结合起来，就形成了典型的云计算的 SPI 模型。可以预期，在这个模型上，大量的创新企业可以获得更好的生存空间。

这种云计算服务方式的特点是：

（1）用户不需要把软件安装在自己的计算机或者服务器上，而是按照某种服务水平协议（SLA）直接通过网络，从专门的提供商获取自己所需要的、带有相应软件功能的服务。

（2）多主租用（Multi-tenancy）。

（3）用户不必购买软件，只需要租用（订约）按使用量付费使用软件。

云计算允许服务提供商在不属于自己的硬件平台和系统软件上提供软件服务，服务提供商也不需要知道服务所在的物理位置，平台的问题委托云平台来负责了。这是一件好事情，因为降低了进入门槛，可以吸引大量有创新能力的中小企业参与云计算服务。

专家指导

SaaS 提供商需要使用 PssS 和 IaaS 提供商提供的服务按使用量付费。这里的盈利模式在于，SaaS 是一种增值服务，最终用户按使用量付给 SaaS 供应商的费用，要比 SaaS 供应商付给同样流量的 PaaS 供应商的费用要高，这就有了盈利空间。再次说明，云计算看问题的角度是服务和业务模式，而不是技术实现，这一点很重要。

O2O 商务模式的关键是：在网上寻找消费者，然后将他们带到现实的商店中。它是支付模式和为店主创造客流量的一种结合（对消费者来说，也是一种"发现"机制），实现了线下的购买。它本质上是可计量的，因为每一笔交易（或者是预约）都发生在网上。这种模式应该说更偏向于线下，更利于消费者，让消费者感觉消费得较踏实。

7.2.4　模型比较

关于这三种结构的概念本身就比较难以理解，为了更好地进行比较，我们举个例子：没有云的时候相当于大家都是在自己盖房子，后来发现这样成本比较高，要请专业人员搭建维护，如果盖得太大用不了浪费，盖得太小如果人多又不够用，于是有了云。IaaS 相当于毛坯房（图 7-7），建筑商盖好，除了最基本的房子结构，其他基本没有，具体房子做什么用，自己决定，这样就给用户很大的空间来进行完善，比如，屋内的装修还有家具的购买等，IaaS 上购买的一般是主机，也就是最基本的硬件设施，用户不仅要开发程序，还要考虑搭建系统，维护运行环境，以及怎么容灾，怎么做到高性能，怎么扩容，对用户的要求还是很高的。

图 7-7　IaaS 与毛坯房

　　PaaS 相当于简装，房子做什么用有一定限制，但基本的装修家居的房东都做好了，不够再租也比较方便。PaaS 上是服务的运行环境，服务商提供了扩容以及容灾机制，用户负责开发程序即可，但程序需要匹配 PaaS 上的环境，没有 IaaS 那样自由。

　　SaaS 相当于精装修，比如酒店房间，需要的时候租一间住就行，不住了退掉，完全不用操心房间维护的问题，有不同风格档次的酒店以及不同格局的房间供你选择。SaaS 提供的是具体的服务，多租户公用系统资源，资源利用率更高。

　　从这个例子我们也不难看出三种架构的特点和区别。IaaS 主要是卖硬件，PaaS 主要卖开发、运行环境，SaaS 主要是卖软件。越是底层对企业的开发和运作越复杂，成本越高，一般像 IaaS 这个级别的都是些大企业，比如亚马逊、Google 和阿里云，再就是一些中型企业，在这个 IaaS 上面搭建一个良好的创新型环境，帮助某个领域或者某一类企业快速构建，减少用户为构建这些付出的时间和技术负担。

7.3　云计算部署模式

　　当你购买了一件产品，接下去要做的是怎么用这个产品？对吧！可能是给自己用的，也可能是给大家一起用的，也可能是两者都有。

　　云计算也是一种产品，那它是怎么被使用的呢？当客户购买或者说租用了某一类服务模式的产品后就会尝试着把它部署到对应的环境中去，是只给公司内部用还是开放环境还是两者都有呢？这就是我们说的部署模式。好了，还是来具体看看吧。

　　部署模式是企业真正用于实践的模型，按照企业与云之间的关系将云计算的部署模式分为公有云、私有云和混合云三种方式。

7.3.1 公有云

公有云也称外部云，描述了云计算的传统主流含义。这种模式的特点是，由外部或者第三方提供商采用细粒度、自服务的方式在 Internet 上通过网络应用程序或者 Web 服务动态提供资源，而这些外部或者第三方提供商基于细粒度和效用计算方式分享资源和费用。

公有云是建立在一个或多个数据中心并由第三方供应商操作和管理的。服务通过公共的基础设施提供给多个用户（云计算就是为多用户服务的），如图 7-8 所示。

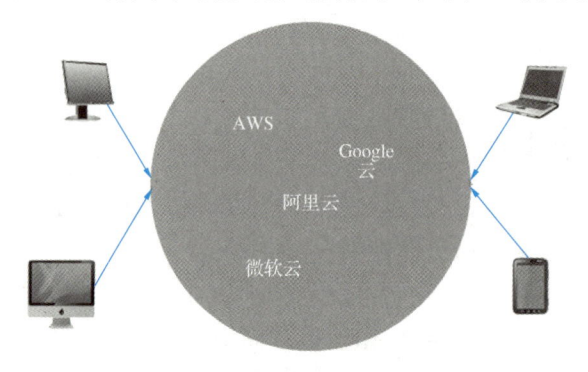

图 7-8 公有云

在公有云中，安全管理以及日常操作是划归给第三方供应商的，由第三方供应商负责公有云服务产品。因此，相对于私有云而言，公有云服务产品的用户对于云计算的物理安全以及逻辑安全层面的掌控及监管程度较低。

7.3.2 私有云

私有云也称内部云，用来描述建立在私有网络上的类似云计算的产品。这些产品（通常是虚拟化和自动化的）声称可以实现云计算的优点，但不具有云计算所存在的不足，可以充分解决数据安全、企业管理和可靠性问题。相应地，企业必须购买、建造以及管理自己的云计算环境，这样就无法获得较低的前期费用开销，也无法实现较少的维护管理等。私有云企业用户需要对其私有云的管理全权负责。

私有云与公有云的区别在于，与私有云相关的网络、计算以及存储等基础设施都是为单独机构所独有的。由此，私有云出现了多种模式：

(1) 专用的私有云运行在用户拥有的数据中心或者相关设施上，并由内部 IT 部门操作。

(2) 团体的私有云位于第三方位置，在定制的服务水平协议（SLA）及其他安全与合规的条款约束下，由供应商拥有、管理并操作云计算。

(3) 托管的私有云的基础设施由用户所有，并托管给云计算服务提供商。

大体上，在私有云计算模式下，安全管理以及日常操作是划归到内部 IT 部门或者基于 SLA 合同的第三方。这种直接管理模式的好处在于，私有云用户可以高度掌控及监管私有云基础设施(管理程序以及虚拟操作系统)的物理安全和逻辑安全层面。这种高度可控性和透明度,使得企业容易实现其安全标准、策略以及合规。

> **小贴士**
>
> 私有云并不与其他的机构分享,比如为企业用户单独定制的云计算,一般是那些比较大的企业,但是自己没有开发这个云平台的实力。

7.3.3 混合云

混合云是结合了公有云和私有云的优点而整合的一种云,从关系上讲,它是企业内部和外部公用的表现,在实施上尽量将非核心应用程序运行在公共环境下,而其核心程序以及内部敏感数据运行在私有环境下。

7.4 云计算的关键技术

7.4.1 虚拟化技术

说起虚拟化,其实生活中有很多类似的例子,比如孙悟空拔毛,孙悟空在遇到危险或者与妖怪搏斗的时候经常会从身上拔出一堆猴毛,用嘴一吹变成很多个孙悟空,场面非常酷。你说这么多孙悟空是真的吗?我想真正的孙悟空只有一个,其他用毛变出来的孙悟空受到真的孙悟空指挥。那么变出来的孙悟空与真的孙悟空是什么关系呢?大家想象一下……

我们做个大胆的设想,孙悟空可以变得无穷多吗?我想这是不可能的,毕竟孙悟空的猴毛再多也是有限的,这说明什么问题?真假悟空之间有什么关系呢?很多人可能会在脑海中出现一个概念:模拟或者模仿。这个跟我们虚拟化有点相似的感觉,当然虚拟化的定义跟云计算一样也并没有统一的标准,以下是一些业界比较认可的定义。

定义1:虚拟化是创造设备或者资源的虚拟版本,如服务器、存储设备、网络或者操作系统。

定义2:虚拟化是资源的逻辑表示,它不受物理限制的约束。

孙悟空通过拔毛变成很多孙悟空,用的是一种技术,而虚拟化也是一种技术,它是模拟计算、网络、存储等真实资源的一种技术,是云计算非常重要的基础支撑。虚拟化技术包括服务器虚拟化、网络虚拟化、存储虚拟化等等,因此它是一个广泛的术语,但是它的思想是一样的,下面我们通过服务器虚拟化来欣赏下它的内在结构。

传统的计算机模型采用主机－操作系统（OS）－应用程序（App）结构，其平面结构如图 7-9 所示，这种模型自计算机诞生以来沿用至今，包括现在的手机也采用了这种方式，这种结构简单方便，不足之处是上层 OS 和 App 依赖于硬件，比如，你买了一台苹果 MAC 电脑，那么上面必须安装苹果的 OS 和 App，如果你买的是联想电脑也想用苹果的 OS 和 App 呢？这种结构就无能为力，而且只能有一个操作系统。

图 7-9 传统计算机模型平面结构

而虚拟化模型，通过对硬件资源进行抽象实现了多个虚拟机，改变了原有的这种结构。目前常见的虚拟化结构包括寄生和裸金属两种，如图 7-10 和图 7-11 所示。

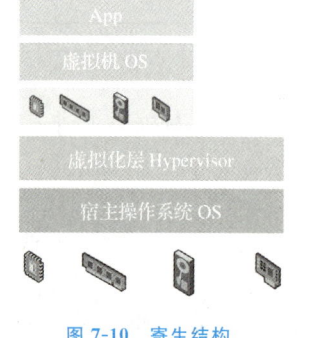

图 7-10 寄生结构

图 7-11 裸金属结构

这两种虚拟化结构虽然有所不同，但是它们都有一个虚拟化层，这个东西其实就是虚拟化技术，它能实现真实硬件资源的虚拟化，然后分配给上面的虚拟机使用，这样就实现了 OS 和 App 与硬件的独立了，比如，联想电脑上面可以运行苹果 OS 和 App。除此之外，寄生结构比裸金属结构还多了一个层：宿主操作系统。你知道多一个操作系统意味着什么？大家可以共同讨论下。

7.4.2 分布式存储

假设有一个为用户存储照片的 App，App 所在的服务器每天都会有成千上万张照片需要存储，你想：万一某一天服务器损坏了怎么办？尤其是珍贵的照片都是满满的回忆，用户会因为照片的丢失而心情崩溃，这个 App 可能一夜之间就销声匿迹。而且，如果某个时刻用户存储的照片特别多，这时上传的速度会变慢，影响了用户的体验和便捷性。那么如何解决这些问题呢？这里一个重要的原因是采用了传统的单台服务器这种集中式的存储方式，因此想到了能不能采用分布式存储，这也是分布式存储技术产生的背景。

分布式存储是通过网络将多个服务器或者存储设备连接在一起整体对外提供存储服务的一种技术，这种技术能较好地解决上面遇到的问题，它是云计算中很重要的一种技术，现在越来越多的软件将用户的本地数据迁移到了云端，如我们使用的百度云盘、微信云盘、有道云笔记、网易云音乐等等，类似的基于云存储的软件不胜枚举。这些具有云存储功能的软件在底层都使用了分布式存储的技术，这种技术形成的分布式存储系统具有以下几个特性：

（1）高性能：对于整个集群或单台服务器，分布式存储系统都要具备高性能；

（2）可扩展：理想情况下，分布式存储系统可以扩展到任意集群规模，并且随着集群规模的

增长,系统整体性能也应呈比例地增长;

(3)低成本:分布式存储系统能够对外提供方便易用的接口,也需要具备完善的监控、运维等工具,方便与其他系统进行集成。

7.4.3 分布式计算

假设某台计算机有一个计算器的功能,具体如下:

(1)输入 A 和 B;

(2)运算 A+B 得到 C;

(3)输出 C。

这不是非常简单的加法运算吗?是的,你说得没错,现在这三步都是放在这台计算机上计算的,这是"集中式"计算。这个功能很简单,但是当功能的负载很高时,单台计算机可能无法承载,这时如果把这个功能中的不同步骤任务分派给不同的计算机去完成,不仅解决了这个负载高的问题,而且因为不是单台设备,增强了功能的可靠性,这就是分布式计算(Distributed Computing)的思想。

分布式计算是研究如何把一个需要巨大计算能力才能解决的问题拆分成许多小部分,把这些小部分分配给许多普通计算机进行处理,最后把这些处理结果综合起来得到一个最终的结果。分布式计算的概念是在集中式计算概念的基础上发展而来的。集中式计算是以一台大型的中心计算机(称为 Host 或 mainframe)作为处理数据的核心,用户通过终端设备与中心计算机相连,其中大多数的终端设备不具有处理数据的能力,仅作为输入输出设备使用。因此,这种集中式的计算系统只能通过提升单机的计算性能来提升其计算能力,从而导致了这种超级计算机的建造和维护成本极高,且明显存在很大的性能瓶颈。随着计算机网络的不断发展,如电话网、企业网络、家庭网络以及各种类型的局域网,共同构成了 Internet 网络,计算机科学家们为了解决海量计算的问题,逐渐将研究的重点放在了利用 Internet 网上大量分离且互联的计算节点上,分布式计算的概念在这个背景下诞生了。

7.5 云计算的应用

我们将在阿里云网站上申请一台免费的云计算服务器,基本思路包括申请阿里云账号、申请云服务器、对服务器进行相关操作和使用工单需求帮助等环节。首先,需要在阿里云官方网站上注册个人用户账号,根据提示申请一台免费的云服务器。其次,对云服务器进行控制台相关操作管理,包括开关机和远程连接,熟悉服务器的配置和网络安全。最后,学会使用工单寻求服务器问题的解决方法。接下来让我们一起开始动手实践吧!

云计算的应用已经渗透到了我们生活的方方面面,如大家经常使用的百度网盘、网易云音乐等都是云计算的典型应用。那这些应用是如何被搭建起来的呢?所以接下来的例子就让我们一起来完成一个阿里云 ECS 云服务器的搭建,一起来感受一下在云端操作的乐趣吧!

7.5.1 注册登录

在浏览器上输入阿里云网址,单击注册,进入注册页面注册一个账号,如图 7-12 所示。注册成功并实名认证后你就可以申请试用阿里云服务器,申请成功的话可以免费使用 15 天,一起去体验一下它的强大功能吧!

图 7-12 用户注册

7.5.2 申请 ECS 云服务器

在主页面找到云服务器,然后单击免费试用,你可以申请到如图 7-13 所示的云服务器。

图 7-13 申请免费云服务器

CPU、内存、带宽都是固定的大小,因为是免费的,存储空间也没有选择,唯一可以选择的是地域和操作系统,如图 7-14 所示。图 7-15 所示是成功申请后获得的详细云服务器列表,在阿里云里面我们称之为实例。

图 7-14　云服务器推荐选择

图 7-15　云服务器（实例）列表

7.5.3　管理控制台

1. 选择开关机操作

单击实例列表中的更多选项，会弹出该云服务器的相关列表，你可以查看实例状态，然后选择相关的操作，比如启动服务器，如图 7-16 所示。

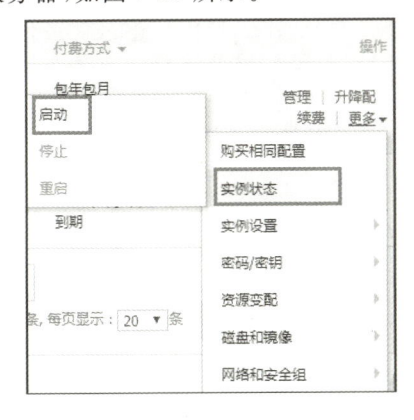

图 7-16　服务器开关机操作

2. 远程连接

单击远程连接，在浏览器上弹出输入远程连接密码，如图 7-17 所示。

图 7-17 远程连接云主机

3. 操作云服务器

输入正确的远程连接密码后就成功登录到了云服务器，是不是有一种似曾相识的感觉！对，是熟悉的 Windows 系统登录界面，如图 7-18 所示。因为你前面选择的操作系统是 Windows Server 2008 镜像，所以云服务器的操作系统即属于 Windows 操作系统。

图 7-18 Windows Server 2008 操作系统登录界面

4. 配置云服务器资源

当你在管理云服务器的过程中，因为应用的需求变更，发现需要更多的资源，那么你能够在几秒钟内完成这个升级。单击该实例列表中的升降配置，如图 7-19 所示。然后选择增加内存、CPU、存储、带宽等。

5. 网络和安全管理

网络和安全对于服务器来讲是非常重要的保障，你可以在左侧导航栏找到网络和安全选项，如图 7-20 所示，下面有多重安全配置可以选择，比如在安全组进行端口的限制，这里我们简要解操作入口即可。

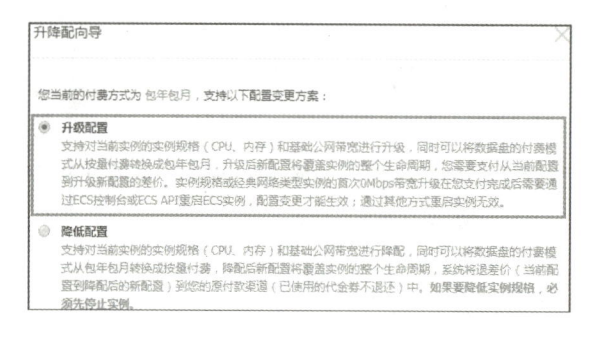

图 7-19 资源变更

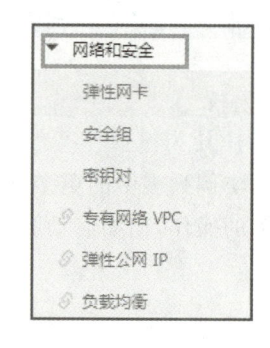

图 7-20 网络和安全

7.5.4 工单管理

很多时候你在阿里云上部署 App 会发生问题，而且无法解决，这时候其实有一个很好的帮手，那就是阿里云的工单，找到顶部菜单栏的工单，然后选择提交工单，如图 7-21 所示。

这个时候你可以根据问题进行提问和相关问题的详细描述，如图 7-22 和图 7-23 所示。

提交工单以后，阿里云工程师会在 1 天内对工单进行处理，还会通过电话咨询详细问题并确认问题是否已经解决。

图 7-21　提交工单

图 7-22　工单类型选择

图 7-23　工单详细描述

学习思考

一、单项选择题

1. 一个完整的云计算环境由"云"、"管"和"端"三部分组成,缺一不可。下列关于云计算的描述不正确的是(　　)。

A. 像立体停车房按车位大小和停车时间收取停车费一样,云计算出租计算设备包括 IaaS、PaaS 和 SaaS 三种类型,满足不同的租户。

B. 云端是指计算机网络中的计算设备,负责完成软件的计算。

C. 终端是指位于人们身边的输入输出设备,负责完成与人的交互。

D. 如果把计算机网络比喻成充满收费站的高速公路的话,那么云计算涉及的网络侧重于运输设备方面。

2. 云计算体系结构的(　　)负责资源管理、任务管理用户管理和安全管理等工作。

A. 物理资源层　　B. 资源池层　　C. 管理中间件层　　D. SOA 构建层

3. 从研究现状上看,下面不属于云计算特点的是(　　)。

A. 超大规模　　B. 虚拟化　　C. 私有化　　D. 高可靠性

4. Amazon.com 公司通过(　　)计算云,可以让客户通过 Web Service 方式租用计算机来运行自己的应用程序。

A. S3　　B. HDFS　　C. EC2　　D. GFS

二、多项选择题

1. 云计算的特性包括(　　)。

A. 简便的访问　　B. 高可信度　　C. 经济型　　D. 按需计算与服务

2. "云"服务影响包括(　　)。

A. 理财服务　　B. 健康服务　　C. 交通导航服务　　D. 个人服务

3. 基于平台服务，这种"云"计算形式把开发环境或者运行平台也作为一种服务给用户提供。用户可以把自己的应用运行在提供者的基础设施中，例如（　　）等公司提供这种形式的服务。

　　A. Sun　　　　　　B. Amazon.com　　　C. Yahoo Pipes　　D. Salesforce.com

4. 云是一个平台，是一个业务模式，给客户群体提供一些比较特殊的IT服务，分为（　　）等三部分。

　　A. 管理平台　　　　B. 服务提供　　　　C. 构建服务　　　　D. 硬件更新

5. IaaS 计算实现机制中，系统管理模块的核心功能不包括（　　）。

　　A. 负载均衡　　　　　　　　　　　　　B. 监视节点的运行状态
　　C. 应用 API　　　　　　　　　　　　　D. 节点环境配置

三、分析题

1. 结合目前热点分析未来云计算发展趋势。
2. 具体分析云计算三种服务模式。
3. 分析企业在什么环境下会部署私有云，这个对企业有什么好处。
4. 通过阿里云的体验你觉得阿里巴巴主要的客户是谁？这些客户为什么会租用阿里云产品？

延伸阅读

微视频课堂

云计算创业故事

体验阿里云

虚拟化的定义

虚拟化模型

虚拟化的内存调度机制

云计算的服务模式

Openstack 架构

单元 8
现代通信技术

单元导读

在一个通信技术无处不在的世界，人们感受到的是一种逐渐被通信新技术所改变的生活。从古至今，通信无时无刻不在影响着人们的生活，小到一次社会交际中的简单对话，大到进行太空探索时，人造探测器与地球间的信息交换。可以毫不保留地说，离开了通信技术，我们的生活将会黯然失色。

通信技术是实现人与人之间、人与物之间、物与物之间信息传递的一种技术。

现代通信技术将通信技术与计算机技术、数字信号处理技术等新技术相结合，其发展具有数字化、综合化、宽带化、智能化和个人化的特点。现代通信技术是大数据、云计算、人工智能、物联网、虚拟现实等信息技术发展的基础，以 5G 为代表的现代通信技术是中国新型基础设施建设的重要领域。本主题包含通信技术的演进、5G 技术、其他现代通信技术等内容。

学习目标

- 理解通信技术、现代通信技术、移动通信技术、5G 技术等概念，掌握相关的基础知识；
- 了解现代通信技术的发展历程及未来趋势；
- 熟悉移动通信技术中的传输技术、组网技术等；
- 了解 5G 的应用场景、基本特点和关键技术；
- 掌握 5G 网络架构和部署特点，掌握 5G 网络建设流程；
- 了解蓝牙、Wi-Fi、ZigBee、射频识别、卫星通信、光纤通信等现代通信技术的特点和应用场景；
- 了解现代通信技术与其他信息技术的融合发展。

8.1 通信技术的演进

8.1.1 通信技术的历史演进

1. 古代通信技术

从古到今,人们就一直在利用人类的智慧传递信息,达到通信的目的。古代人们的通信方式也有很多,如声音、动物器械、人力、烽火台狼烟、通信塔、旗语等多种通信手段,此外还有民信局、负责海外通信的侨批局等通信机构。

(1)古代通信的方式

声音:击鼓、鸣锣(鸣金收兵)、礼炮、土电话。

动物、器械:鸽子、风筝、狗。

人力:著名的马拉松比赛源于一位为传递马拉松捷报而长跑42.195公里后牺牲的信史。

烽火台狼烟:速度快,以进行战争急报,接近光速,是最早的光通信,如图8-1所示。

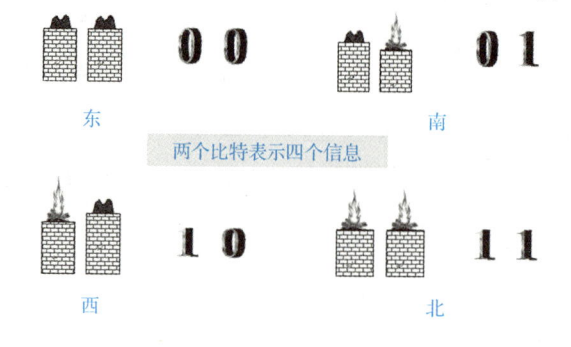

```
        00              01
        东              南
      两个比特表示四个信息

        10              11
        西              北
```

图 8-1 古代烽火台通信方式

驿邮:驿邮是邮政通信最古老的形式之一。这种通信方式是人类通信发展上的一个伟大变革,通信行业的诞生,又一个社会分工的出现。

通信塔:18世纪在巴黎和里尔间建立若干通信塔,用结构编码和望远镜相结合的方法完成了快速编码通信。230 km/2 min 的编码通信,是最早的编码通信。

(2)古代通信的内容

古代通信的内容包括商业消息、私人消息、战争时报等。

(3)古代通信的特点

古代通信以人力、动物、机械为主要方式;信息传递的速率低,周期长;距离有限;信息量不大;保密性差。

2. 现代通信技术

从古代的"通信",到现代的"电信",一字之差,却是一场史无前例的通信革命。我们今天常说的通信,通常是指电通信,简称"电信"。"电信"是什么?国际电信联盟(International

Telecommunication Union,ITU)关于电信的定义是:利用有线、无线的电磁系统或者光电系统,传输、发射、接收或者处理语音、文字、数据、图像以及其他形式信息的活动,就称为"电信"。在电信系统中,信息主要有电信号、光信号以及电磁信号三种形式。电信号包括电报、电话通信方式,光信号主要是光纤通信,电磁信号包括计算机通信、移动通信。

(1) 电报(Telegram)

1837 年,摩尔斯成功地研制了电报机,并使用摩尔斯电报码。1844 年,华盛顿—巴尔的摩电报线路开通,全长 64.4 千米。同年 5 月 24 日,这条电报线路在美国国会大厅里发出了人类历史上的第一份电报,从此开创了人类的电报通信时代。而这一天也成了国际公认的电报发明日。摩尔斯的电报因为简单、准确和经济实用的特点迅速风靡全球。

(2) 电话通信(Telephone Communication)

1876 年 3 月 10 日,A.G. 贝尔用自己研制的电话装置第一次发送了一句完整的话"沃森先生,我需要你,请到这里来"。1877 年,在波士顿和纽约之间架设开通了人类史上第一条 300 km 的电话线,并成功进行了首次长途电话实验,后来就成立了著名的贝尔电话公司,也就是现在美国最大的电信公司 AT&T(American Telephone & Telegraph),从此开启了电话通信时代。

(3) 无线电通信(Radio Communications)

无线电通信是将需要传送的声音、文字、数据、图像等电信号调制在无线电波上经空间和地面传至对方的通信方式,是利用无线电磁波在空间传输信息的通信方式。与有线电通信相比,它不需要架设传输线路,不受通信距离限制,机动性好,建立迅速;但传输质量不稳定,信号易受干扰或易被截获,保密性差。

(4) 光纤通信(Optical Fiber Communications)

光纤通信技术是一种以光波为传输媒质的通信方式。光波和无线电波同属电磁波,但光波的频率比无线电波的频率高,波长比无线电波的波长短。因此,具有衰减小、传输频带宽、通信容量大、保密性好和抗电磁干扰能力强等优点。

光纤通信,具有其他通信不可比拟的一系列优点,彻底改变了现代通信网络,被称为当今信息社会信息高速公路革命发展的标志,是各种通信网络的重要传输方式。

(5) 计算机通信(Computer Communications)

计算机通信是一种以数据通信形式出现,在计算机与计算机之间或计算机与终端设备之间进行信息传递的方式。它是现代计算机技术与通信技术相融合的产物,在军队指挥自动化系统、武器控制系统、信息处理系统、决策分析系统、情报检索系统以及办公自动化系统等领域得到了广泛应用。

(6) 移动通信(Mobile Communications)

移动通信是移动体之间的通信,或移动体与固定体之间的通信。移动体可以是人,也可以是汽车、火车、轮船、收音机等在移动状态中的物体。

移动通信是进行无线通信的现代化技术,这种技术是电子计算机与移动互联网发展的重要成果之一。移动通信技术经过第一代、第二代、第三代、第四代技术的发展,目前已经迈入了第五代发展的时代(5G 移动通信技术),这也是目前改变世界的几种主要技术之一。

现代移动通信技术可以利用移动台技术、基站技术、移动交换技术,对移动通信网络内的终端设备进行连接,满足人们的移动通信需求。从模拟制式的移动通信系统、数字蜂窝通信系统、移动多媒体通信系统,到目前的高速移动通信系统,移动通信技术的速度不断提升,延时与误码现象减少,技术的稳定性与可靠性不断提升,为人们的生产生活提供了多种灵活的通信方式。

在过去的半个世纪中,移动通信的发展对人们的生活、生产、工作、娱乐乃至政治、经济和文化都产生了深刻的影响,30年前幻想中的无人机、智能家居、网络视频、网上购物等均已实现。移动通信技术经历了模拟传输、数字语音传输、互联网通信、个人通信、新一代无线移动通信5个发展阶段。

8.1.2 移动通信的发展概况

1. 第一阶段:从20世纪20年代至20世纪40年代

(1)特点:专用系统,工作频段低(2MHz),后提高到30~40MHz。

(2)典型系统:美国底特律警用车载无线电系统。

2. 第二阶段:从20世纪40年代中期至20世纪60年代初期

(1)特点:由专用网向公众网过渡,人工接续,网络容量小。

(2)典型系统:美国圣路易斯城的公用汽车电话网(城市系统),3个频道,采用单工通信。

3. 第三阶段:从20世纪60年代中期至20世纪70年代中期

(1)特点:中小容量,使用450 MHz频段,自动选频,自动接续。

(2)典型系统:IMTS-改进型移动电话系统。使用150 MHz和450 MHz频段、网络容量提高、实现无线频道的自动选择、实现到公用电话网的自动接续。

前三个阶段属于移动通信发展的初期阶段,完成了从专用军事通信向民用(商业化)方向发展的过程。

4. 第四阶段:第一代(1G)模拟蜂窝移动通信系统,20世纪70年代中期至20世纪80年代中期

(1)特点
- 采用小区制的蜂窝状网络结构,系统容量极大提升。
- 使用450 MHz和800~900 MHz频段。
- 模拟信号。
- 主要采用频分多址(FDMA)技术。

(2)典型系统
- 美国的AMPS,1983年投入商用。
- 日本的HAMPS。
- 德国的C网。
- 英国的TACS。
- 加拿大的MTS。
- 北欧的NMT-450。

5. 第五阶段:第二代(2G)数字式蜂窝移动通信系统,20世纪80年代中期至21世纪初

(1)特点
- 采用数字通信技术。
- 采用时分多址(TDMA)技术(GSM系统)和窄带码分多址(CDMA)技术(IS-95系统)。
- 通话质量高。

- 系统容量大。
- 提供综合业务。

(2) 典型系统
- GSM—GPRS—EDGE。
- DAMPS。
- IS95 CDMA—CDMA2000 1X。

2.5G 是 2G 向 3G 的过渡性技术,典型的技术有:GPRS、HSCSD、WAP 等,GPRS 可使现有 GSM 网络轻易地实现与高速数据分组的简便接入。

6. 第六阶段:第三代(3G)移动通信系统

第三代移动通信系统是指将移动通信与 Internet 等多媒体通信结合在一起的新一代移动通信系统,它能够处理图像、语音、视频流等多种媒体形式,提供包括网页浏览、电话会议、电子商务等多种信息服务。

3G 存在四种标准制式,分别是 CDMA2000、WCDMA、TD-SCDMA、WiMAX。

(1) 特点
- 可提供中高速数据业务。
- 主要采用码分多址(CDMA)技术。
- 移动通信网与互联网逐步融合。
- 业务多元化。

(2) 典型系统
- WCDMA:由欧洲和日本提出的基于 GSM MAP 核心网,无线接入网标准为陆地无线接入网(UMTS Terrestrial Radio Access Network,UTRAN)。
- CDMA2000:是在 IS-95 系统的基础上发展而来,以美国高通公司为主提出,摩托罗拉、朗讯和韩国三星都有参与。
- TD-SCDMA 全称为 Time Division Synchronous CDMA(时分同步 CDMA),由中国大唐电信(原邮电部电信科学技术研究院)在国家主管部门的支持下向 ITU 提出的具有一定特色的第三代移动通信技术标准。这是近百年来我国通信史上第一个具有完全自主知识产权的国际通信标准,它的出现在我国通信发展史上具有里程碑的意义,并将产生深远影响,是中国通信业的重大突破。

7. 第七阶段:第四代(4G)移动通信系统

第四代移动通信系统是集 3G 与 WLAN 于一体,并能够快速传输数据、高质量、音频、视频和图像等。4G 能够以 100 Mbit/s 以上的速度下载,上传的速度也能达到 20 Mbit/s。此外,4G 可以在 DSL 和有线电视调制解调器没有覆盖的地方部署,然后再扩展到整个地区。很明显,4G 有着不可比拟的优越性。

第四代移动通信系统主要有 TD-LTE 和 FDD-LTE 两种制式,TD-LTE 上行理论速率为 50 Mbit/s,下行理论速率为 100 Mbit/s,FDD-LTE 上行理论速率为 40 Mbit/s,下行速率为 150 Mbit/s。

(1) 特点
- 传输速率更快。
- 频谱利用效率更高。
- 网络频谱更宽。

- 容量更大。
- 实现更高质量的多媒体通信。
- 兼容性更平滑:具备全球漫游,接口开放,能跟多种网络互联。

(2) 关键技术

- 接入方式和多址方案:采用正交频分复用 OFDM。
- MIMO(多输入多输出)技术:提高了系统的抗衰落和抗噪声性能,大大提高系统容量。
- 高性能的接收机。
- 智能天线技术:可以改善信号质量,又能增加传输容量。
- 调制与编码技术:采用多载波正交频分复用调制技术,Turbo 等更高级的信道编码。
- 软件无线电技术。
- 第四代移动通信系统主要是以 OFDM 和 MIMO 为技术核心。

8. 第八阶段:第五代(5G)移动通信系统

第五代移动通信技术,也是 4G 之后的延伸。5G 相比 4G 有着很大的优势:在容量方面,5G 通信技术将比 4G 实现单位面积移动数据流量增长 1 000 倍;在传输速率方面,典型用户数据速率提升 10 到 100 倍,峰值传输速率可达 10 Gbit/s(4G 为 100 Mbit/s),端到端时延缩短至五分之一;在可接入性方面:可联网设备的数量增加 10 到 100 倍;在可靠性方面:低功率 MMC(机器型设备)的电池续航时间增加 10 倍。由此可见,5G 将在方方面面全面超越 4G,实现真正意义的融合性网络。

移动通信技术发展至今,其功能及应用发生了翻天覆地的变化,如图 8-2 所示。1G 主要解决了语音通信的问题;2G 可支持窄带的分组数据通信;3G 在 2G 的基础上,发展了诸如图像、音乐、视频流的高带宽多媒体通信,并提高了语音通话安全性,解决了部分移动互联网相关网络及高速数据传输问题,最高理论速率为 14.4 Mbit/s;4G 是专为移动互联网而设计的通信技术,从网速、容量、稳定性上相比之前的技术都有了跳跃性的提升,传输速度可达 100 Mbit/s,甚至更高。5G,第五代移动通信技术,具备极高的性能、低延迟以及高容量的众多优势特点。

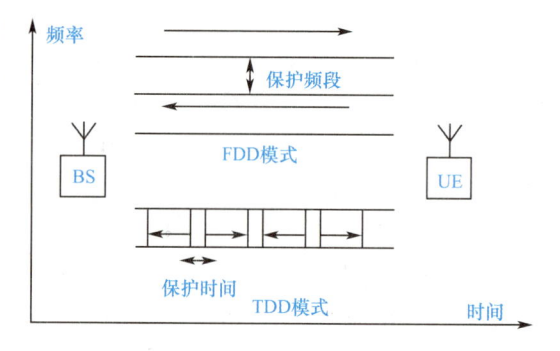

图 8-2 移动通信的发展演变

8.2 5G 技术

8.2.1 5G 无线技术

1. 5G 无线通信技术概述

5G 无线通信技术就是第五代移动通信技术,是 4G 移动网络的升级和延伸,目前在世界的主要地区都在大力研发5G移动网络技术,我国的5G技术目前正处于关键的研发试验阶段,已经确定为未来新一代的主要通信技术。相对于4G移动网络技术,5G是在其基础上的全面提升,具备极高的性能、低延迟以及高容量的众多优势特点,在试验的过程中,5G拥有更宽的带宽,这意味着更高的速率,用户将享受到更高的网速体验,5G移动网络能够适应一些特殊行业对网速的超高要求,还具备更好的安全性和可靠性,为多种智能制造产业提供大力支持。

2. 5G无线通信的关键技术分析

(1)毫米波技术

毫米波频段一般为30~300 GHz,毫米波通信即使在考虑各种损耗与吸收的情况下,大气窗口也能为我们提供135 GHz的带宽,在频谱资源紧缺的情况下,采用毫米波通信能够很有效地提升通信容量,如图8-3所示。由于5G的超密集异构网络,基站间距在不到200米的情况下,由于毫米波具有波束窄的特点,具有很强的抗干扰能力,并且空气对毫米波的吸收,会减小对相邻基站间的干扰。

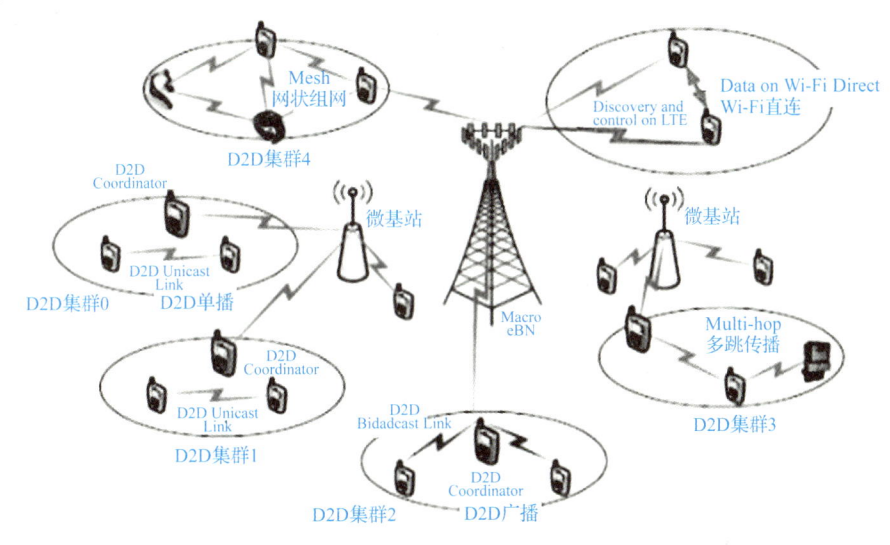

图 8-3 毫米波技术

(2)波束成形技术

信号的强弱在于其传播的过程中能够抵御各种干扰,将信号变强以更快的速度发射出去,是5G技术的关键组成部分。以往的天线和基站的信号传播都以全方向发射的方式向外传送信号,不仅分散了信号的力量,而且在远距离的传送距离中,很容易受到各种障碍物的阻拦和干扰,以及其他信号的削弱,而5G技术能够将信号按照特定的方向并且集结成束的形式高速发射出去,能够运用精密的算法精确地定位用户移动端位置,将信号准确地发送到用户位置,大大提升了信号也就是频谱资源的合理使用率,降低了在远距离传送过程中的消耗和浪费,而且由于信号成形后增强,能够抵御各种障碍物或其他信号的干扰。

(3)高频段传输

移动通信传统工作频段主要集中在3 GHz以下,这使得频谱资源十分拥挤,而在高频段(如毫米波、厘米波频段)可用频谱资源丰富,能够有效缓解频谱资源紧张的现状,可以实现极高速短距离通信,支持5G容量和传输速率等方面的需求。

(4)同时同频全双工

同时同频全双工技术:是指设备的发射机和接收机占用相同的频率资源同时进行工作,使得通信双方在上、下行可以在相同时间使用相同的频率,突破了现有的频分双工(FDD)和时分双工(TDD)模式,是通信节点实现双向通信的关键之一。

全双工技术面临的挑战:采用同时同频全双工无线系统,由于接收和发送的信号功率差异很大,会导致严重的自干扰,因此同时同频全双工系统的应用关键在于干扰的有效消除。

8.2.2 5G 网络技术

1. 新型网络架构

目前,LTE 接入网采用网络扁平化架构,减小了系统时延,降低了建网成本和维护成本。未来 5G 可能采用 C-RAN 接入网架构。C-RAN 是基于集中化处理、协作式无线电和实时云计算构架的绿色无线接入网构架。C-RAN 的基本思想是通过充分利用低成本高速光传输网络,直接在远端天线和集中化的中心节点间传送无线信号,以构建覆盖上百个基站服务区域,甚至上百平方公里的无线接入系统。C-RAN 架构适于采用协同技术,能够减小干扰,降低功耗,提升频谱效率,同时便于实现动态使用的智能化组网,集中处理有利于降低成本,便于维护,减少运营支出。目前的研究内容包括 C-RAN 的架构和功能,如集中控制、基带池 RRU 接口定义、基于 C-RAN 的更紧密协作,如基站簇、虚拟小区等。

2. 新型多天线传输技术

什么是大规模天线?大规模天线是指大量天线为相对少的用户提供同传服务。大规模天线技术被公认为 5G 关键技术之一。

多天线技术经历了从无源到有源,从二维(2D)到三维(3D),从高阶 MIMO 到大规模阵列的发展,将有望实现频谱效率提升数十倍甚至更高,是目前 5G 技术重要的研究方向之一。

大规模天线应用场景:中心式天线系统,适用于宏蜂窝小区,中心基站使用大规模天线。微小区为大部分用户提供服务,而大规模天线基站为微小区范围外的用户提供服务,同时对微小区进行控制和调度(demo:NTT docomo)。图 8-4 所示为微小区多天线技术应用场景。

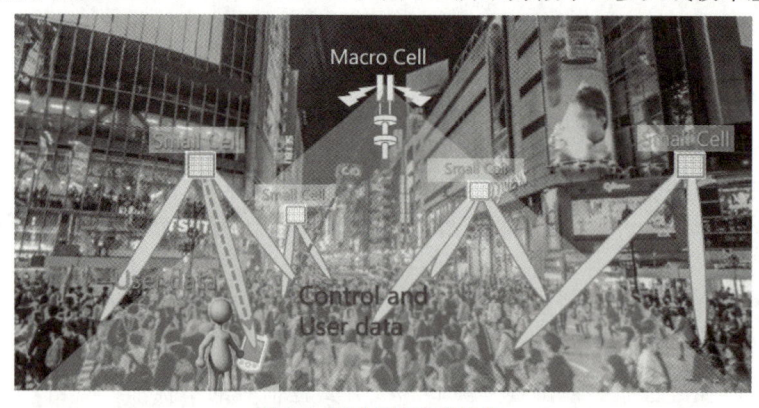

图 8-4 微小区多天线技术

3. 密集和超密集组网技术

在未来的 5G 通信中,无线通信网络正朝着网络多元化、宽带化、综合化、智能化的方向演进。随着各种智能终端的普及,数据流量将出现井喷式的增长。未来数据业务将主要分布在室内和热点地区,这使得超密集网络成为实现未来 5G 的 1 000 倍流量需求的主要手段之一。超密集网络能够改善网络覆盖,大幅度提升系统容量,并且对业务进行分流,具有更灵活的网络部署和更高效的频率复用。未来,面向高频段大带宽,将采用更加密集的网络方案,部署小小区/扇区将高达 100 个以上。超密集组网技术如图 8-5 所示。

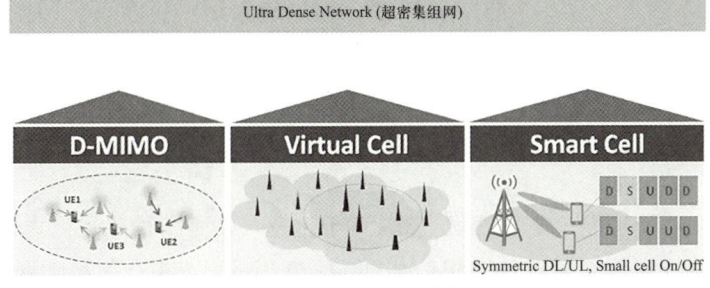

图 8-5 超密集组网技术

4. D2D 技术

Device-to-Device(D2D)通信是一种在系统的控制下,允许终端之间通过复用小区资源直接进行通信的新型技术,它能够增加蜂窝通信系统频谱效率,降低终端发射功率,在一定程度上解决无线通信系统频谱资源匮乏的问题。

传统的蜂窝通信系统的组网方式:以基站为中心实现小区覆盖,而基站及中继站无法移动,其网络结构在灵活度上有一定的限制。随着无线多媒体业务不断增多,传统的以基站为中心的业务提供方式已无法满足海量用户在不同环境下的业务需求。

D2D 技术无须借助基站的帮助就能够实现通信终端之间的直接通信,拓展网络连接和接入方式。由于短距离直接通信,信道质量高,D2D 能够实现较高的数据速率、较低的时延和较低的功耗;通过广泛分布的终端,能够改善覆盖,实现频谱资源的高效利用;支持更灵活的网络架构和连接方法,提升链路灵活性和网络可靠性。

目前,D2D 采用广播、组播和单播技术方案,未来将发展其增强技术,包括基于 D2D 的中继技术、多天线技术和联合编码技术等。

5. 5G 网络技术将向着虚拟化、软件化、扁平化发展

面对未来超千倍流量增长、毫秒级端到端时延和超千亿设备连接的挑战,5G 将通过引入 NFV 和 SDN 等虚拟化技术,推动网络软、硬件解耦,控制与转发分离,使得基于软连接和软架构的新型网络成为可能,网络结构将更加扁平,业务内容将向用户进一步下沉,网络智能化、灵活度和可扩展性将大幅提升,各种接入技术之间将更紧密融合,并能够以用户为中心提供灵活可定制的差异化服务。

8.3 5G 技术的应用

8.3.1 5G 应用趋势

1. 5G 的应用前景

4G 背景下,只有计算机和智能手机可连接 4G 互联网。在新 5G 无线通信技术投入使用后,小至一根针,大至一台车,均能一同接入 5G 互联网,即万物互联。

如果 3G/4G 实现了人与人之间的连接,那么 5G 做到的是世界万物间的相互连接。未来任何物体都带有传感器,在 5G 的作用下,人们的吃、喝、住、行实现数据共享,打破时间和空间的束缚。资产追踪、车联网、人工智能、智慧农业、无人驾驶以及智慧城市,都离不开 5G 的支持。在这个互联互通的世界,通信掌握科技的整体发展方向。通信技术应用发展趋势如图 8-6 所示。

对于普通大众,5G 可能是上网速度变快;对于企业,5G 是一种变化巨大的商业方式;对于国家,5G 是实现科技创新的突破口。相信伴随 5G 商用的开启,消费物联网及更多的物联网应用会给我们的生活带来巨大改变。移动互联网和物联网是 5G 发展的主要驱动力。

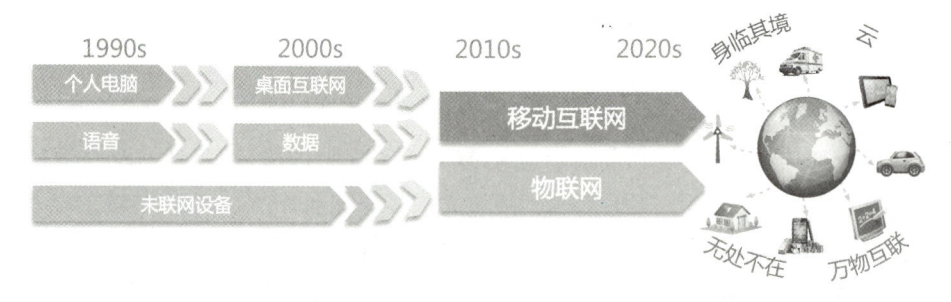

图 8-6 通信技术应用发展趋势

2. 5G 移动数据流量增长趋势

移动互联网蓝皮书《中国移动互联网发展报告(2018)》预测,面向 2020 年及未来,移动数据流量将出现爆炸式增长,2010 年到 2030 年将增长近 2 万倍;中国增速高于全球,2010 年到 2030 年将增长超 4 万倍。发达城市及热点地区增速更快,2010 年到 2020 年上海的增长率可达 600 倍;北京热点区域(如西单)的增长率可达 1 000 倍,十年千倍。图 8-7 为 5G 移动数据流量增长趋势图。

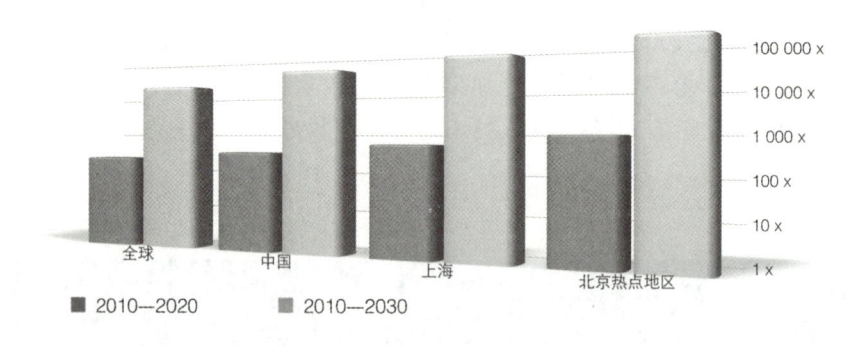

图 8-7 5G 移动数据流量增长趋势

3. 5G 移动用户数和物联网连接数增长趋势

未来全球移动通信网络连接的设备总量将达到千亿规模。到 2020 年,全球移动终端(不含物联网设备)数量超过 100 亿个,其中中国超过 20 亿。全球物联网设备连接数也快速增长,到 2020 年接近 70 亿个,中国接近 15 亿个。到 2030 年,全球物联网设备连接数将接近 1 000 亿个,中国超过 200 亿个。图 8-8 为 5G 移动用户数和物联网连接数增长趋势图。

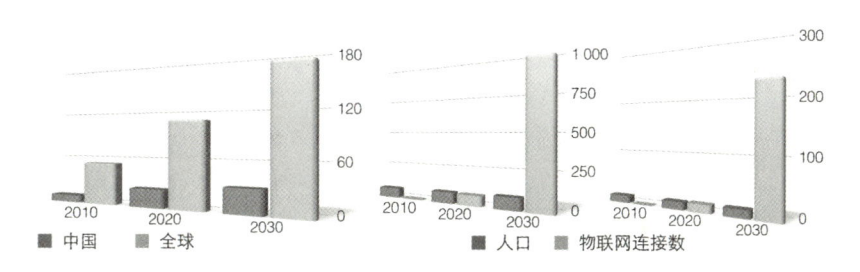

图 8-8　5G 移动用户数和物联网连接数增长趋势

8.3.2　5G 应用场景

5G 将渗透到未来社会的各个领域,以用户为中心构建全方位的信息生态系统。5G 将使信息突破时空限制,提供极佳的交互体验;5G 将拉近万物的距离,便捷地实现人与万物的智能互联。5G 将为用户提供光纤般的接入速率,"零"时延的使用体验,千亿设备的连接能力,超高流量密度、超高连接数密度和超高移动性等多场景的一致服务,业务及用户感知的智能优化,同时将为网络带来超百倍的能效提升和超百倍的比特成本降低,最终实现"信息随心至,万物触手及"的总体愿景,如图 8-9 所示。

图 8-9　5G 应用愿景

1. 5G 典型业务

5G 与物联网、大数据、人工智能等技术结合,能够在智慧政务、智慧民生、智慧产业、智慧城市等方面,催生出更多的新模式、新业态。用到工业控制领域,可以进行自动化机械设备管控,实现可视化生产、无人车间。用到交通领域,跟车联网结合,可以实现无人驾驶,如图 8-10 所示。我们常说"4G 改变生活、5G 改变社会",5G 与各行各业广泛结合产生很多应用,能够对社会治理、产业发展等带来很大改变。

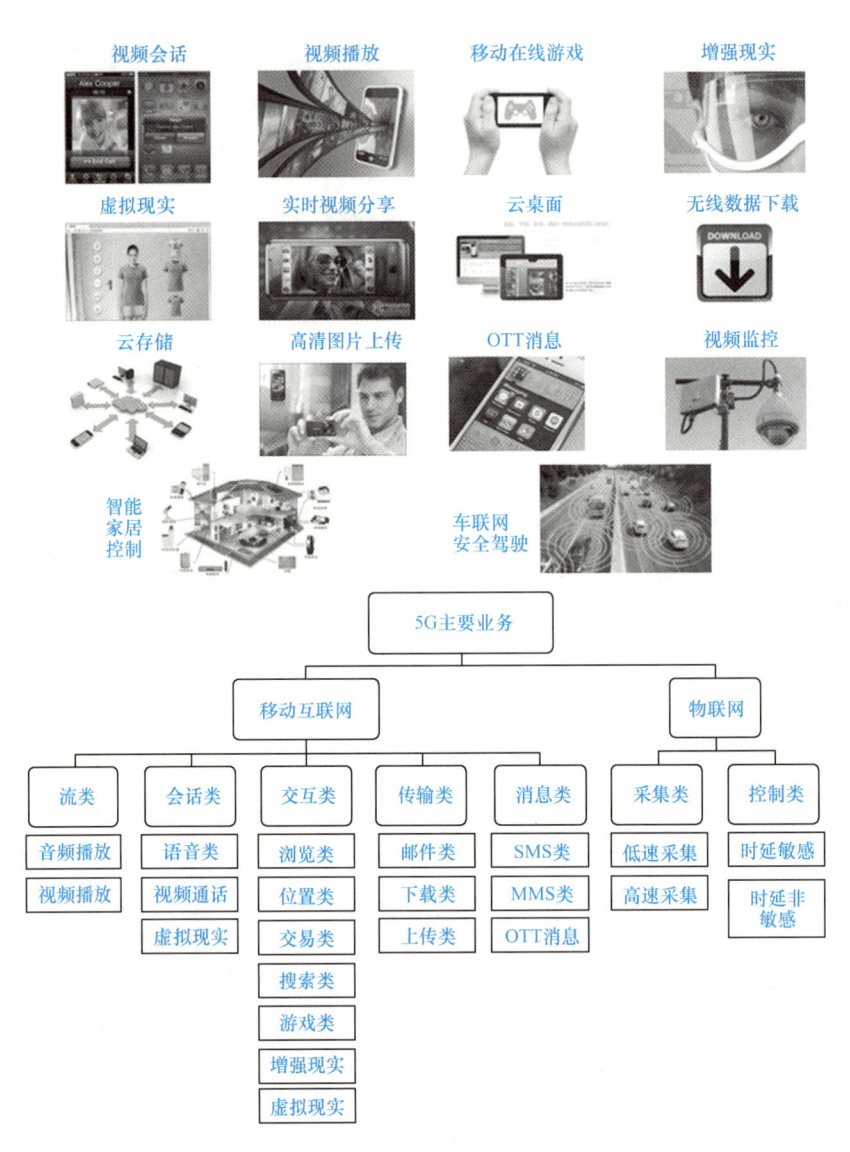

图 8-10　5G 典型业务

2. 低时延高可靠场景业务应用

5G 定义的超高可靠、低时延的特性,将突破原有移动通信的行业局限,广泛应用于网联智能汽车、智能制造、智慧电力、无线医疗等更多领域,不同业务对网络可靠性和低时延也有着不同的要求。

(1)单车智能化和车辆网联化是智能驾驶的两个关键技术,只有两者紧密结合,才能实现智能驾驶。车载传感器具有一定的局限性,如感知距离有限、图像识别存在误判等问题,因此,必须借助于无线网络的信息传输加以修正和补充。如图 8-11 所示,智能网联化可在一定成本范围内,大幅提高车辆感知距离和感知信息范围,可以不受恶劣天气影响,提升车辆智能驾驶的速度和安全性。

(2)针对制造行业,以流程自动化、计算智能化为核心,通过 5G 网络、大数据、移动边缘计算等核心技术,整合装配信息、测试结果、操作人员信息、产品信息、工站信息、订单信息与工序等信息,实现车间现场数据收集采集、制造过程管理、质量 SPC 分析、设备／环境／能源监控、远程运维、仓储物料管理、产品溯源、批次跟踪、个性定制、制造能力交易以及库存管理、车辆物流资产管控等功能,实现制造过程的智能控制、运营优化,并实现生产组织方式的变革。"5G+智能制造"如图 8-12 所示。

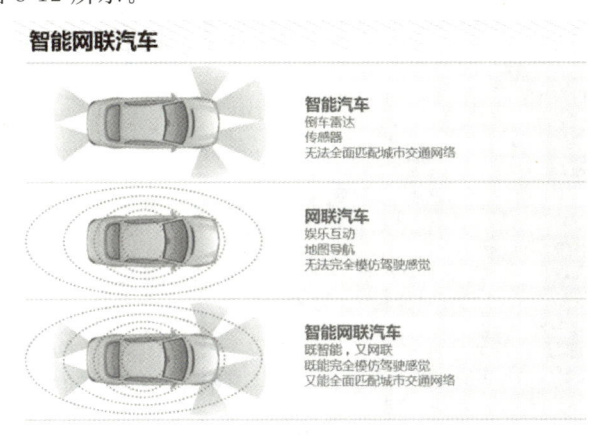

图 8-11 5G 网联智能汽车

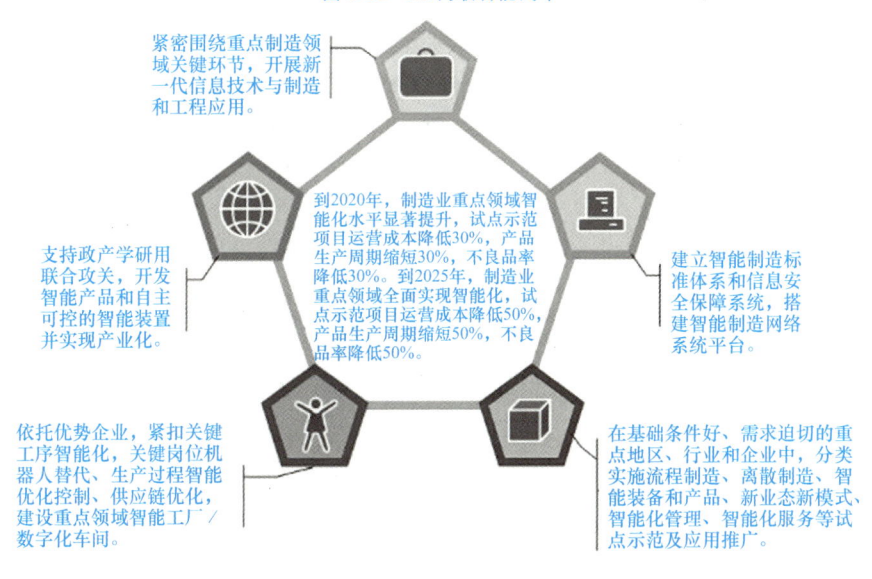

图 8-12 5G+智能制造

(3)针对电力行业,5G 网络切片技术可以满足电网业务的多样性需要,毫秒级超低时延特性符合电网高可靠性、安全性的要求。针对发电、输电、变电、配电、用电、调度等六个环节,智慧电力提供监测、监控和大数据分析等边缘智能服务,满足智能电网在实时业务、数据优化、敏捷连接、应用智能、安全与隐私保护方面的需求。另外,基于 5G 通信网络的无线空中连接能力,基础设施建设将不再依赖于电网电力线设施的建设,尤其在山地、水域等复杂地貌特征中,5G 移动网络相比于光纤、短距离组网通信的施工及网络恢复更加高效快捷。"5G+智慧电力"的应用如图 8-13 所示。

(4)针对无线医疗,基于 5G 物联网技术、可承载医疗设备和移动用户的全连接网络,对无线监护、无线输液监护、移动护理和患者实时位置等数据进行采集与监测,并在医院内业务服务器上进行分析处理,提升医护效率、降低人工出错概率。借助 5G 网络、人工智能以及云计算,医生可以通过基于视频与图像的医疗诊断系统,为患者提供远程实时会诊、应急救援指导

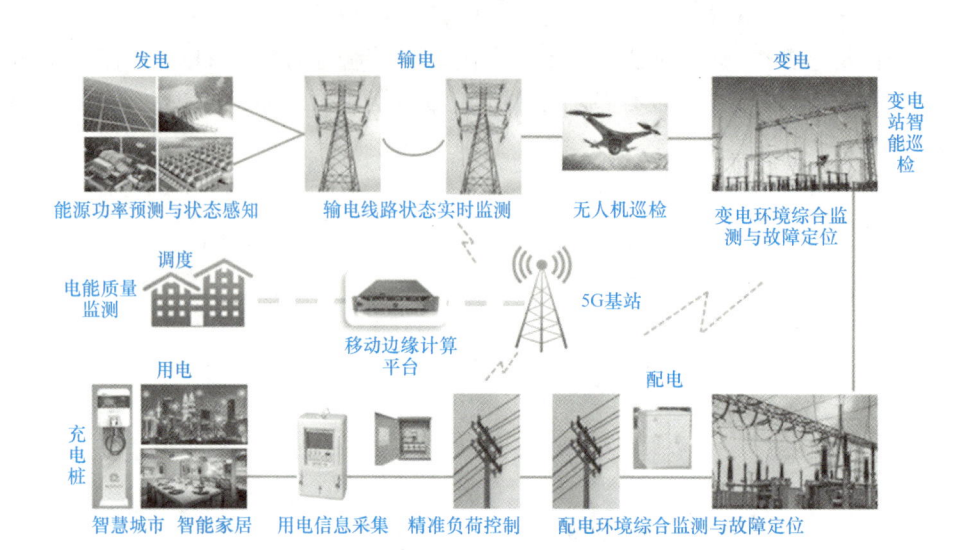

图 8-13　5G＋智慧电力

等服务。患者可通过便携式 5G 医疗终端与云端医疗服务器与远程医疗专家进行沟通，随时随地享受医疗服务。"5G＋无线医疗"的应用：手术机器人如图 8-14 所示。

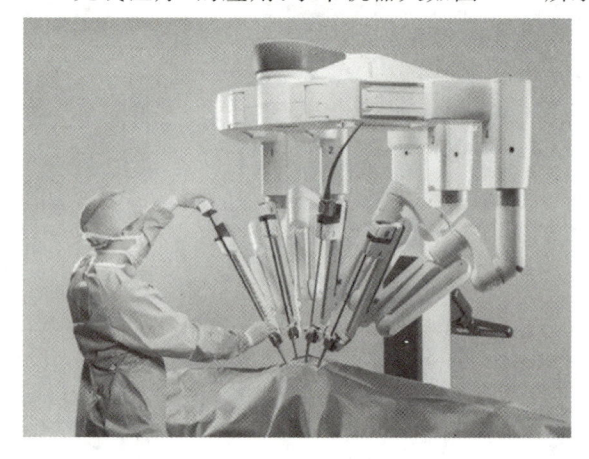

图 8-14　5G＋无线医疗（手术机器人）

3. 5G 有挑战的八大应用场景

资源走向集约化的智慧城市建设，是一个新型智慧城市建设的必然趋势，新型智慧城市将更加注重各类数据孤岛的打通，以数据的共享、融合、利用，驱动业务融合发展，实现"善政、惠民、兴业"。5G 网络是新型智慧城市建设海量互联的基础。

5G 有挑战的八大应用场景：超高流量密度办公室、密集住宅区；超高移动性快速路、高铁等；超高连接数密度体育场、露天集会、地铁等；广域覆盖地区等，如图 8-15 所示。

基于 5G 技术的业务应用，既面向 4G 网络演进的增强移动宽带场景，又支撑新兴的低功耗大连接、低时延高可靠场景，必将成为未来移动通信市场的重要增长点。无论是电信运营商、互联网公司，还是系统设备商、终端制造商，均需要产业圈各方通力合作，进行 5G 全方位生态建设，打造 5G 业务落地的示范效应，提升其他垂直领域对 5G 的信心，从而推动 5G 生态圈不断壮大。

图 8-15　5G 有挑战的八大应用场景

8.4　其他通信技术

8.4.1　蓝牙

蓝牙是一种支持设备短距离通信（一般 10 m 内）的无线电技术，能在包括移动电话、掌上电脑、无线耳机、笔记本电脑、相关外设等众多设备之间进行无线信息交换。利用"蓝牙"技术，能够有效地简化移动通信终端设备与因特网之间的通信，从而数据传输变得更加迅速高效，为无线通信拓宽道路。

8.4.2　Wi-Fi

Wi-Fi 也是一种近距离无线通信技术，是一个基于 IEEE 802.11 标准的无线局域网（WLAN）技术。Wi-Fi 是一种帮助用户访问电子邮件、Web 和流式媒体的互联网技术，为用户提供了一种无线的宽带互联网访问方式，同时，它也是在家里、办公室或在旅途中上网的快速、便捷的途径，能够访问 Wi-Fi 网络的地方又称为"热点"。

Wi-Fi 的工作频段分为 2.4 GHz 和 5 GHz。同蓝牙技术相比，它具备更高的传输速率和更远的传播距离，已经广泛应用于笔记本、手机、汽车等广大领域中。

8.4.3　ZigBee

ZigBee 技术是一种近距离、低复杂度、低功耗、低数据速率、低成本的双向无线通信技术。其主要适合于自动控制和远程控制领域，可以嵌入各种设备中，同时支持地理定位功能。由于蜜蜂(bee)是靠飞翔和"嗡嗡"(zig)地抖动翅膀的"舞蹈"来与同伴传递花粉所在方位和远近信息的，也就是说蜜蜂依靠着这样的方式构成了群体中的通信"网络"，因此 ZigBee 的发明者们形象地利用蜜蜂的这种行为来形象地描述这种无线信息传输技术。

ZigBee 是基于 IEEE802.15.4 协议发展起来的一种短距离无线通信技术，功耗低，被业界认为是最有可能应用在工控场合的无线方式。它是一个由可多到 65 000 个无线数传模块组成的一个无线数传网络平台，在整个网络范围内，每一个 ZigBee 网络数传模块之间可以相互通信，每个网络节点间的距离可以从标准的 75 m 无限扩展。

8.4.4 RFID

无线射频识别即射频识别技术(Radio Frequency Identification, RFID)，是自动识别技术的一种，通过无线射频方式进行非接触双向数据通信，利用无线射频方式对记录媒体(电子标签或射频卡)进行读写，从而实现识别目标，达到数据交换的目的，其被认为是 21 世纪最具发展潜力的信息技术之一。

无线射频识别技术通过无线电波不接触快速信息交换和存储技术，通过无线通信结合数据访问技术，然后连接数据库系统，加以实现非接触式的双向通信，从而达到了识别的目的，用于数据交换，串联起一个极其复杂的系统。在识别系统中，通过电磁波实现电子标签的读写与通信。

RFID 的应用非常广泛，典型应用有动物晶片、汽车晶片防盗器、门禁管制、停车场管制、生产线自动化、物料管理。

8.4.5 NFC

NFC 是近场通信(Near Field Communication, NFC)，是一种短距高频的无线电技术，由非接触式射频识别(RFID)演变而来。NFC 工作频率为 13.56 Hz，有效范围为 20 cm 以内，其传输速度有 106 Kbit/s、212 Kbit/s 或者 424 Kbit/s 三种。

NFC 是一种新兴的技术，使用了 NFC 技术的设备(例如移动电话)可以在彼此靠近的情况下进行数据交换，是由非接触式射频识别(RFID)及互连互通技术整合演变而来的，通过在单一芯片上集成感应式读卡器、感应式卡片和点对点通信的功能，利用移动终端实现移动支付、电子票务、门禁、移动身份识别、防伪等应用。NFC 手机支付如图 8-16 所示。

图 8-16 NFC 手机支付

8.4.6 卫星通信技术

卫星通信技术(Satellite Communication Technology)是一种利用人造地球卫星作为中继

站来转发无线电波而进行的两个或多个地球站之间的通信。自 20 世纪 90 年代以来,卫星移动通信的迅猛发展推动了天线技术的进步。卫星通信具有覆盖范围广、通信容量大、传输质量好、组网方便迅速、便于实现全球无缝链接等众多优点,被认为是建立全球个人通信必不可少的一种重要手段。

卫星通信系统是由通信卫星和经该卫星连通的地球站两部分组成。静止通信卫星是目前全球卫星通信系统中最常用的星体,是将通信卫星发射到赤道上空 35 860 km 的高度上,使卫星运转方向与地球自转方向一致,并使卫星的运转周期正好等于地球的自转周期(24 小时),从而使卫星始终保持同步运行状态。

卫星通信是军事通信的重要组成部分,一些发达国家和军事集团利用卫星通信系统完成的信息传递,约占其军事通信总量的 80%。

8.4.7 光纤通信技术

光纤通信技术(Optical Fiber Communications)从光通信中脱颖而出,已成为现代通信的主要支柱之一,在现代电信网中起着举足轻重的作用。光纤通信作为一门新兴技术,其近年来发展速度之快、应用面之广是通信史上罕见的,也是世界新技术革命的重要标志和未来信息社会中各种信息的主要传送工具。

光纤即为光导纤维的简称。光纤通信是以光波作为信息载体,以光纤作为传输媒介的一种通信方式。作为激光技术的重要应用,光纤通信技术是搭建现代通信网络的重要桥梁。随着物联网、大数据、云计算、虚拟现实和人工智能等新兴技术的涌现,信息传递需求与日俱增,这对光纤通信技术的发展提出了更高要求。

当前,光纤通信技术的研究和推广力度都不断得到强化,该技术具有传输损耗低、容量大、抗电磁干扰等优势,使其在通信领域中得到了广泛应用。光纤通信广泛应用于公用通信,有线电视图像传输、计算机通信、航天及船舰内的通信控制、电力及铁道通信交通控制信号,以及核电站、油田、炼油厂、矿井等区域内的通信。

学习思考

一、单选题

1. 是什么技术可以让运营商在一个硬件基础设施中切分出多个虚拟的端到端网络?(　　)
　　A. 网络切片技术　　　　　B. 网络优化技术
　　C. 网络隔离技术　　　　　D. 网络传输技术
2. 4K、8K 超高清视频业务属于对 5G 三大类应用场景网络需求中的哪一种?(　　)
　　A. 增强移动宽带　　　　　B. 海量大连接
　　C. 低时延高可靠　　　　　D. 低时延大带宽
3. AMPS 是(　　)网络,GSM 是(　　)网络,WCDMA 是(　　)网络。
　　A. 1G　　　　B. 2G　　　　C. 3G　　　　D. 4G

4. 5G 时延需求有很大提升,对于 URLLC 场景需求,端到端时延 125us,对传送网挑战大;eMBB 场景需求,端到端时延要实现怎样的目标?(　　)

A. <1 ms　　　B. <5 ms　　　C. <8 ms　　　D. <10 ms

5. 5G 需求中移动性支持的最高速度是(　　)

A. 100 km/h　　B. 250 km/h　　C. 300 km/h　　D. 500 km/h

二、填空题

1. (D2D)通信是一种在_____的控制下,允许终端之间通过_____直接进行通信的新型技术。

2. 移动通信系统到目前为止共经过了_____代。

3. 第四代移动通信系统主要是以_____为技术核心。

4. TD-LTE 上行理论速率为_____,下行理论速率为_____。FDD-LTE 上行理论速率为_____,下行速率为_____。

5. 4G 网络有_____和_____两种制式。

三、简答题

1. 5G 无线通信的关键技术有哪些?
2. 现代通信技术主要有哪些?

延伸阅读

单元 9
物联网技术

单元导读

给城市装上"大脑"——物联网驱动杭州市智慧城市建设

当城市被装上"大脑",会产生怎样的奇妙反应?2016年初,杭州"城市大脑"数字界面亮相,集成"先离场后付费""先看病后付费""多游一小时""非浙A急事通"等38个应用场景,把"城市大脑"打包装进市民手机。这是杭州"城市大脑"提升治理效能的最新成果,也是这座城市从数字化到智能化再到智慧化不断前行的生动截面。

2016年,杭州在全国首创"城市大脑"。利用物联网技术,杭州探索城市数字化建设的步伐不断加快。根据《中国城市数字治理报告(2020)》,杭州数字治理指数居全国第一,正在成为"最聪明的城市"。

不排队、不抬杆、不扫码,杭州西湖景区69根停车杆全部"下岗","先离场后付费"让出场时间由20秒降至不足2秒。作为国内首个拆除停车杆的城市,杭州市"无杆停车"收缴率达92.5%。

从挂号、检查、化验、配药往返付费,到"先看病后付费""最多付一次""舒心就医",杭州市红会医院成为全国第一家撤除自助机的医院。目前,全市343家医疗机构均已开通"舒心就医",累计服务5 973万人。

从"低头录入"到"抬头微笑",从处处排队到30秒入住、20秒入园,目前"30秒入住"覆盖杭州市613家酒店,服务642万人次,"20秒入园"覆盖206个景区(场馆)、服务1 835万人次,促进游客"多游一小时",城市将增收100亿元。

这些应用场景均来自杭州2021年3月发布的"城市大脑"数字界面。界面首页闪现一句标语:"让城市会思考,让生活更美好。"它囊括38个应用场景、366个办事事项,能找车位、查天气,也提供健康码、民意直通车、12345民生平台。

实用的App背后,是一座城市数字治理的实力。杭州作为一座拥有千万人口的省会城市,人口流动大、管理要求高、突发变数多。2016年"城市大脑"诞生之初,就明确了它的使命——解决城市"四肢发达,头脑简单"的弊病。

2017年,"城市大脑"接管调控了杭州市128个路口信号灯,将试点区的通行时间缩减了15.3%,高架道路出行时间节省了4.6分钟。在杭州主城区,"城市大脑"日均报警500次以上,精准率达92%。在杭州萧山区,120救护车等特种车辆到场时间缩减50%。

还路于民、还时于民,从数数开始。杭州已成为第一个实现"急救车不必闯红灯"的城市,第一个利用数据计算后有序放宽"限行措施"的城市。在人口净增 120 万、总路面通行面积因施工减少 20% 的情况下,杭州交通拥堵全国排名从 2014 年的第 2 名,下降至如今的第 31 名。

目前,杭州已建成覆盖公共交通、城市管理、卫生健康、基层治理等 11 个领域的 48 个应用场景,共计 390 个数字驾驶舱,率先真正实现"用一部手机治理一座城市"。

(案例来源:杭州新闻中心)

学习目标

- 了解物联网的产生背景、发展现状及应用领域;
- 掌握物联网的概念和特征;
- 理解物联网的体系结构;
- 了解物联网中的关键技术。

物联网作为一个年轻的概念,至今发展历程不过 30 年,但是全世界都对物联网给予了高度重视。物联网的目标是让每个目标物体通过传感系统接入网络,让我们在享受"随时随地"两个维度自由交流的同时,再加上一个"随物"的第三维度自由。

物联网的理念最早可以追溯到 1991 年英国剑桥大学的咖啡壶事件。剑桥大学特洛伊计算机实验室的科学家们在工作时,要下两层楼梯到楼下查看咖啡煮好了没有,但常常空手而归,这让工作人员觉得很烦恼。为了解决这个麻烦,他们编写了一套程序,并在咖啡壶旁边安装了一个便携式摄像机,将镜头对准咖啡壶,利用计算机图像捕捉技术捕捉图像,以 3 帧/秒的速率传递到实验室的计算机上,以方便工作人员随时查看咖啡是否煮好,省去了反复上下楼的麻烦。

1993 年,这套简单的本地"咖啡观测"系统又经过其他同事的改进,以 1 帧/秒的速率通过实验室网站连接到互联网。出人意料的是,仅仅为了窥探"咖啡煮好了没有",全世界有近 240 万互联网用户点击过这个名噪一时的"咖啡壶"网站。就网络数字摄像机而言,其市场开发、技术应用以及日后的种种网络扩展都是源于这个世界上最负盛名的"特洛伊咖啡壶"。

所以,物联网将是一张与互联网相连并且将连接世界万物的巨大网络,它把新一代信息技术充分运用到各行各业中,在此基础上,人类可以以更加精细和动态的方式管理生产和生活,达到"智慧"状态,提高资源利用率和生产力水平,改善人与自然的关系。

9.1 物联网概述

9.1.1 物联网的基本概念

物联网(Internet of Things,IoT)即"万物相连的互联网",如图 9-1 所示,是在互联网基上延伸和扩展,将各种信息传感设备与互联网结合起来而形成的一个巨大网络,使互联网从人与人的连接扩展到物与人、物与物的连接。

图 9-1　万物互联的时代情景

物联网通过信息传感器、射频识别技术、全球定位系统等各种装置与技术,实时采集任何需要监控、连接、互动的物体或过程,采集其声、光、热、电、力学、化学、生物、位置等各种需要的信息,通过各类可能的网络接入,实现物与物、物与人的泛在连接,实现对物品和过程的智能化感知、识别和管理。

根据物联网的定义,可以从技术和应用两个方面对它进行理解。

1. 技术理解

物联网是物理世界的信息利用感应装置,经过传输网络,到达指定的信息处理中心,最终实现物与物、人与物的自动化信息交互与处理的智能网络。

2. 应用理解

物联网是把世界上所有的物体都连接到一个网络中,形成"物联网",然后又与现有的互联网相连,实现人类社会与物体系统的整合,物理世界与信息世界的统一,用更加精细和动态的方式去管理生产和生活。

9.1.2　物联网的起源与发展

物联网的首次出现可以追溯到 20 世纪,它作为一种模糊的意识和想法出现。早在 1995 年,比尔·盖茨在《未来之路》一书中就提出了类似物联网的概念,就是物物互联,但是受限于当时的硬件设施和网络条件并没有引起人们的重视。

直到 1999 年,美国麻省理工学院 Auto-ID 研究中心创建者之一的 Kevin Ashton 在报告中使用"Internet of Things"。此中心一直致力于计算机与物品相连的相关研究,包括硬件设备、软件、协议、通信等。

1999 年至 2003 年,物联网概念主要存在于实验室,直到 2003 年,"EPC 决策研讨会"在美国芝加哥召开,作为物联网领域第一个国际性会议,得到全球 90 多个公司的支持。

2005 年,物联网终于大放异彩。国际电信联盟发布《ITU 互联网报告 2005:物联网》。

2009 年 1 月,美国将物联网上升为国家战略。2009 年 6 月,欧盟提交了《物联网——欧洲行动计划的公告》，希望欧洲通过建立物联网框架来引领物联网发展。欧盟提出的物联网具有以下几个特征：不能简单地将物联网看作互联网的延伸；部分基础设施依存于现有互联网，但其为新的独立的系统；物联网伴随新业务发展；物联网的通信模式具有多样性，包括物与人、物与物的通信。

在我国，2009 年 8 月，温家宝总理在无锡中科院物联网技术研发中心调研时强调，尽快突破物联网核心技术、重点结合传感器技术和 TD 技术。此后，我国十分重视物联网的发展，多次将物联网写入国家战略。截至 2020 年 6 月，工信部、国务院等部门陆续发布政策，特别是在物流、林业、车联网、智能制造、智慧城市、医疗等领域，旨在推动物联网生态圈的构建。同时，为了响应国家政策号召，各地方政府也相应出台了物联网行业发展规划和政策。

9.1.3 物联网的特征和技术难点

从通信对象和过程来看，物联网的核心是物与物、人与物的信息交互，其至少具有三个基本特征：一是各类终端实现"全面感知"；二是电信网、互联网等融合实现"可靠传输"；三是云计算等技术对海量数据的"智能处理"。物联网的最大优势在于各类资源的"虚拟"和"共享"。

1. 全面感知

全面感知是指利用射频识别（RFID）、传感器、定位器和二维码等手段随时随地对物体进行信息采集和获取。

物联网为每一件物体植入一个"能说会道"的高科技感应器，这样没有生命的物体就变得"有感受，有知觉"。例如，洗衣机可以通过物联网感应器"知晓"衣服对水温和洗涤方式的要求；无人驾驶汽车可以感知路况信息，如图 9-2 所示。物联网离不开射频识别（RFID）、红外感应器、全球定位系统等信息传感设备，就像视觉、听觉和嗅觉器官对于人的重要性一样，它们是物联网不可或缺的关键元器件。有了它们才可以实现近/远距离、无接触、自动化感应和数据读出、数据发送等。物联网之所以被称为传感器网络，是因为传感设备在网络中起到关键作用。

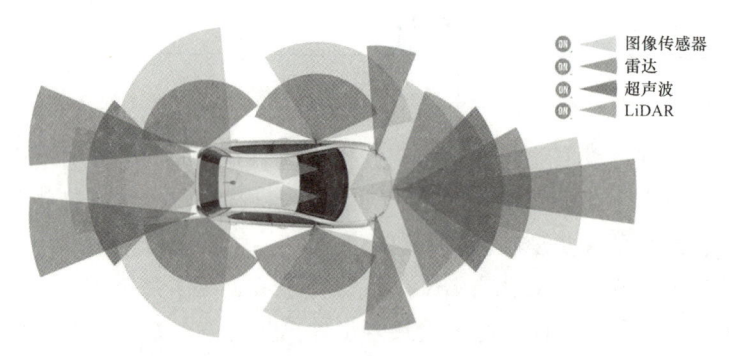

图 9-2 利用传感器实现全面感知

2. 可靠传输

可靠传输是指通过各种电信网络与互联网的融合，对接收到的感知信息进行实时远程传送，实现信息的交互和共享，并进行各种有效的处理。在这一过程中，通常需要用到现有的电信运行网络,包括无线网络和有线网络。由于传感器网络是一个局部的无线网,因此无线移动通信网、5G 网络是承载物联网的有力支撑,如图 9-3 所示。

图 9-3　5G 时代的通信

物联网与 5G 网络相结合,将大大改变人们的生活方式。例如车联网,由于传输带宽不足和网络时延过大,3G/4G 不能满足高级别行驶安全与协同服务类业务。而 5G 在低时延、高可靠方面能力的增强,可以支持紧急刹车、逆向超车预警,在交叉路口防碰撞预警,道路限速、危险、交通灯提醒等主动安全预警、交通出行效率提升类服务。5G 的技术要求之一是能够支持速度高达 500 km/h 的设备,因此 5G 技术推动的产业还包括无人驾驶汽车。例如,普通人踩刹车的反应速度大约是 0.4 s,而无人驾驶汽车在 5G 场景下的反应速度有望达到 1 毫秒,这无疑是无人驾驶可能最终获得使用者信任的基础之一。

3. 智能处理

物联网是一个智能的网络,面对采集的海量数据,必须通过智能分析和处理才能实现智能化。智能处理是指利用云计算、数据挖掘、模糊识别等各种智能计算技术,对随时接收到的跨地域、跨行业、跨部门的海量数据和信息进行分析处理,提升对物理世界、经济社会各种活动和变化的洞察力,实现智能化的决策和控制。

物联网通过感应芯片和射频识别(RFID)时时刻刻获取人和物体的最新特征、位置和状态等信息,这些信息将使网络变得更加"博闻广识"。更为重要的是,利用这些信息,人们可以开发出更高级的软件系统,使网络能变得和人一样"聪明睿智",不仅可以眼观六路、耳听八方,还会思考、联想。例如,当我们行驶在路上时,只需要通过联网的导航仪或手机就可以实时了解路况,从而绕开拥堵路段,这背后需要人工智能的帮助,如图 9-4 所示。

9.2　物联网的体系结构与关键技术

9.2.1　物联网的体系结构

物联网的价值在于让物体也拥有了"智慧",从而实现人与物、物与物的沟通,物联网的特

图 9-4 人工智能的广泛应用

征在于感知、互联和智能的叠加。但是由于物联网发展过程中,不同机构、组织、国家的物联网发展仍处于无序阶段,所以国际上对物联网的界定没有统一的说法,但在物联网体系结构方面基本上统一了认识,认为物联网主要由感知层、网络层和应用层组成,如图 9-5 所示。

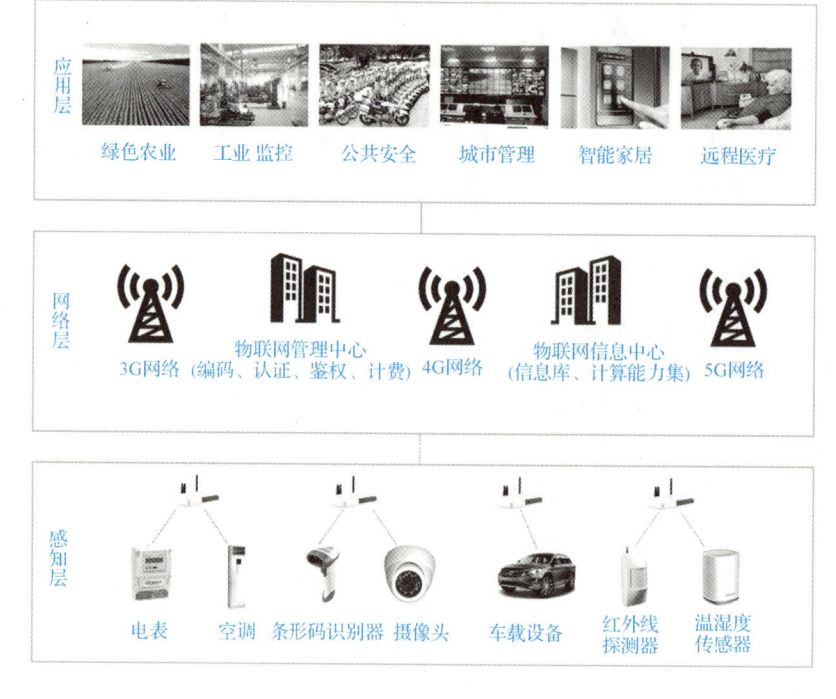

图 9-5 物联网的体系结构

1. 感知层:全面感知

感知层主要解决的是人类世界和物理世界的数据获取问题,包括各类物理量、标识、音频和视频数据等。物联网数据采集涉及多种技术,主要包括传感器、RFID、多媒体信息采集、实时定位等。传感器网络组网和协同信息处理技术实现传感器、RFID 等数据采集技术所获取数据的短距离传输、自组织组网及多个传感器对数据的协同信息处理过程。

感知层的关键技术包括射频识别技术、新兴传感技术、无线网络组网技术、现场总线控制技术(FCS)等。

2. 网络层：可靠传输

网络层不单能够实现互联网功能，还能够实现更加广泛的互联功能。在理想的物联网中，网络层可以把感知层感知到的信息无障碍、高可靠、高安全地进行传输。为了实现这一宏伟目标，需要传感器网络与移动通信技术、互联网技术等相融合。经过多年的发展，移动通信技术、互联网技术都已经比较成熟，基本上可以满足要求。当然，随着技术的发展，这些功能将会更加完善。

网络层的关键技术包括 Internet、移动通信网、无线传感网络等。

3. 应用层：智能处理

应用层主要包含支撑平台子层和应用服务子层。支撑平台子层用于支撑跨行业、跨应用、跨系统的信息协同、共享、互通的功能。应用服务子层包括智慧水利、智能家居、智能电网、智能交通、智能物流等行业应用。

应用层的关键技术包括 M2M、云计算、人工智能、数据挖掘、中间件等。

物联网各层的关系可以这样理解：感知层相当于人体的皮肤和五官，它利用 RFID、摄像头、传感器、GPS、二维码等随时随地识别和获取物体的信息；网络层相当于人体的神经中枢和大脑，它通过移动通信网络与互联网的融合，将物体的信息实时、准确地传递出去；应用层相当于人的社会分工，它与行业需求相结合，对感知层得到的信息进行处理，实现智能化识别、定位、跟踪、监控和管理等实际应用。故物联网的关键技术对应其体系结构，主要包括感知与识别技术、通信与网络技术、信息处理与服务技术三类。

9.2.2 物联网感知与识别技术

感知与识别是物联网技术了解外界的触角，感知层是整个感知与识别技术的综合体。在感知层中，利用较多的是 RFID、传感器、摄像头和 GPS 等技术，感知层的目标是利用上述诸多技术形成对客观世界的全面感知。

物联网感知层解决的就是人类世界和物理世界的数据获取问题，包括各类物理量、标识、音频及视频数据。感知层处于三层体系结构的最底层，是物联网发展和应用的基础，具有物联网全面感知的核心能力。作为物联网的最基本层，感知层具有十分重要的作用。

1. 传感器技术

传感器给我们的生活带来了巨大的变革。在物联网中，传感器主要负责接收物品"讲话"的内容。传感器技术是从自然信源获取信息并对获取的信息进行处理、变换、识别的一门多学科交叉的现代科学与工程技术，它涉及传感器、信息处理和识别的规划设计、开发、制造、测试、应用及评价改进活动等内容。

人类可通过视觉、嗅觉、听觉及触觉等感觉来感知外界的信息，但感知信息的范围和种类非常有限，例如，人无法利用触觉来感知特别高的温度，而且也不可能辨别温度的微小变化，这就需要传感器的帮助。未来万物互联的世界，"感知"物理世界信息就需要依靠各种各样的传感器来充当"眼睛"和"耳朵"。目前，数千亿的传感器已经被植入规模庞大的联网物理对象中，让一切相关事物都焕发出活力，无论是能远程监测心跳频率和药物服用的先进健康医疗设备，还是能跟踪丢失钥匙和从智能手机关闭烤箱的系统，抑或是协助给室内植物浇水的装置，都与传感器分不开。

(1) 传感器的定义

传感器是一种检测装置,能感受到被检测的信息,并能将检测感受到的信息按一定规律转换为电信号或其他所需形式的信息输出,以满足信息的传输、处理、存储、显示、记录和控制等要求。传感器一般由敏感元件、转换元件、变换电路、辅助电源四部分构成,如图 9-6 所示。

被检测 → 敏感元件 →(非电量)→ 转换元件 →(电参量)→ 变换电路 →(电量)
                                              ↑
                                          辅助电源

图 9-6 传感器的组成

其中,敏感元件直接接收测量数据,用于输出被测量的有关物理量信号。敏感元件主要包括热敏元件、光敏元件、湿敏元件、气敏元件、力敏元件、声敏元件、磁敏元件、色敏元件、味敏元件、放射性敏感元件十大类;转换元件用于将敏感元件输出的物理量信号转换为电信号;变换电路将转换元件输出的电信号进行放大、调制等处理;辅助电源为系统(主要是敏感元件和转换元件)提供能量。

(2) 传感器的分类

传感器的种类很多,原理各异,检测对象类别繁多,分类形式也没有统一的标准,但比较常见的有如下几种分类方式:

① 按工作机理分类

按工作机理分类的方法是将物理、化学和生物等学科的原理、规律、效应等作为分类的依据,分为应变式、压电式、热电式传感器等。这种分类方法的优点在于对传感器工作原理的分析较为直接,类别少,有利于传感器使用者从原理和设计上进行掌握。

② 按被测量类别分类

按被测量类别分类的方法是按被测量的性质不同对传感器进行划分。通常把传感器分为物理量传感器、化学量传感器和生物量传感器三大类,包括位移传感器、压力传感器、速度传感器、温度传感器及气敏传感器等。由于这种分类方法是根据被测量类别进行传感器命名的,因此能明确地指出传感器的用途,便于使用者根据其用途进行选择。

③ 按敏感材料分类

根据制造传感器的材料类别,可以将传感器分为半导体传感器、陶瓷传感器、光导纤维传感器、高分子材料传感器、金属传感器等。

④ 按能量关系分类

根据能量关系不同,可将传感器分为有源传感器和无源传感器两大类。

有源传感器一般是将非电量转换为电能量,可以称之为能量转换型传感器或换能器。通常它们配备电压测量和放大电路,常见的类型有压电式传感器、热电式传感器、压阻式传感器等。

无源传感器也被称为能量控制型传感器。它本身不是一个换能装置,被测非电量仅对传感器中的能量起控制或调节作用。因此,它们必须配有辅助电源,这类传感器常见类型有电阻式传感器、电容式传感器和电感式传感器等。无源传感器还常配有电桥和谐振电路等进行测量调谐。

(3) 传感器在物联网行业中的典型应用

西班牙桑坦德市的智慧城市项目(MART SANTANDER)由几个公司合作开发和实施，其设计整合为一个由传感器、执行器、摄像机和屏幕组成的物联网平台，为市民提供有用信息。它部署了375个Waspmote无线传感器平台来监控停车位，如图9-7所示，桑坦德市分为22个区域，每个区域都有一个Meshlium用来收集传感器的数据，每个区域具有不同的网络参数，分别在不同频道的网络上独立工作，不会相互干扰。375个Waspmote无线传感器平台被安装在桑坦德市的不同地点，通过测量磁场变化以检测停车位是否空置。用防水套管将这些传感器封好，埋在停车位道路表面，当车子停在车位上时，传感器会监测到磁场的变化。

图 9-7 停车传感器

收集的信息被定期发送到中继器，然后发送到Meshlium，它存储数据并更新，然后发布相关信息给市民。桑坦德市有一系列的指示牌，显示免费停车场的数量，信息每5 min更新一次，以便公民在最短的时间内找到免费的停车位。

（案例来源：《传感器在物联网领域应用大揭秘》）

2. RFID 技术

射频识别技术(Radio Frequency Identification, RFID)是一种非接触式的自动识别技术，通过射频信号自动识别目标对象并获取相关数据，识别工作无须人工干预，操作快捷方便。RFID技术涵盖计算机科学与技术、自动化、通信技术、信息安全、人工智能等多学科和领域，在科技民生、智慧生活、资源协调、物流配送、智能安防等领域有着广阔的应用前景。

(1) RFID 系统的构成

典型的RFID系统的核心是射频识别技术，其主要结构包括电子标签、读写器和天线等。作为一个完整的RFID系统，除包括上述组件之外，还需要有与之配套的应用软件和计算机网络系统，才能实现完整的自动识别系统功能，如图9-8所示。

电子标签又称射频标签或射频卡，如图9-9所示，它由耦合元件和芯片组成，是RFID系统真正的数据载体，每个电子标签具有唯一的电子编码，它通过内置天线与读写器内射频天线进行通信。读写器又称阅读器，根据设计结构和技术不同，可以用来作为电子标签内存信息的只读设备或读写设备，它是RFID系统信息和控制的处理中心，通常由耦合模块、收发模块、控制模块和接口单元组成。天线主要用于在电子标签和读写器之间传递射频信号。电子标签和读写器中都包含天线，其中电子标签中的天线属于内置天线，而读写器中可以使用内置或者外置天线。应用软件可以针对不同应用领域进行管理和操作，而计算机网络系统则用来进行数据的传输和查询。

图 9-8　RFID 系统的主要结构

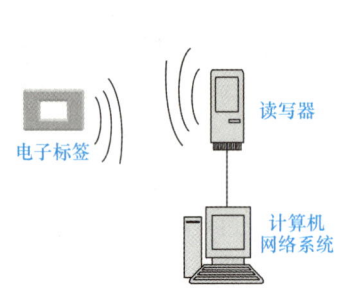

图 9-9　RFID 电子标签

(2) RFID 系统的工作原理

当 RFID 系统工作时,读写器通过发射天线发送一定频率的射频信号。当电子标签进入发射天线的工作区域时,产生感应电流,从而获得能量并被激活,使得电子标签将自身编码信息通过内置天线发射出去;读写器的接收天线接收到从标签发送来的载波信号,经天线的调制器传送到读写器,读写器对接收的信号进行解调和解码,然后将有效信息传送到后台主系统进行相关处理;主系统根据逻辑运算识别该电子标签的身份,针对不同的设定做出相应的处理和控制,最终发出信号,控制读写器完成不同的读写操作,如图 9-10 所示。

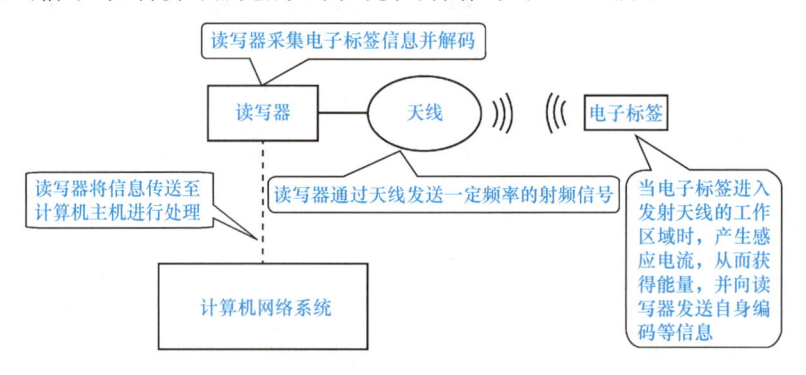

图 9-10　RFID 系统的工作原理

(3) RFID 系统的分类

RFID 系统的分类方法有很多,常见的有以下几种:

①根据工作频率分类

RFID 系统的工作频率,即 RFID 读写器发送无线信号时所用的频率。根据工作频率的不同,通常可以分为低频(LF,30～300 kHz)、高频(HF,3～30 MHz)、超高频(UHF,300～968 MHz)和微波(UWF,2.45～5.80 GHz)。

低频电子标签的典型应用有:动物识别、容器识别、工具识别等。与低频电子标签相关的国际标准有:ISO 11784:1996、ISO 11785:1996(用于动物识别)、ISO/IEC 18000-2:2009(125～135 kHz)。高频电子标签由于可方便地做成卡片状,典型应用包括:电子车票、电子身份证等。高频相关的国际标准有:ISO/IEC 14443、ISO/IEC 15693、ISO/IEC 18000-3:2010(13.56 MHz)等。超高频和微波这两个频段电子标签的典型应用包括:移动车辆识别、电子身份证、仓储物流应用等。

②根据电子标签供电方式分类

电子标签根据能量供给方式可分为无源供电系统的电子标签、有源供电系统的电子标签和半有源供电系统的电子标签三种。其中,无源供电系统的电子标签内没有电池,电子标签利用读写器发出的波束供电;有源供电系统的电子标签内有电池,电池可以为电子标签提供全部能量;半有源供电系统的电子标签内有电池,但电池仅对维持数据的电路及维持芯片工作电压的电路提供支持。

③根据电子标签和读写器的耦合方式分类

根据电子标签和读写器的耦合类型进行分类,可分为电感耦合方式系统和电磁反向散射方式系统两种。

电感耦合方式系统一般适用于中、低频工作的近距离射频识别系统。电感耦合方式系统典型的工作频率为125 kHz、225 kHz 和 13.56 MHz,该系统的识别距离小于1 m,典型作用距离为10～20 cm。

电磁反向散射方式系统一般适用于高频、微波工作的远距离射频识别系统。电磁反向散射方式系统典型的工作频率为433 MHz、915 MHz、2.45 GHz 和 5.8 GHz,该系统的识别距离大于1 m,典型作用距离为3～10 m。

④根据电子标签的可读写性分类

根据电子标签内部使用的存储器类型进行分类,可以分为可读写型电子标签(RW)、一次写入多次读出型电子标签(WORM)和只读型电子标签(RO)。

⑤根据电子标签的数据调制方式分类

电子标签数据调制方式分类的依据是电子标签通过何种形式与读写器进行数据交换,一般可分为主动式、被动式和半主动式三种。通常,无源系统为被动式,有源系统为主动式,半有源系统为半主动式。

⑥根据电子标签与读写器的通信工作时序分类

时序分类是指根据电子标签和读写器的工作次序进行分类,分为读写器主动唤醒(Reader Talk First,RTF)和标签首先自报家门(Tag Talk First,TTF)两种电子标签。

(4) RFID 系统在物联网行业中的应用

城市交通智能化管理是应对日益严重的城市交通问题的根本解决措施,将先进的射频识别技术 RFID 应用于城市交通管理,是未来交通信息化建设的一个重要方向。已发行 350 万张 RFID 汽车电子车牌的重庆电子车牌系统,就是将 RFID 技术应用于智能交通领域,充分发挥其自动识别及动态信息采集的巨大优势,有效解决了城市交通信息化建设的瓶颈问题。该项目依托电子车牌系统所建立的庞大的车载网,正是物联网在交通领域应用的现实样例。

重庆电子车牌系统以促进公安、交通等系统涉车信息的平台化、服务化为目标,以电子车牌作为信息载体,以 RFID 技术作为基本的信息采集手段,实现涉车信息资源的共享,提升车辆管理的信息化水平。整个系统由信源层、基站集群层、数据层、支撑层和应用层组成,采用无源超高频产品,使用陶基电子标签,通过阅读器基站群对电子标签进行信息采集,将采集的数据进行处理、整合,从而构建综合的涉车信息平台,实现跨行业、跨部门的综合应用。

当带有 RFID 电子标签的车辆通过 RFID 监测点时,系统会产生一条与该车辆相关的通行记录数据,这就是电子车牌数据,RFID 数据是一种典型的时空数据。电子车牌 RFID 数据的优势:样本量大,覆盖了所有装有 RFID 电子标签的车辆;数据连续,可以在长时间段观察数据,发现规律;分析成本低;采集精度相对较高。当然,它也有劣势:如 RFID 的点位主要分布在道路上,无法精确至车辆的起始点,并且 RFID 的数据采集只针对安装了 RFID 电子标签的车辆。

中兴通信为重庆电子车牌系统提供全套 RFID 产品,为重庆市 100 万辆机动车全部安装电子车牌,如图 9-11 所示,为近 50 个车管所建立电子车牌发行系统,建立重庆主城区及郊县

300个路面采集点。该系统使用 UHF RFID 技术，利用其在动态自动识别方面的优势，实现对运行中车辆的动态自动识别和管理，可改进现有的静态车辆监管模式，实现车辆管理精准化。通过车辆动态监测、车牌防伪、卡口监控、肇事逃逸车辆追查、出租车治安管理、路网动态监测、交通流分析及诱导控制、车辆安全管理等，有效规范车辆使用和驾驶行为，抑制车辆违规行为，为城市发展和人民生活提供一个安全、高效、和谐的交通环境。

图 9-11　安装电子车牌的公交车

（案例来源：《打造智能交通神经网络——重庆电子车牌系统应用案例》）

9.2.3　物联网通信与网络技术

物联网中的物品要与人无障碍地交流，必然离不开高速、可进行大批量数据传输的无线网络。通信与网络技术是物联网的中枢，对应物联网体系结构的网络层，其主要功能是信息的传输，是物联网工作的基础。离开通信技术，就谈不上联网，更不会有物联网。有了通信技术，物联网感知的大量信息就可以有效地交换与共享，也就能利用这些信息产生丰富的物联网应用。

物联网的网络层是在现有的 Internet 和移动通信网的基础上建立起来的，除具有目前已经比较成熟的远距离有线、无线通信技术和网络技术外，为实现"物物相连"的需求，物联网的网络层将综合使用 IPv6、5G 和 Wi-Fi 等通信技术，实现有线与无线的结合、宽带与窄带的结合、感知网与通信网的结合。

物联网依托的主要网络形态包括 Internet、移动通信网和无线传感器网络。在通信技术中包含有线和无线通信技术，而最能体现物联网特征的是无线通信技术，其既包括允许用户建立远距离无线连接的全球语音和数据网络，也包括近距离的蓝牙技术、超宽带技术和 ZigBee 技术等。

无线个域网（Wireless Personal Area Networks，WPAN）是为了实现活动半径小、业务类型丰富、面向特定群体、无线无缝的连接而提出的新兴无线通信网络技术。它能够有效地解决"最后的几米电缆"的问题，进而将无线联网进行到底。无线个域网技术主要包括蓝牙技术、ZigBee 技术、超宽带技术、Z-Wave 技术等，具有低成本、低功耗、通信距离短等特点。

1. 蓝牙技术

(1) 蓝牙技术简介

蓝牙技术（Bluetooth）是一种无线数据和语音通信开放的全球规范，它是基于低成本的近距离无线连接，为固定和移动设备建立通信环境，它提供的是一种特殊的近距离无线技术连接。（使用 2.4～2.485 GHz 的 1 SM 波段的 UHF 无线电波蓝牙的历史可追溯到第二次世界大战。蓝牙的核心是短距离无线电通信,它的基础来自跳频扩频(FHSS)技术,由好莱坞女演员 Hedy Lamarr 和钢琴家 George Antheil 在 1942 年 8 月申请的专利上提出。他们从钢琴的按键数量上得到启发,通过使用 88 种不同载波频率的无线电控制鱼雷,由于传输频率是不断跳变的,因此具有一定的保密能力和抗干扰能力。起初该项技术并没有引起美国军方的重视,直到 20 世纪 80 年代才被军方用于战场上的无线通信系统。跳频扩频(FHSS)技术后来在解决包括蓝牙、Wi-Fi、3G 移动通信系统的无线数据收发问题上发挥着关键作用。

蓝牙技术的主要特点是低功率,低成本,工作频段为全球通用的 2.4 GHz,可同时传输音频和数据,具有很好的抗干扰能力。作为一种低功率、短距离的无线连接技术标准,蓝牙技术采用较低的成本完成设备间的无线通信,其系统由天线单元、链路控制单元、链路管理单元和软件单元四部分组成。

(2)蓝牙技术发展

①第一代蓝牙:关于短距离通信早期的探索

1999 年,蓝牙 1.0 版推出以后,并未立即得到广泛的应用。除了当时对应蓝牙功能的电子设备种类少,蓝牙装置也十分昂贵。

2001 年,蓝牙 1.1 版正式列入 IEEE 802.15.1 标准,该标准定义了物理层(PHY)和媒体访问控制(MAC)规范,用于设备间的无线连接,传输速率为 0.7 Mbit/s。但因为是早期设计,容易受到同频率产品干扰,影响通信质量。

2003 年,蓝牙 1.2 版针对 1.0 版暴露的安全性问题,完善了匿名方式,新增屏蔽设备的硬件地址(BD_ADDR)功能,保护用户免受身份嗅探攻击和跟踪,同时向下兼容 1.1 版。此外,还增加了适应性跳频技术等几项新功能。

②第二代蓝牙:发力传输速率的 EDR 时代

2004 年发布的蓝牙 2.0 版是 1.2 版的改良,新增的 EDR(Enhanced Data Rate)技术通过提高多任务处理和多种蓝牙设备同时运行的能力,使得蓝牙设备的传输速率可达 3 Mbit/s,其代表作有 Sony Ericsson P910i PDA 手机,如图 9-12 所示。

2007 年,蓝牙 2.1 版新增了 Sniff Subrating 省电功能,将设备间相互确认的信号发送时间间隔从旧版的 0.1 s 延长到 0.5 s 左右,从而让蓝牙芯片的工作负载大幅降低。

③第三代蓝牙:High Speed,传输速率高达 24 Mbit/s

2009 年,蓝牙 3.0 版新增了可选技术 High Speed,High Speed 可以使蓝牙调用 802.11 Wi-Fi 用于实现高速数据传输,传输速率高达 24 Mbit/s,是蓝牙 2.0 版的 8 倍,轻松实现录像机至高清电视、PC 至 PMP、UMPC 至打印机的资料传输。

④第四代蓝牙:主推 Low Energy 低功耗

2010 年发布的蓝牙 4.0 版是迄今为止第一个蓝牙综合协议规范,将三种规格集成在一起。其中最重要的变化就是 BLE(Bluetooth Low Energy)低功耗功能,提出了低功耗蓝牙、传统蓝牙和高速蓝牙三种模式。苹果 iPhone 4S 是第一款支持蓝牙 4.0 版的智能手机,如图 9-13 所示。

2013 年发布的蓝牙 4.1 版在传输速率和传输距离上变化很小,但在软件方面有着明显的改进。此次更新是为了让 Bluetooth Smart 技术最终成为物联网发展的核心动力。

2014 年发布的蓝牙 4.2 版的传输速率更高,比上一代提高了 2.5 倍,并支持 6Lo WPAN,6LoWPAN 是一种基于 IPv6 的低速无线个域网标准。蓝牙 4.2 版设备可以直接通过 IPv6 和 6LoWPAN 接入互联网。这一技术允许多个蓝牙设备通过一个终端接入互联网或者局域网,这样,大部分智能家居产品可以抛弃相对复杂的 Wi-Fi 连接,改用蓝牙传输,让个人传感器和家庭间的互联更加便捷快速。

图 9-12　正在通过蓝牙与无线耳机沟通的 Sony Ericsson P910i PDA 手机

图 9-13　苹果 iPhone 4S 智能手机

⑤第五代蓝牙:开启物联网时代大门

2016 年发布的蓝牙 5.0 版在低功耗模式下具备更快更远的传输能力,传输速率是蓝牙 4.2 版的两倍(速率上限为 2 Mbit/s),有效传输距离是蓝牙 4.2 版的四倍(理论上可达 300 m),数据包容量是蓝牙 4.2 版的八倍。支持室内定位导航功能,结合 Wi-Fi 可以实现精度小于 1 m 的室内定位。针对 IoT 物联网进行底层优化,力求以更低的功耗和更高的性能为智能家居服务。

(3) 蓝牙技术的发展前景

蓝牙 Mesh 网状网络是实现物联网的关键钥匙。Mesh 网状网络是一项独立研发的网络技术,它能够将蓝牙设备作为信号中继站,将数据覆盖到非常大的物理区域,兼容蓝牙 4 和 5 系列的协议。

传统的蓝牙连接是通过一台设备到另一台设备的配对实现的,建立一对一或一对多的微型网络关系。而 Mesh 网状网络能够使设备实现多对多的关系。Mesh 网状网络中每个设备节点都能发送和接收信息,只要有一个设备连上网关,信息就能够在节点之间被中继,从而让消息传输至比无线电波正常传输距离更远的位置。

这样,Mesh 网状网络就可以分布在制造工厂、办公楼、购物中心、商业园区以及更广的场景中,为照明设备、工业自动化设备、安防摄像机、烟雾探测器和环境传感器提供更稳定的控制方案,如图 9-14 所示。

蓝牙 5 技术的出现和蓝牙 Mesh 技术的成熟,大大降低了设备之间的长距离、多设备通信门槛,可以预见,未来蓝牙的主要发力点将集中在物联网,而不仅仅局限于移动设备,而 Mesh 网状网络的加入,使得蓝牙自成 IoT 体系成为可能。这项 20 年前问世的技术,未来还会焕发出蓬勃的生命力。据 SIG 的市场报告预估,到 2024 年底,全球蓝牙设备出货量将多达 62 亿,从

图 9-14　办公楼里的 Bluetooth Mesh 网状网络

无线音频传输和可穿戴设备,到位置服务及设备网络解决方案,智能建筑、智慧城市、智慧工业等均将成为未来潜力赛道。

2. ZigBee 技术

(1)ZigBee 技术简介

ZigBee 是一种成本和功耗都很低的低速率、短距离无线接入技术,它主要针对低速率传感器网络而提出,能够满足小型化、低成本设备(如温度调节装置、照明控制器、环境监测传感器等)的无线联网要求,广泛应用于工业、农业和日常生活中。

ZigBee 是基于 IEEE 802.154 标准的低功耗局域网协议。这一名称(又称紫蜂协议)来源于蜜蜂的八字舞,因为蜜蜂(Bee)是靠飞翔和"嗡嗡"(Zig)地抖动翅膀的"舞蹈"来与同伴传递花粉所在的方位信息,也就是说蜜蜂依靠这样的方式构成了群体中的通信网络。

作为一种低速率、短距离传输的无线网络协议,ZigBee 从下到上分别为物理层、媒体访问控制层、传输层、网络层和应用层。其中,物理层和媒体访问控制层遵循 IEEE 802.154 标准的规定。ZigBee 的网络形态就像蜂窝一样,如图 9-15 所示。

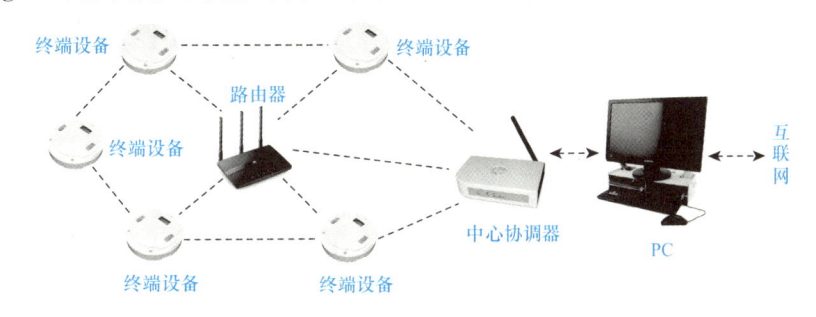

图 9-15 ZigBee 网络形态

(2)ZigBee 技术的特点

与其他无线通信协议相比,ZigBee 无线协议复杂性低、对资源要求少,主要有以下特点:

低功耗:这是 ZigBee 的一个显著特点。由于工作周期短,收发信息功耗较低以及采用了休眠机制,ZigBee 终端仅需要两节普通的五号干电池就可以工作六个月到两年。

低成本:协议简单且所需的存储空间小,这极大降低了 ZigBee 的成本,每块芯片的价格仅 2 美元,而且 ZigBee 协议是免专利费的。

时延短:通信时延和休眠激活时延都非常短。设备搜索时延为 30 ms,休眠激活时延为 15 ms,活动设备信道接入时延为 15 ms。这样一方面节省了能量消耗,另一方面更适用于对时延敏感的场合,例如,一些应用在工业上的传感器就需要以毫秒的速度获取信息,以及安装在厨房内的烟雾探测器也需要在尽量短的时间内获取信息并传输给网络控制者,从而阻止火灾的发生。

网络容量大:一个星型结构的 Zigbee 网络最多可以容纳 254 个从设备和一个主设备,一个区域内可以同时存在最多 100 个 ZigBee 网络,而且网络组成灵活。在不使用功率放大器的前提下,ZigBee 节点的有效传输距离一般为 10~75 m,能覆盖普通的家庭和办公场所。在整个网络范围内,每个 ZigBee 数传模块都可以相互通信,所以可以通过"接力"的方式,把标准的传输距离由 75 m 扩展到几百米甚至几千米。

数据传输速率低:2.4 GHz 频段为 250 kbit/s,915 MHz 频段为 40 kbit/s,868 MHz 频段只有 20 kbit/s。

数据传输可靠性高：由于 ZigBee 采用了碰撞避免机制，同时为需要固定带宽的通信业务预留了专用时隙，从而避免了发送数据时的竞争和冲突。MAC 层采用完全确认的数据传输机制，每个发送的数据包都必须等待接收方的确认信息，保证了节点之间传输信息的高可靠性。

（3）ZigBee 技术的应用领域

基于 Zigbee 技术的传感器网络应用非常广泛，可以帮助人们更好地实现生活梦想。Zigbee 技术应用包括智能家居、电子医疗监护、智能交通控制系统、工业控制、仓储物流系统等。

① 智能家居

人们家里可能都有很多电器和电子设备，如电灯、电视机、冰箱、洗衣机、电脑、空调等，可能还有烟雾探测器、报警器和摄像头等设备，以前我们最多就能做到点对点的控制，但如果使用了 ZigBee 技术，可以把这些电子设备都联系起来，组成一个网络，甚至可以通过网关接到 Internet，这样用户就可以很方便地在任何地方监控自己家里的电器，并且省去了在家里布线的烦恼。将 ZigBee 技术应用于智能家居领域，一方面可提高家居操作的便捷性，缩减家居成本；另一方面可提升人们的生活居住体验，切实彰显该项技术的实用性。除此之外，ZigBee 技术还可实现有效的信号抗干扰功能，为人们创造便利的同时，还可缩减对其他用户造成的信号干扰。

② 电子医疗监护

电子医疗监护是目前的一个研究热点。在人身上安装传感器，可测量脉搏、血压，监测健康状况，还可在人体周围环境放置一些监视器和报警器，如放置在病房里，这样可以随时对人的身体状况进行监测，一旦发生问题，可以及时做出反应，比如通知医院的值班人员。这些传感器、监视器和报警器，可以通过 ZigBee 技术组成一个监测网络，由于是无线技术，传感器之间不需要有线连接，被监护的人也可以比较自由地行动，非常方便。

③ 智能交通控制系统

采用 ZigBee 技术和太阳能结合的无线控制系统，无须挖路布设控制线路，就可在各设备之间实现无线自动组网连接，不仅降低了系统安装成本，更重要的是避免了传统安装方式对交通干扰所带来的经济损失，而且也避免了由于城市快速发展、道路拓展等变化对原有预埋管线的干扰。

④ 工业控制

工厂环境中有大量的传感器和控制器，可以利用 ZigBee 技术把它们连接成一个网络进行监控，加强作业管理，降低成本。

⑤ 仓储物流系统

仓储物流系统的推广，对于无线数据传输系统的应用需求呈现出不断攀升的趋势。在此期间，特别对无线通信技术提出了高效、低成本的要求。所以，ZigBee 技术凭借其安全可靠、多路径路由方式等特征，尤为适用于仓储物流系统中。

随着 ZigBee 技术的不断完善，它将成为当今世界最前沿的数字化无线技术。ZigBee 技术所具有的低功耗、低成本、低速率和使用便捷等显著优势，使它有着广阔的应用前景。将来，会有越来越多的具有 ZigBee 功能的产品进入我们的生活，为我们的生活和工作带来更多的方便和极大的快捷。

9.2.4 物联网信息处理与服务技术

物联网的最终目的是更好地利用感知和传输来的信息,甚至有学者认为,物联网本身就是一种应用,可见应用在物联网中的地位。应用层形成了物联网的"社会分工",这类似于人类社会的分工,各行各业都需要进行各自的物联网建设,以不同的应用目的完成各自"分工"的物联网。

应用是物联网发展的驱动力和目的。应用层的主要功能是把感知和传输来的信息进行分析和处理,做出正确的控制和决策,实现智能化的管理、应用和服务。这一层解决的是信息处理和人机交互的问题。网络层传输来的数据在这一层进入各种类型的信息处理系统,并通过各种设备与人进行交互。

应用层技术为用户提供更加丰富的物联网应用。同时,各行业和家庭应用的开发将会推动物联网的普及,也给整个物联网产业链带来利润。物联网的应用可分为监控型(物流监控、污染监控)、查询型(智能检索、远程抄表)、控制型(智能交通、智能家居、路灯控制)和扫描型(手机钱包、高速公路不停车收费)等。如今软件开发、智能控制技术发展迅速。

物联网的应用层能够为用户提供丰富的业务体验,其关键技术包括云计算、人工智能等,下面重点对应用层的中间件技术和物联网信息安全技术等进行介绍。

1. 中间件技术

随着物联网技术在生活和行业中的大规模应用,物与物的相互通信与协同工作也变得密切起来。在这种分布式异构环境中,通常存在多种硬件系统平台。在这些硬件平台上,又存在各种各样的系统软件。如何把这些不同的硬件和软件系统集成起来,并在网络上实现互联互通,是非常现实和困难的问题。例如:在智能家居中,不同产品之间的交互同样也是个大问题。整个智能家居系统中,包含电灯、冰箱、洗衣机、电饭煲、热水器、电视、窗帘等终端产品。而不同厂家的产品,可能支持不同的通信协议。有的支持 ZigBee,有的支持 Wi-Fi,有的支持 Z-wave,还有的支持蓝牙,这样产品之间就没有办法互联互通。所以需要这样的一个"翻译",消除不同产品之间的沟通障碍,实现跨系统的交流。这个"翻译"我们称之为中间件。中间件是介于前端读写硬件模块与后端应用软件之间的重要环节,是物联网应用运作的中枢。

(1) 中间件的定义

从字面来看,中间件是一种"位置描述"。它是处在计算机操作系统、网络通信、存储数据库之上,而位于应用业务之下的"中间的软件"。它是上通下达的连接性(信息传递)软件,或者说是内外部各软、硬件模块间(系统、通信、存储、应用)数据互递的信息平台。

如今,IDC 的表述被普遍接受:中间件是一种独立的系统软件或服务程序,分布式应用软件借助这种软件在不同的技术之间共享资源;中间件位于客户机服务器的操作系统之上,管理计算资源和网络通信;中间件提供具有标准的程序接口和协议,如图 9-16 所示。

中间件首先要为上层的应用层提供服务,此外又必须连接下层的硬件和操作系统,并且保持运行

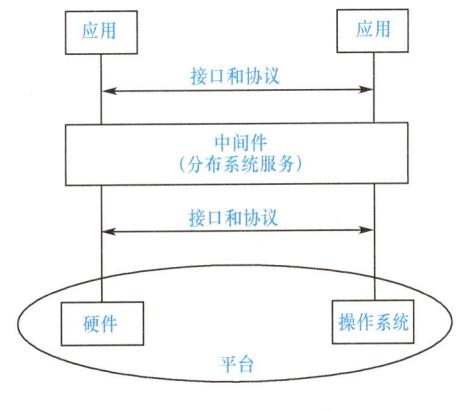

图 9-16 中间件的概念

的工作状态。中间件应具有以下特点。

①满足大量应用的需要。

②运行于多种硬件操作系统平台。

③支持分布式计算,提供跨网络、硬件和 OS 平台的透明应用和服务交互。

④支持标准的接口。

⑤支持标准的协议。

(2) 中间件的作用

有报道称,德国一家电梯制造商希望从自己公司的电梯中提取出运行数据,以便于更好地运营公司业务。该公司原计划是由自己的团队构建整套信息系统,但是他们很快就意识到,由于技术的复杂性,公司可能会因此变成一家 IT 供应商。当然,该公司最后并没有"转型",而是先设计了传感器单元,再利用物联网中间件技术,将电梯控制面板中提取的运行数据送到"Azure"云平台,最终找到了便捷的解决方案。

物联网中间件可以实现感知识别硬件及配套设备的信息交互和管理,同时作为一个软件和硬件集成的桥梁,能够完成与上层复杂应用的信息交换。物联网中间件起到一个中介的作用,它屏蔽了前端硬件的复杂性,并将采集的数据发送到后端的网络。物联网中间件的作用如图 9-17 所示。

具体地讲,物联网中间件的主要作用包括以下方面。

①屏蔽异构性

异构性表现在计算机软、硬件之间,包括硬件、操作系统、数据库等。造成异构的原因多来自市场竞争、技术升级以及保护投资等因素。中间件能控制物联网感知识别系统按照预定的方式工作,保证自动识别系统的不同设备之间能够很好地配合协调,感知识别系统按照规定的内容采集数据。

图 9-17 物联网中间件的作用

②实现互操作

在物联网中,同一个信息采集设备所采集的信息可能要供给多个应用系统,不同的应用系统之间的数据也需要共享和互通。在应用程序端,使用中间件所提供的一组通用应用程序接口,就能够连接感知识别系统。它能够保证传感器与企业级分布式应用平台之间的可靠通信,为分布式环境下异构的应用程序提供可靠的数据通信服务。

③数据的预处理

物联网的感知层采集海量的信息,如果把这些信息直接输送给应用系统,那应用系统将不堪重负,应用系统想要得到的并不是原始数据,而是综合性信息。中间件能按照一定的规则筛选采集到的数据,过滤掉绝大部分冗余数据,将真正有用的数据传输给后台的信息系统。

物联网中典型的中间件有 RFID 中间件、传感网网关、传感网节点、传感网安全中间件,还有其他嵌入式中间件、M2M 中间件等。

(3) 主流中间件技术平台

当前主流的分布计算技术平台,主要有 OMG 的 CORBA、Sun 的 J2EE 和 Microsoft DNA 2000。它们都是支持服务器端中间件技术开发的平台,且都有各自的特点。

①OMG 的 CORBA

CORBA 分布计算技术是 OMG 组织基于众多开放系统平台厂商提交的分布对象互操作内容的基础上制定的公共对象请求代理体系规范。

CORBA 分布计算技术是绝大多数分布计算平台厂商所支持和遵循的系统规范技术，具有模型完整、先进、独立于系统平台和开发语言，被支持程度广泛的特点，已逐渐成为分布计算技术的标准。CORBA 的特点是大而全，互操作性和开放性非常好。CORBA 的缺点是庞大而复杂，并且技术和标准的更新相对较慢。

②Sun 的 J2EE

为了推动基于 Java 的服务器端应用开发，Sun 在 1999 年底推出了 Java2 技术及相关的 J2EE 规范，J2EE 的目标是提供平台无关的、可移植的、支持并发访问和安全的、完全基于 Java 的开发服务器端中间件的标准。

J2EE 的优势在于服务器市场的主流产品还是大型机和 UNIX 平台。这意味着以 Java 为开发构件，能够做到"Write once, run anywhere"，开发的应用可以配置到包括 Windows 平台在内的任何服务器端环境中去。

③Microsoft DNA 2000

Microsoft DNA 2000 是 Microsoft 在推出 Windows 2000 系列操作系统平台基础上，在扩展了分布计算模型，以及改造 Back Office 系列服务器端分布计算产品后发布的新的分布计算体系结构和规范。

在服务器端，DNA 2000 提供了 ASP、COM、Cluster 等的应用支持。目前，DNA 2000 在技术结构上有着巨大的优越性。一方面，由于 Microsoft 是操作系统平台厂商，因此 DNA 2000 技术得到了底层操作系统平台的强大支持；另一方面，由于 Microsoft 的操作系统平台应用广泛，支持该系统平台的应用开发厂商数目众多，因此在实际应用中，DNA 2000 得到了众多应用开发商的采用和支持。但是它的不足是依赖于 Microsoft 的操作系统平台，因而在其他开发系统平台（如 UNIX、Linux）上不能发挥作用。

(4) 中间件技术的发展趋势

随着物联网应用的普及和研究的深入以及 Internet 的发展，目前中间件技术的发展主要呈现以下趋势：

①中间件越来越多地向传统运行层（操作系统）渗透，且能提供更强的运行支撑，分布式操作系统的诸多功能逐步融入中间件。此外，基于服务质量的资源管理机制以及灵活的配置与重配置能力也是中间件目前研究的热点。

②应用软件需要的支持机制越来越多地由中间件提供，中间件不再局限于提供只适用于大多数应用软件需要的支持机制，那些适用于某个领域内大部分应用软件需要的支持机制（这些机制往往无法在其他领域使用）也开始得到重视。用于无线应用的移动中间件、支持网格计算的中间件是目前研究的热点。

③物联网中间件必将与云计算相结合，全面实现虚拟化。虚拟化是实现资源整合的一种非常重要的技术手段。通过集群技术（Cluster）可将多台服务器虚拟为一台服务器，解决性能的可伸缩性问题。云计算是代表网格计算价值的一个新的临界点，它能提供更高的效率、更好的可扩展性和更容易的应用交付模式。云计算技术实现了硬件资源的虚拟化及软件交付模式的虚拟化。物联网中间件必将与云计算相结合，不仅能解决物联网中海量信息的过滤、整合、存储的问题，还能解决物联网中不同应用系统之间的互操作问题。

2. 物联网信息安全技术

从 1995 年比尔·盖茨首次提及物联网概念到今天,物联网已成为新一代信息通信技术发展的典型代表,在经历了"虚张声势"的概念炒作阶段后,目前已进入全面实践应用的新阶段,正深刻改变着传统产业形态和人类生产生活方式。然而,近年来物联网安全攻击事件频发,对用户隐私、基础网络环境的安全冲击影响也越来越突出。在智慧城市领域,2014 年西班牙三大主要供电服务商超过 30% 的智能电表被检测发现存在严重安全漏洞,入侵者可利用该漏洞进行电费欺诈,甚至关闭电路系统。在医疗健康领域,早在 2007 年,时任美国副总统的迪克·切尼心脏病发作,调查部门怀疑这一事件缘于他的心脏除颤器无线连接功能遭暗杀者利用,这被视为由物联网攻击造成人身伤害的可能案例之一。在工业物联网领域,安全攻击事件的危害更大,2018 年台积电生产基地被攻击事件、2017 年的勒索病毒事件、2015 年的乌克兰大规模停电事件都使目标工业联网设备与系统遭受重创。

近两年举办的 RSA 大会、CES 等安全大会都对物联网安全高度关注。在 RSA 2018 安全大会上,诸多关于物联网安全漏洞的讨论被提及,特别是物联网终端设备或智能家居产品。在 CES 2016 大会上,物联网安全的关注度被排在了智能家居、可穿戴设备和无人驾驶汽车之前,位居第一位。

(1) 物联网安全与信息安全共性技术的关系

对于物联网安全来说,它既包括互联网中存在的安全问题(传统意义上的网络环境中的信息安全共性技术),又包括自身特有的安全问题(物联网环境中信息安全的个性技术)。

①从技术的角度看,物联网是建立在互联网基础之上的,因此互联网所能够遇到的信息安全问题,在物联网中都会存在,只是表现形式可能不一样。

②从应用的角度看,物联网上传输的是大量涉及企业经营的物流、生产、销售、金融数据,以及有关社会运行的一些数据,保护这些有经济价值和社会价值的数据的安全,要比保护互联网上的音乐、视频和游戏等数据重要得多,也困难得多。

③从物理传输技术的角度看,物联网更多地依赖无线通信技术,而无线通信技术很容易被干扰和窃听,攻击无线通信网络是比较容易的。无线传感器网络技术是从军用转向民用的,军事上关于无线通信的对抗,以及对无线传感器网络攻击的技术已经开展多年,并且出现了很多种攻击方法,因此保障物联网无线通信安全也就更加困难。

④从构成物联网终端系统的角度看,大量的数据由 RFID 与传感器产生,并且通过无线信道传输。在无线传感器网络的军事应用阶段,了解无线传感器网络技术细节的人还是比较少的。但转向大规模民用,就有更多的人掌握了无线传感器网络技术,而无线传感器网络的安全问题就立即突显出来。同时,物联网中大量使用了 RFID 技术,有些人就会研究攻击 RFID 标签与标签读写设备的方法。因此,物联网所能够遇到的信息安全问题会比互联网更复杂。

(2) 物联网安全的特点

当前,物联网逐渐形成了以"云、管、端"为主的三层基础网络架构,与传统互联网相比较,物联网的安全问题更加复杂。

①"端"——终端层安全防护能力差异化较大

终端设备在物联网中主要负责感知外界信息,包括采集、捕获数据或识别物体等。其种类繁多,包括 RFID 芯片、读写扫描器、温度压力传感器、网络摄像头、智能可穿戴设备、无人机、智能空调、智能汽车……体积从小到大,功能从简单到丰富,状态或联网或断开,且都处于白盒攻击环境中。由于应用场景简单,许多终端的存储、计算能力有限,在其上部署安全软件或者高复杂度的加解密算法会增加运行负担,甚至可能导致无法正常运行。而移动化作为物联网终端的另一大特点,更是使得传统网络边界消失,依托于网络边界的安全产品无法正常发挥作用。加之许多物联网设备都部署在无人监控场景中,攻击者更容易对其实施攻击。

②"管"——网络层结构复杂通信协议安全性差

物联网网络采用多种异构网络,通信传输模型相比互联网更为复杂,算法破解、协议破解、中间人攻击等诸多攻击方式以及 Key、协议、核心算法、证书等暴力破解情况时有发生。物联网数据传输管道自身与传输流量内容安全问题也不容忽视。目前,已经有黑客通过分析、破解智能平衡车、无人机等物联网设备的通信传输协议,实现对物联网终端的入侵、劫持。在一些特殊物联网环境里,传输的信息数据仅采用简单加密甚至明文传输,黑客通过破解通信传输协议,即可读取传输的数据,并进行篡改、屏蔽等操作。

③"云"——平台层安全风险危及整个网络生态

物联网应用通常是将智能设备通过网络连接到云端,然后借助 App 与云端进行信息交互,从而实现对设备的远程管理。云平台能够对物联网终端所收集的数据信息进行分析与管理,还能对网络进行安全管理,如对设备终端的认证,对攻击的应急响应和监测预警,以及对数据信息的保护和安全利用等。物联网平台未来将多被承载在云端,目前云安全技术水平已经日趋成熟,而更多的安全威胁往往来自内部管理或外部渗透。如果企业内部管理机制不完善、系统安全防护不配套,那么一个小小的逻辑漏洞就可能让平台或整个生态彻底沦陷。而外部利用社会工程学的非传统网络攻击始终存在,一旦系统成为目标,那么再完善的防护措施都有可能由外至内而功亏一篑。

(3)影响物联网行业安全的主要因素

多方面的因素导致了物联网已经逐步成为网络信息安全的"重灾区",其中既有物联网技术本身技术特点逐步累积形成的特性,也有新兴行业在高速发展过程中存在的通病。

①产业结构复杂

物联网在发展过程中逐渐形成了较为完整的生态体系,但在三层架构的基础上更涉及了众多产业链环节,导致参与角色众多、结构复杂。从终端层的硬件芯片、传感器、无线模组,到网络层各通信运营商,再到平台应用层的软件开发、系统集成、平台服务,其中各个环节在整个产业链中都是不可或缺的。这就需要各个环节紧密配合、统一认识,才能确保不出现大的安全问题。

②安全意识淡薄

Gartner 在 2017 年发布的数据显示,到 2020 年,全球物联网市场规模达 1.9 万亿美元。而在产业高速发展、规模急剧扩张的背后,是物联网厂商安全意识淡薄、安全投入不足的现状。一方面,物联网设备数量庞大、价格低廉,很多厂商为压缩成本对安全投入严重不足;另一方面,多数物联网设备和硬件制造商无法像互联网企业一样重视安全,缺乏安全意识和人才储备。AT&T 对全球 5 000 多家企业进行调查发现,85% 的企业正在或打算部署物联网设备,而仅 10% 的企业表示有信心保护设备免受黑客攻击。

③监管政策及标准体系匮乏

在安全标准体系建设方面,虽然行业内已有多个物联网组织在推进物联网标准体系建设,但由于物联网技术更新快、应用场景丰富,导致物联网标准体系建设步伐滞后于物联网发展,且缺乏完善的安全标准体系和成熟的安全解决方案。

(4)加强物联网网络信息安全的对策

物联网发展已经进入快车道,规模化应用部署也在提速,物联网安全若没有配套措施将无法跟上其发展步伐。我们应在物联网安全政策、标准、应用和人员培训等方面进一步推进,加大安全监管力度,引导和促进整个产业对安全问题的关注,提高从业人员和用户对安全风险的重视,保障物联网产业持续健康发展。

在监管层面,加强监管落实,推动物联网领域的安全标准制定。建议加强整体行业安全管理,建立安全性、合规性检测机制,提高行业准入门槛,整治发展乱象,从安全框架体系、安全测评、风险评估、安全防范、安全处置方案等方面推动标准规范制定和落地。

在产业层面,推动构建物联网全生命周期立体防御体系。在硬件、操作系统、通信技术、云端服务器、数据库等各个模块之间做好统一的安全体系建设,从开发到制造、集成,把安全设计融入物联网产品生命周期的每个步骤,从芯片到硬件、软件、系统,将安全防护作为物联网每个环节必要的配套手段,推动整个产业对安全需求从被动转为主动,让安全紧跟产业发展步伐。

在技术层面,加快物联网安全技术发展及防范技术研究。建议设备厂商、研究机构等加大对物联网软、硬件、操作系统、通信协议、云平台等方面的安全技术的关注力度,研发有效的安全威胁监测发现技术和安全防护技术,团结行业力量,打造物联网安全生态。

在宣传层面,普及信息安全知识,提高安全意识。建议企业树立正确的发展观念,同步重视网络信息安全,同时对物联网从业人员进行安全知识普及和技术培训,提高从业人员的安全意识和知识技能。此外,建议用户提高网络信息安全意识,在挑选使用物联网产品的同时注重安全防范。

9.3 物联网的应用

物联网的应用涉及国民经济和人类社会生活的方方面面,遍及军事国防、交通管理、环境保护、智能家居、工业监测、医疗健康、公共安全、物流管理等多个领域。因此,物联网被称为是继计算机和互联网之后的第三次信息技术革命。下面将针对物联网在智慧水利和智能电网应用领域的应用进行讲述。

9.3.1 智慧水利

所谓"智慧水利",就是利用物联网相关技术,包括传感设备、互联网、云计算、GIS等先进技术,提高水利部门的管理效率和社会服务水平,推动水利信息化建设,逐步实现"信息技术标准化、信息采集自动化、信息传输网络化、信息管理集成化、业务处理智能化、政务办公电子化"。

水利的主要管理对象是针对江河湖泊、水资源开发利用等建设的水利基础设施，服务对象是经济社会。我国地域广阔，水系多而复杂，水利工程点多、面广、量大、种类多，经济社会发展对江河和水利工程安全高效运行要求很高。传统水利已经难以满足新时代经济社会发展提出的专业化、精细化、智能化管理要求，水利必须以流域为单元、以江河水系为经络、以水利工程为节点，通过智慧水利构建起现代水利基础设施网络平台，满足新时代经济社会发展新要求。智慧水利即利用先进的物联网信息技术，实现水利设施的智慧化管理和运行，进而为社会公众创造更美好的生活，促进人水和谐、水利的可持续发展。

水文参数监测是水利管理的基础，水域水文参数资料涉及我国的核心经济利益。因此，掌握河流的水文特征，预测汛期的来临，做好防洪准备，实时监测水文就成了防水治水的重要环节。传统的水文监测主要依靠人工的监测手段，造成了工作量大、效率低、数据处理繁杂易错、信息传输时效性差等问题，既不适应信息化的发展，又不能满足现代化管理的需要。而且劳动强度也很大，测量精度无法保证，尤其是监测一些地理位置比较偏远或分散的监测点，工作难度更大。

水利防洪是关系人民安危和社会稳定的大事，而洪水预报是防汛抗洪的重要组成部分，做好洪水预报工作，能科学地防洪减灾。水文监测系统可实时监测水位等现场图像数据，当现场数据发生异常时可自动报警，数据可通过云平台存储，可随时查看实时或者历史数据，还可智能分析数据并生成报表，支持多种软、硬件设备以及省市级水利水文管理平台，让工作人员能实时了解河流湖泊水利运行情况，对防汛抗洪有重要意义。水文监测系统的体系结构如图 9-18 所示，该四层体系结构与前面所介绍的物联网的三层体系结构基本一致，只是划分不一样，它们主要的区别是四层结构中服务层（也叫平台层）在高性能计算机技术的支撑下，将网络内海量的信息资源通过计算整合成一个互联互通的大型智能网络，为上层服务管理和大规模行业应用建立一个高效、可靠、可信的支撑技术平台。

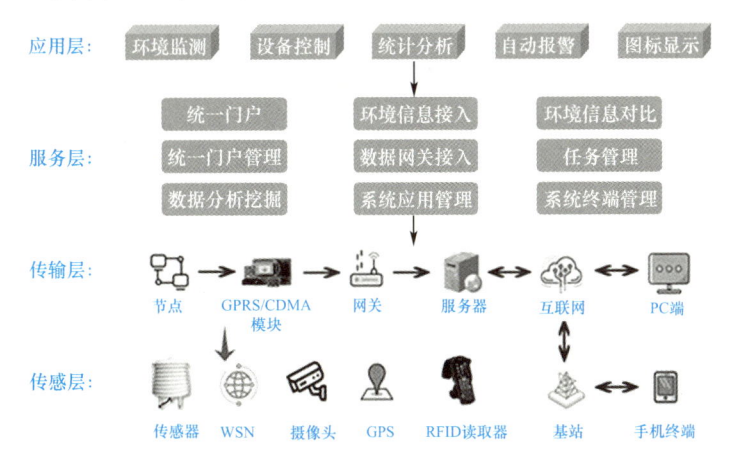

图 9-18 水文监测系统的体系结构

水文监测系统通过使用传感器监测水域内的水位、流速、雨量、水质、水位等数字化信息，将有关河流水情安全的所有数据实时传送到水库监测中心，其拓扑结构如图 9-19 所示，在河流水情监测中心数据库中可以进行实时的数据查询及分析,为决策者提供准确的基础数据。

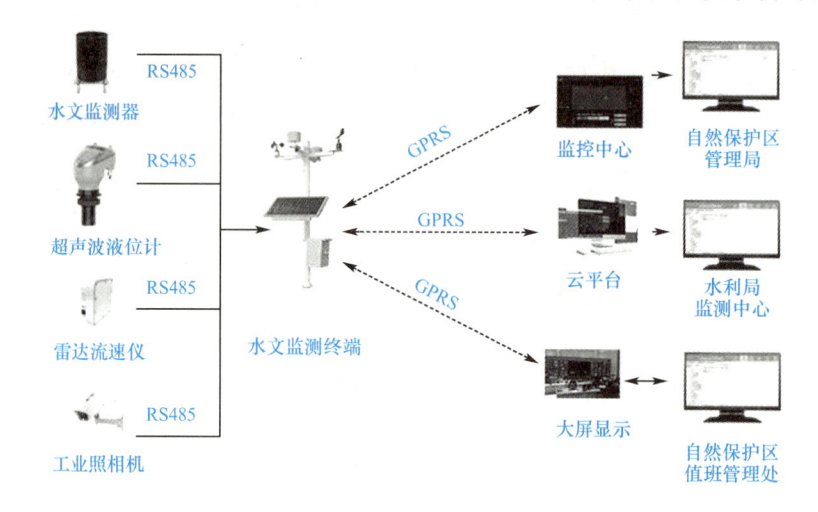

图 9-19 水文监测系统的拓扑结构

系统可实时监测水位、流量、水质、蒸发、泥沙、冰凌、墒情、水压。该系统具有实时采集现场数据状态、自动报警、数据存储、数据查询、分析、监测信息管理及与政府平台对接的功能。系统可采用无线通信方式实时传送监测数据,大大降低人力投入,提高水文部门的工作效率,如图 9-20 所示。

图 9-20 可监测的相关参数

在控制中心,各种在线监测数据、图像、视频和抢修车辆位置等信息能直观显示在大屏幕上,监控人员能及时监视现场情况,准确判断状态,指挥车辆和专业人员处理各种检修和抢修工作。水文监测系统的应用为河流湖泊提供了现代化的管理手段,提高了河流湖泊管理的效率和质量。管理部门可通过该系统及时掌握河流的降水、断面水位等实时雨水状况,从而及时做出管理决策。水文监测系统在及时预警洪涝灾害、避免人员和经济损失方面发挥了重要作用。

(案例来源:《水文监测系统实时监测,帮您防洪抗汛》)

9.3.2 智能电网

传统的电网采用的是相对集中的封闭管理模式,效率不高,每年在全球发电和配送过程中的浪费是十分惊人的。在没有智能电网负载平衡或电流监视的情况下,每年全球电网浪费的电能足够印度、德国和加拿大使用一整年。通过物联网在智能电网中的应用完全可以覆盖现有的电力基础设施,可以分别在发电、配送和消耗环节测量能源,然后在网络上传输这些测量结果。智能电网可以自动优化相互关联的各个要素,实现整个电网更好地配电。对于电力用户,他们通过智能电网可以随时获取用电价格(查看用电记录),并根据了解到的信息改变其用电模式。对于电力公司,可以实现电能计量的自动化,摆脱大量繁杂的人工工作,通过实时监控,实现电能质量监测、降低峰值负荷、整合各种能源,以实现分布式发电等一体化高效管理。对于政府和社会,则可以及时判断浪费能源设备以及决定如何节省能源、保护环境,最终实现更高效、更灵活、更可靠的电网运营管理,进而达到节能减排和可持续发展的目的。

在智能电网中,"智能电表"就是个很好的例子。在过去,电表很不智能,只有本地显示数字的功能,所以要员工一家一户去抄表,一不小心还可能抄串行、算错数,而且交电费也有点像交物业费似的。现在物联网时代的智能电表可以通过智能芯片和网络,将用户端的用电数据传输到电网公司的信息端,实时读取用电数字,网上实时交电费,方便、快捷、准确、省心。

但只有智能电表还远远不够。目前,电力系统大部分环节都没有物联网化,比如,输电线路如果出现故障了,能自动发送信号告诉哪里有故障、是什么原因引起的、现场情况如何、能否自动恢复,那就不需要人工巡检了,那将极大地提高运行效率。

2019年,国家电网公司提出建设泛在电力物联网(Ubiquitous Electric Internet of Things, UEIoT),就是围绕电力系统各环节,充分应用移动互联、人工智能等现代信息技术、先进通信技术,实现电力系统各环节万物互联、人机交互,具有状态全面感知、信息高效处理、应用便捷灵活特征的智慧服务系统。

要做到"泛在",势必在连接方面利用好现有的电力通信网络,包括5G、无线、专网等各种连接方式,采用各种可行的连接方式,实现广泛的互联互通。同时在业务上也将出现"泛在"的趋势,泛在电力物联网承担的不仅仅是对内业务,同时还要融合对外业务。

案例1:"泛在电力物联网"为智慧城市赋能

2019年10月20日,第六届世界互联网大会顺利启幕,嘉宾们普遍感受到一种前所未有的时尚,从进入乌镇的那一刻开始,这座因网而变、因网而兴的千年古镇有了哪些新变化呢?

在2014年,扫码在乌镇还是新鲜事,到了2019年,乌镇实现5G网络全覆盖,积极打造5G示范镇。万物互联,智能互联,未来已来,乌镇人的智慧"云上"新生活画卷正在徐徐打开,5G智慧农场、智慧安防小区、互联网医院、智慧养老、智能交通……一系列"尝鲜"项目让乌镇百姓提早过上了智慧生活。

乌镇2019年投入使用的神经元路灯如图9-21所示。与传统路灯不同,该路灯杆同时搭载了多种设备,能随时感知城市"阴晴冷暖"并做出反馈,就像城市神经末梢的一分子,因此得名"神经元路灯"。路灯杆自上而下依次挂着智慧路灯、环境监测、智能监控、5G微站、无线AP、一键报修等设备,可感知城市温度、湿度、水位、PM2.5,及时发布、广播重要信息,实时监测人流、车流,自动调节灯光明暗。一旦有异常情况或紧急情况发生,智慧路灯云管理平台将及时做出反应,行人也可通过一键报修功能进行主动告知,双向互动。

案例2:24小时电力保障"全面感知 全网在线"

"互联网之光"博览会启用新展馆,展览总建筑面积达4万平方米,这也成为本届峰会一大亮点。规格更高、面积更大的背后,供电保障服务也更加坚强、安全、优质。

图 9-21　乌镇子夜路上的神经元路灯

与新展馆配套启用的"互联网之光博览中心"全感知配电房，运用"大云物移智"技术，实现全面感知、自主分析、精准控制，如图 9-22 所示。

图 9-22　全感知配电房

配电房内，智能巡检机器人沿着平滑的轨道有条不紊地读取数据、判断开关位置是否正常，实时监测运行设备的安全状态。机器替代人，让配电房管理从人工值守迈向人工智能，减员增效，高度自治。此外，12 路摄像头以及安装在各个位置的传感器等 124 套智能感知元件，构成了完整的全感知体系，为配电房搭建了结构完整、感知灵敏、全息覆盖的"神经网络"，实现设备运行状态、环境信息的全维度实时监测。相比传统配电房，全感知配电房基于泛在电力物联网技术路线，加强了配电房感知能力、边缘处理能力和全生命周期管理能力，将用电服务延伸至客户侧。

在乌镇供电所，一个 24 小时无人值班物联小库就用上了创新智慧科技。该小库采用指纹比对模式管控人员进出，领料人员在手机物资管理 App 上下单后系统自动配送，电缆自动剪切精准到厘米。领料人员到达小库领料区后即可及时领走所需，这为快速抢修以及遭遇恶劣天气情况时领料都提供了极大的便利，节省了时间，提高了效率，让人们更好更快地用上电。

历经多次电网大改造、大升级，乌镇已实现了"镇级电网向具备承接国家一类会议保供电能力的国际一流电网"的升级，景区供电可靠率已达到 99.999%，综合电压合格率达 100%。国网浙江桐乡市供电有限公司通过科学保障体系、创新技术手段，实现了工作质量和效率的有效提升，超前的部署行动，最实最强的举措，使得电网在应对重大活动保电任务时更加从容。

（案例来源：参考人民网，《国家电网"泛在电力物联网"掀起"智慧云生活"》）

9.4 物联网的发展趋势

9.4.1 物联网标准概况

物联网愿景是使地球上的每一件事物都成为一个智能和互动的对象,并以人们从未想象的速度传输数据和个人信息。但是,在物联网提高客户满意度,并使人们的生活和工作变得更容易的同时,仍然有一个问题可能会阻止人们完全实现其最大化的功能,那就是标准化。由于涉及不同专业技术领域和行业部门,物联网的标准既要涵盖不同应用场景的共性特征以支持各类应用子服务,又要满足物联网自身可扩展、系统和技术等内部差异性,所以物联网标准的制定既是一个历史性挑战,又给予企业以新的历史性机会。

物联网涉及的标准化组织十分复杂,既有国际、区域和国家标准化组织,也有行业协会和联盟组织。依据物联网的参考体系结构和技术框架,不同标准化组织侧重的技术领域也不相同,有些标准化组织的工作覆盖多个层次,不同标准化组织之间错综交互。目前,很多标准化组织均开展了与物联网相关的标准化工作,但尚未形成一套较为完备的物联网标准规范,在市场上仍有多项标准和技术在争夺主导地位,这种现象严重制约了物联网技术的广泛应用和产业的迅速发展,亟须建立统一的物联网系统架构和技术标准体系。

在我国,全国信息技术标准化技术委员会(简称"信标委")于2006年成立了无线传感器网络标准项目组,组织国内的大学、科研单位和企业开展了标准研究工作。2009年9月,传感器网络标准工作组正式成立,由PGI(国际标准化)、PG2(标准体系与系统架构)、PG3(通信与信息交互)、PG4(协同信息处理)、PGS(标识)、PG6(安全)、PG7(接口)和PG8(电力行业应用调研)8个专项组构成,开展具体的国家标准的制定工作。2010年6月,中国物联网标准联合工作组成立,包含全国11个部委及下属的19个标准工作组,旨在推进物联网技术的研究和标准的制定。

由于历史原因,我国在大多数传统信息技术领域,已经失去了参与制定国际标准的机会,但无线传感器网络产业的兴起,使得我国在物联网标准制定上具有先发优势,个别方向甚至超前。当前国际标准化组织对物联网国际标准的研究已经启动,尚未形成统一的标准。我国制定物联网技术标准的目标是根据物联网技术的特点和发展趋势,以及国际物联网技术标准的发展动态,通过各个标准化组织的共同努力,力图抢先制定出适合我国产业发展特点、有利于推动我国物联网技术发展和应用的标准,引领国际标准走向,引导我国物联网产业的发展。

近年来,我国在国际标准化工作中的影响力和竞争力得到了较大提升,尤其是在物联网相关的标准领域。截至2016年,我国在oneM2M、3GPP、ITU和IEEE等主要标准化组织的物联网相关领域,获得30多项物联网相关标准化组织的相关领导席位,主持相关领域的标准化工作,有力地提升了我国在国际标准化工作中的影响力。

我国物联网国家标准已经初具体系,已有47项物联网国家标准正式立项,79项物联网国家标准立项完成立项公示,涵盖了农业物联网、交通物联网、公共安全物联网、林业物联网、家用电器物联网等多个应用领域。

2014年9月,由我国主导提出的物联网参考体系结构标准顺利通过了ISO/IEC的国际标准立项,这是我国在国际标准化领域的又一个突破性进展,同时也标志着我国开始主导物联网国际标准化工作。截至2016年底,国家标准GB/T 31866—2015《物联网标识体系 物品编码Ecode》、GB/T 33474—2016《物联网 参考体系结构》等已经正式发布。2018年7月,ISO/IEC JTC1通过了由我国主导的ISO/IEC 30141:2018《信息技术物联网参考体系结构》。

9.4.2 物联网前景展望

物联网行业的发展离不开全球经济的发展,两者相辅相成。一方面,物联网的发展促进了全球经济的发展。据统计,物联网相关产业经济已达到1 750亿美元,占GDP的0.2%,对全球制造业影响达到920亿美元。其中,物联网对中国经济影响巨大,数据显示:截至2020年底,中国物联网市场规模达到16 600亿元,较上年增加1 600亿元,同比增长10.67%;预计2021年物联网市场规模将达到18 400亿元。另一方面,全球经济的发展必定会推动物联网产业的发展。预测,到2025年,物联网对全球经济影响将达到2 710亿美元,占GDP的0.34%。

社会环境变化对物联网市场需求也起到了重要推动作用。一方面,城市化进程加快,交通拥堵和环境污染问题突显。另外,农业也需要升级,对发展提出更高要求。要解决以上问题,就要采用先进技术实时掌握信息动态,实现资源的合理分配,物联网为解决这些问题提供了技术支持和解决方案。另一方面,物联网技术的发展对通信基础设施和信息技术方面也提出了更高的要求。

从技术环境的角度出发,物联网自身发展动力也在不断增强。连接技术不断突破,NB-lot、Lora等低功耗广域网进程不断加速。物联网平台增长迅速,服务支撑能力增强。区块链、边缘计算、人工智能等新技术不断注入物联网,为物联网带来新的活力。技术环境有如下四大特征:

(1)边缘智能化:各类终端向智能化方向发展,设备整合计算能力增强。

(2)服务平台化:平台开放性增强,基于平台的智能化服务水平持续攀升。

(3)连接泛在化:普通局域网、低功耗局域网和5G网提供泛在连接能力,互联效率提升。

(4)数据延伸化:先联网后增值的模式进一步清晰化,新技术推动物联网跨行业发展。

我国物联网从2012年开始加大顶层设计的力度。2012年8月,以物联网专家委员会成立为标志,政府层面推动了很多顶层设计的工作。我国陆续出台了《新基建》相关政策,社会上的关注度也在不断增加,引发广泛讨论。"新基建"是相对于"铁公机"等传统基础设施而言的新型信息网络建设,主要涉及5G基础设施、特高压、城际高铁和轨道交通、新能源汽车充电桩、大数据中心、人工智能和工业互联网七个领域。"新基建"三个字蕴含着无限发展的可能性。物联网是"新基建"的重要组成部分,在"新基建"的七个领域中,5G、大数据中心、工业互联网、人工智能与物联网具有很强的相关性,同时能源基础设施、交通基础设施也需要物联网技术赋能。"新基建"的布局建设，必将为物联网及其相关产业带来新的发展机遇。

据央广网报道，2020 年初在新冠肺炎疫情冲击和经济下行压力下，各省市已上报近 25 万亿元的基建计划，其中很大一部分资金建设在新经济领域，资源向新技术产业倾斜。而物联网作为"非接触经济"的不二载体，在新冠肺炎疫情管控方面发挥了积极作用，催生出很多物联网应用需求，比如基于智能电子封条或门磁的隔离人员管理解决方案、无接触智能乘梯解决方案、热成像体温测试方案、危废垃圾管理、生物安全的全流程保障等。可见，物联网在未来人们的生产和生活中将进一步发挥巨大的能量，促进信息世界与物理世界的交融，使世界变得更加"智慧"和"舒适"。

学习思考

一、选择题

1. 被称为世界信息产业第三次浪潮的是（　　）。
   A. 计算机　　　B. 互联网　　　C. 人工智能　　　D. 物联网
2. 三层结构类型的物联网体系不包括（　　）。
   A. 感知层　　　B. 网络层　　　C. 应用层　　　D. 会话层
3. 射频识别技术的缩写为（　　）。
   A. GPS　　　　B. RFID　　　　C. M2M　　　　D. Wi-Fi
4. 利用 RFID、传感器、二维码等随时随地获取物体的信息，指的是（　　）。
   A. 可靠传递　　B. 智能处理　　C. 全面感知　　D. 互联网
5. （　　）起到中介的作用，它屏蔽了前端硬件的复杂性，并将采集的数据发送到后端的网络。
   A. 中间件　　　B. 读写器　　　C. 云计算　　　D. 互联网

二、填空题

1. 物联网的基本特征有_____、_____、_____。
2. 物联网实现了信息空间和_____的融合。
3. RFID 系统构成一般包括：_____、_____、_____和_____。
4. 传感器一般由_____、_____、_____等组成。
5. ZigBee 技术是一种_____、_____、_____、低成本、低复杂度的无线网络技术。

三、简答题

1. 结合物联网的定义，谈谈你是如何理解和认识物联网的。
2. 物联网感知层的关键技术是什么？
3. 无线局域网技术主要包括哪些？有什么特点？
4. 在物联网中，中间件的作用是什么？
5. 物联网安全有哪些特点？

延伸阅读

单元10 数字媒体

单元导读

随着5G时代的到来,人们的阅读习惯发生着改变,网络化、移动化、碎片化地"刷"着世界万物。第47次《中国互联网络发展状况统计报告》数据显示,截至2020年12月,我国网民规模达9.89亿,已占全球网民的五分之一;互联网普及率达70.4%,高于全球平均水平。在社会舆论、媒体格局、传播方式、用户规模急速发展的当下,媒体融合是时代所向、大势所趋。新旧媒体都在积极践行着习近平总书记强调的"全面把握媒体融合发展的趋势和规律""我们要因势而谋、应势而动、顺势而为,加快推动媒体融合发展"的发展理念。在新冠肺炎疫情的影响下,公众的社交媒体应用出现峰值,各媒体也在不断创新,让正能量更强劲、主旋律更高昂,媒体发展带来的新动能也越来越凸显。

(资料来源:李维娟.《融媒体:峥嵘气象开 融出新精彩》,中国艺术报,2021-04-17)

学习目标

- 理解数字媒体和数字媒体技术的概念;
- 了解数字媒体的发展趋势,新媒体技术的应用领域,虚拟现实技术和融媒体技术;
- 了解数字媒体素材(文本、图像、声音、视频)处理的基本流程和方法;
- 了解文本的类型格式、基本步骤,熟练掌握文本处理软件,掌握文本准备、编辑、处理、存储、输出、展现等操作;
- 了解数字图形图像处理技术的基本知识,掌握图像处理软件的基本操作方法,能够进行图形图像的色彩调整、去噪、绘制、创意合成、压缩、输出等操作;
- 了解数字音频的基本知识,掌握PC端、移动端音频处理软件的操作方法,能够进行音频的录制、剪辑、增效、合成、输出、格式转化等操作;
- 了解数字视频的基本知识,掌握PC端、移动端视频处理软件的操作方法,能够进行视频的采集、剪辑、合成、后期特效制作、输出、格式转化等操作;
- 了解HTML5的概念和应用领域,了解5G时代背景下HTML5应用的新特性。了解H5应用项目的具体制作和发布流程。

数字媒体作为一种新的传媒方式，以其独有的优势，快速应用于各个领域，不仅改变了人们的生活方式，更是对社会关系产生着巨大的促进作用。本单元主要介绍数字媒体基础知识、数字文本、数字图像、数字声音、数字视频、HTML5应用制作和发布等内容。

10.1 理解数字媒体和数字媒体技术的概念

10.1.1 数字媒体技术概述

媒体——国际电信联盟(ITU)从技术的角度给媒体下了一个定义并进行了分类：媒体是感知、表示、存储和传输信息的手段和方法。在计算机领域，媒体有两种含义：一种是指存储和传输信息的载体(存储媒体和传输媒体)，如磁带、磁盘、光盘、半导体存储器、电缆、光缆、微波和数据线等；另一种是指信息的表示形式(表示媒体)，如文字(text)、声音(audio，也叫音频)、图形(graphic)、图像(Image)、动画(animation)和视频(video，即活动影像)等。

数字媒体——从狭义上看是信息的表示形式，或者说是计算机对上述感觉媒体的编码。从广义上看，数字媒体和信息的传输、呈现(显示)和存储(记忆)方式密切相关，而作为内容承载的数字媒体艺术，在其丰富的表现形式的背后，也是上述表示媒体、显示媒体、传输媒体和存储媒体共同作用的结果，图10-1是这五类媒体的特征总结。为了从技术角度理解上述五种媒体之间的相互关系，可以根据人与计算机之间的信息传播的过程和途径来形象地说明这些媒体的特征和存在形式。

数字媒体是指以二进制数的形式记录、处理、传播、获取过程的信息载体，这些载体包括数字化的文字、图形、图像、声音、视频影像和动画等感觉媒体和表示这些感觉媒体的表示媒体(编码)等，通常称为逻辑媒体，以及存储、传输、显示逻辑媒体的实物媒体。但通常意义下所称的数字媒体指感觉媒体。数字媒体是以信息科学和数字技术为主导，以大众传播理论为依据，以现代艺术为指导，将信息传播技术应用到文化、艺术、商业、教育和管理领域的科学与艺术高度融合的综合交叉学科。它具有多样性、集成性、交互性等特征，数字媒体的基本属性和媒介特征如图10-2所示。

数字媒体技术常用的编辑工具有文字处理软件(如 WPS 文字、Microsoft Word 等)、图形图像编辑工具(如 Photoshop、Illustrator、painter、Auto CAD 等)、动画编辑工具(如 Maya、Animate、3DMax)、声音编辑工具(如 Audition、GoldWave、Sound Forge)、视频编辑工具(如 Mediastudio、Premiere 和 After Effects)以及数字媒体合成编辑工具(如 Authorware、Director 和 PowerPoint)。

数字媒体的应用领域包括教育与培训(幼儿启蒙教育、中小学辅助教学、大众化教育和技能训练)、商业应用(商场导购系统、电子商场、网上购物和助理设计)、家庭娱乐(立体影像和虚拟现实)、网络通信(远程医疗和视听会议)、办公自动化(声音信息的应用和图像识别)以及电子地图等。

媒体类型	媒体示例	媒体描述	媒体特征
感觉媒体	声音、语言、音乐、图像、视频、动画、文字	直接作用于人的感官的媒体	信息的接受对象
表示媒体	JPEG、GB 2312、MOV、MPEG	计算机的媒体信息编码	信息的编码和表示
显示媒体	音箱、显示器、打印机	计算机信息的输出显示	信息输出和呈现
存储媒体	硬盘、移动硬盘、U盘	存储信息的载体	信息的存储和传输
传输媒体	电缆、光缆、微波、数据线	传送数据信息的物理介质	

图 10-1 国际电信联盟定义的五种媒体的特征和描述

图 10-2 数字媒体的基本属性和媒介特征

10.1.2 数字媒体新技术

理解数字媒体的概念,掌握数字媒体技术是现代信息传播的通用技能之一。数字媒体新技术(新媒体技术)是指以现代化的数字技术、网络技术以及通信技术等全新技术为基础,能够向用户提供需要的信息服务的媒介手段。

1. 虚拟现实技术

虚拟现实技术(英文名称 Visual Reality,缩写为 VR),是一种可以创建和体验虚拟世界的计算机仿真系统,它利用高性能计算机生成一种模拟环境,是一种多源信息融合的、交互式的三维动态视景和实体行为的系统仿真。一个完整的虚拟现实系统是由虚拟环境,以高性能计算机为核心的虚拟环境处理器,以头盔显示器为核心的视觉系统,以语音识别、声音合成与声音定位为核心的听觉系统,以方位跟踪器、数据手套和数据衣为主体的身体方位姿态跟踪设备,以及味觉、嗅觉、触觉与力觉反馈系统等功能单元构成。通过虚拟现实在多维信息空间上创建一个虚拟信息环境,使用户具有身临其境的沉浸感,并在虚拟现实环境中实现交互,有助于使用者加深感受、启发认知。

目前,虚拟现实已广泛地应用于游戏、直播、影视、旅游、医疗、教育、商业、工业、军事等各行各业中,为这些行业提供前所未有的解决方案。虚拟现实通过其沉浸性、交互性及构想性的显著特征,正不断地影响和改变着我们的生活。

2. 融媒体技术

"融媒体"是充分利用媒介载体,把广播、电视、报纸等既有共同点,又存在互补性的不同媒体,在人力、内容、宣传等方面进行全面整合,实现"资源通融、内容兼'融'、宣传互融、利益共融"的新兴媒体。发展"融媒体"的最终目的,要有利于效益这个根本。而效益主要体现在两个方面,即社会效益和经济效益。党的十八大以来,以习近平同志为核心的党中央高度重视传统媒体和新兴媒体的融合发展,坚定不移推动媒体融合向纵深发展,为媒体融合发展绘就路线图,引领新闻舆论工作气象一新。媒体转型将报、台、网、微、端"五位一体"的媒体力量融合相生,通过不断拓宽传播渠道和平台终端,做"精"、做"实"、做"稳",形成"融为一体,合而为一"的融媒体组织。

2021年是我们伟大的中国共产党成立100周年,各式各样的融媒体产品在浓厚的节日氛围中精彩亮相。走进融媒体体验室,一个个融媒体创意产品让人眼前一亮:"奋斗百年 为你点赞"互动体验用你的笑脸为党庆生;《送你一张船票》互动产品带你穿越百年壮阔历程;"VR党建·百亿像素"互动产品带你沉浸式体验、毫米级浏览建党重要地理坐标;系列微纪录片《觉醒》《山河》首次使用4K技术将珍贵党史影像彩色重现。《太空的见证》运用卫星技术从60万米高空俯瞰;《"新立方"演播室异地同屏报道》运用5G等技术,打造"裸眼3D"互动视听体验;《体验中国速度:揭秘"复兴号"的诞生》通过全景VR视频,独家揭秘高铁制造过程;互动项目"来中国,做一件绝妙好'瓷'",以虚拟拉坯、上彩等环节沉浸式体验中华文化。

"融媒体"以发展为前提,以扬优为手段,把传统媒体与新兴媒体的优势发挥到极致,使单一媒体的竞争力变为数字媒体共同的竞争力,使媒介集团犹如一个媒体的航空母舰,具有了势不可挡的发展优势。

10.1.3 案例分析

为贯彻落实习近平总书记关于加强学习、建设学习大国重要指示精神,中宣部打造了"学习强国"学习平台。"学习强国"手机客户端于2019年1月1日正式上线,5个月来共经历10次版本更新,其中6次涉及业务拓展和服务提升,4次修复原有缺陷、优化体验。截至2019年5月15日,"学习强国"手机客户端在iOS系统累计下载量为3 668万,Android系统累计下载量超2亿。自2019年2月起,其下载量稳居教育类App榜单第一,2月中旬至3月底下载量占据总榜第一。"学习强国"能在短时间里取得成功很大程度上取决于其利用融媒体优势提供优质内容和服务。

"学习强国"App"不是单一的互联网站,不是单一依托电信网传输数据,不是单一通过广播电视网采集内容,而是互联网、电信网、广电网三网融合的产物,它把广电网的以点对面、电信网的以点对点、互联网的存储移动特点融合在一起","实现了物理上的互联互通、无缝对接,业务上的相互交叉、相互渗透、彼此兼容,形态上的技术融合、业务融合、行业融合、终端融合、网络融合"。

小组讨论:

【"学习强国"App主要服务于党员、领导干部,且提供的内容主要是党和国家的政治性学习内容,追求的只有社会效益,没有经济效益,尤其不打广告,不推销产品。所以,"学习强国"App还不能算是真正的融媒体。】

你同意以上观点吗?你认为"学习强国"App是融媒体吗?请谈谈你的理由和依据。

10.2 数字媒体素材处理

10.2.1 文本素材处理技术

1. 文本基础知识

在各种媒体素材中,文字信息是最基本的信息元素。文本是由一系列的"字符"(character)组成的,每个字符均使用二进制编码表示。文本处理的基本步骤包括输入、编辑、排版和输出,具体流程如图 10-3 所示。

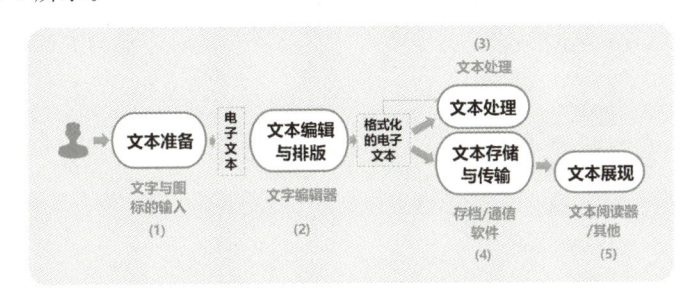

图 10-3 文本处理的基本步骤

文本在计算机中的输入方法很多,除了最常用的键盘输入外,还可以用语音识别输入、扫描识别输入及数位笔书写识别输入等方法。Windows 系统下的文字种类较多,常见的有 *.txt、*.wri、*.doc、*.docx、*.Wps、*.rtf、*.html、*.pdf 等。选用文本素材文件格式时,要考虑数字媒体作品的集成工具软件是否能识别这些格式,以免准备的文本素材无法插入集成设计软件。纯文本文件格式(*.txt)可以被任何程序识别,Rich Text Format 文件格式(*.rtf)的文本也可被大多数程序识别。

品类繁多的数字媒体集成设计软件中几乎都自带文字编辑功能,但当文本量大时,一般会在前期就预先准备好。文字素材有时也会以图像的方式出现在作品中,排版后用图像的方式保存。新时代下,人们对文字信息的传播更追求个性化、潮流化、综合化,注重参与性和沉浸感,希望能够从被动接受转变为主动参与,从而使得文本动态化。随着媒介技术的发展,文本素材主要通过互联网、手机、平板电脑、移动终端等新的媒体所衍生出来的数字杂志、数字报纸等全新传播形态,实现数字设计的重大变革。

2. 案例教学:将文本文件转换为 PDF 文件

Adobe 公司的 PDF 是 Portable Document Format(可携带文档格式)的缩写,是世界电子版文档分发的公开实用标准。PDF 文件无论在哪种打印机上都可保证精确的颜色和准确的打印效果,会忠实地再现原稿的每一个字符、颜色以及图像。该格式文件还可以包含超文本链接、声音和动态影像等电子信息,支持特长文件,集成度和安全可靠性都较高。PDF 文件多系统通用,这一特点使它成为在 Internet 上进行电子文档发行和数字化信息传播的理想文档格式。越来越多的电子图书、产品说明、公司文稿、网络资料、电子邮件开始使用 PDF 格式文件。用 PDF 制作的电子书具有纸版书的质感和阅读效果,可以逼真地展现书的原貌,而显示大小可任意调节,给读者提供了个性化的阅读方式。

WPS 中可以直接将 WPS 文档保存为 PDF 格式。具体步骤如下:

文档编辑完成后,单击"文件"选项卡"另存为"命令,如图 10-4 所示。

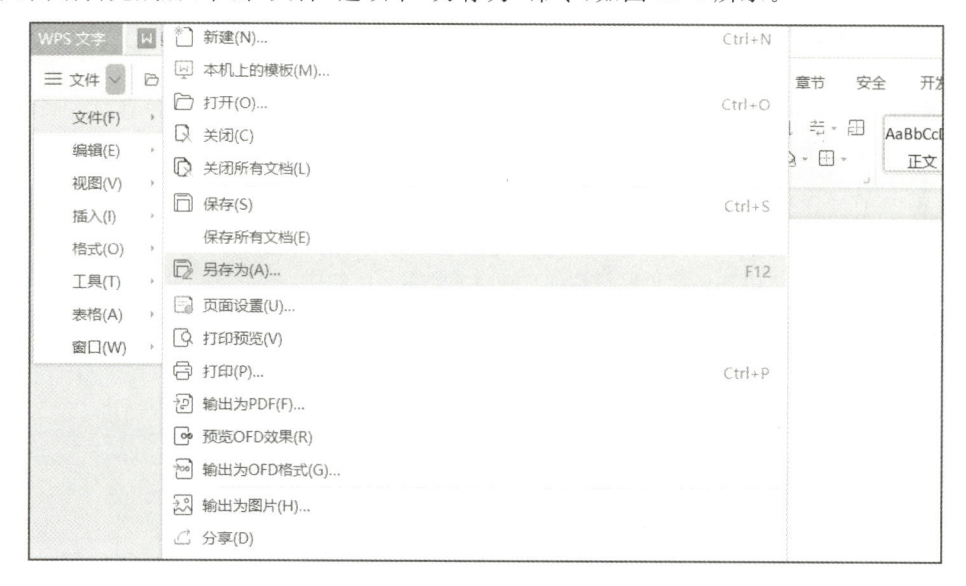

图 10-4　选择"另存为"命令

在弹出的"另存文件"对话框中选择"文件类型"为 PDF(＊.pdf),即可将 WPS 文档保存为 PDF 格式文件,如图 10-5 所示。

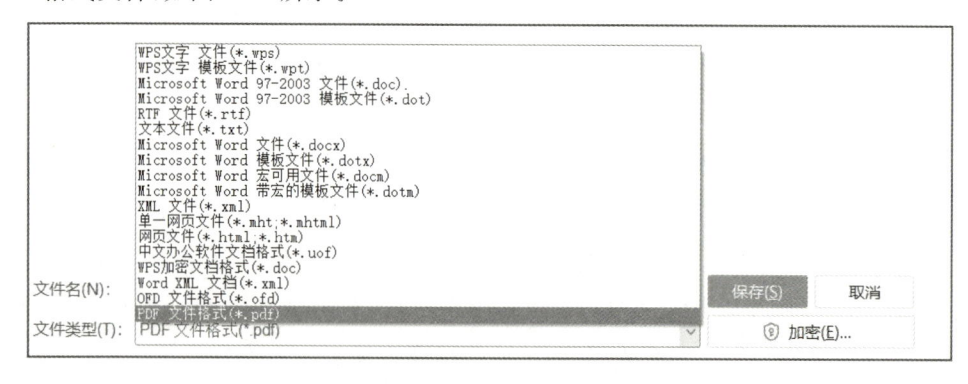

图 10-5　选择"保存类型"

另一种方法是直接将文本输出成 PDF 文件。单击"文件"选项卡"输出为 PDF"命令,如图 10-6 所示。在弹出的"输出 PDF 文件"对话框中选择"浏览"保存到什么路径,选择"确定",即可将 WPS 文档保存为 PDF 格式文件,如图 10-7 所示。

图 10-6　选择"输出为 PDF"命令

图 10-7　"输出 PDF 文件"对话框

10.2.2　数字图形图像处理技术

　　数字媒体中图形图像处理是非常重要的环节。图形图像包含的信息具有具体直观、形象、易于理解等特点。图形图像不仅用于界面的美化，也可用于内容的表达。通过对图形图像的处理，可以制作出满足不同需求的作品。

1. 图形图像的基本知识

数字图像是由扫描仪、摄像机等输入设备捕捉实际的画面而产生的图像,是由像素点阵构成的位图。图像用数字任意描述像素点、强度和颜色。当描述信息文件存储量较大时,所描述对象在缩放过程中便会损失细节或产生锯齿。在显示方面它是将对象以一定的分辨率分辨以后将每个点的色彩信息以数字化方式呈现,可直接快速地在屏幕上显示。分辨率和灰度是影响显示的主要参数。计算机中的图像从处理方式上可以分为位图和矢量图。目前比较常用的图像文件存储格式有 BMP、TIFF、GIF、JPEG、PSD、PDF、PNG、CDR、AI、DXF、EPS、PCX、TGA 等,大多数浏览器都支持 GIF、JPG 以及 PNG 图像的直接显示。SVG 格式作为 W3C 的标准格式在网络上的应用越来越广。

2. 案例教学:垃圾分类小知识——微视频中图像素材的处理

教学目标: 通过教学案例,了解图像素材处理的大体流程(知识目标)。"垃圾围城"已成我国重大环境问题,垃圾分类是环境保护工作的有机组成部分,高校作为培养社会主义的建设者和接班人的重要基地,应起到先锋作用。当代大学生从具体案例中能深刻地体会习近平新时代中国特色社会主义思想的博大精深和实践意义,感受身上肩负的责任和使命。

案例分析: 本案例是一个关于垃圾分类知识的微视频,视频采用了手绘＋逐格拍摄的表现手法。其中前期制作阶段,需要对所有手绘画面进行图像采集、输入、编辑加工、存储、输出,最后将输出的图像素材导入后期合成软件进行后期制作。在这个过程中,我们可以了解到一个图像素材处理的大体流程。

具体步骤:

第 1 步: 在纸面上完成手绘稿,通过扫描仪扫入图像。或者用数码相机拍摄采集图像到芯片上,再通过传输软件、蓝牙、数据线等方法输出到计算机中,此时注意图像存储的格式及分辨率设置。

第 2 步: 用 Photoshop 软件处理图像的色调。选择"文件"→"打开"命令,打开素材文档中的图像文档,选择"图像"→"调整"→"曲线",如图 10-8 所示。或者按快捷键【Ctrl＋M】,弹出"曲线"面板,设置输入输出的曲线节点,调整画面阴影光线效果,如图 10-9 所示。效果不理想时还可以选择"图像"→"调整"→"色阶"(快捷键【Ctrl＋L】)和"图像"→"调整"→"色相/饱和度"(快捷键【Ctrl＋U】)来补充调整,如图 10-10、图 10-11 所示。

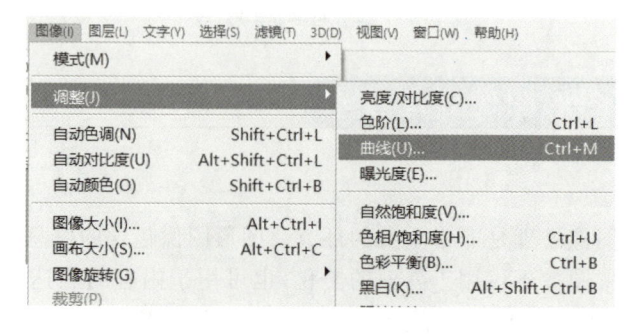

图 10-8 选择"曲线"命令

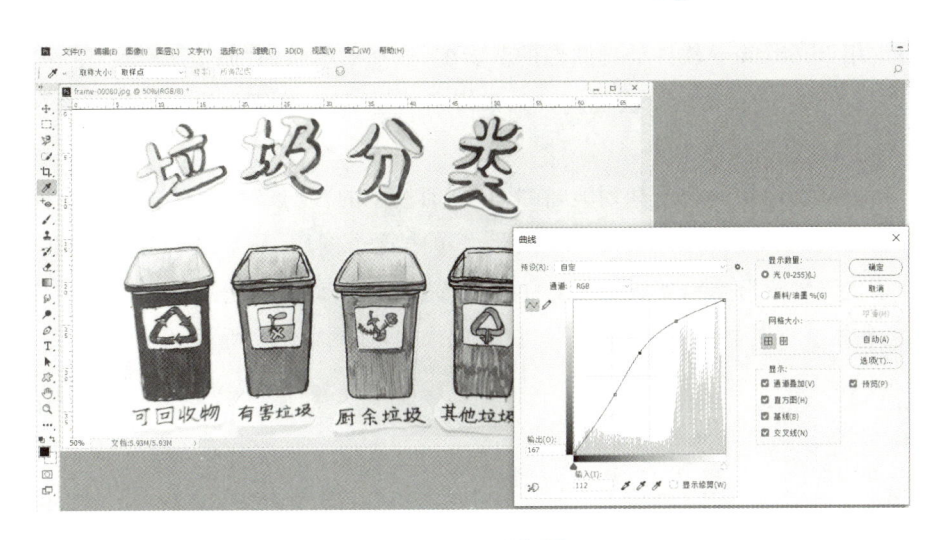

图 10-9　设置"曲线"

图 10-10　设置"色阶"

图 10-11　设置"色相/饱和度"

第 3 步：用 Photoshop 软件处理图像的清晰度，选择菜单栏的"滤镜"→"锐化"→"锐化"命令，如图 10-12 所示，图像清晰度会提高。如果清晰度还不够，可再次执行"锐化"命令（快捷键【Alt＋Ctrl＋F】），直到满意为止。

第 4 步：去除图像中的杂色和划痕，在"图层"面板中的"背景"图层面板上点鼠标右键，复制图层，命名为"背景 拷贝"，如图 10-13 所示。单击这个图层，然后选择菜单栏的"滤镜"→"杂色"→"蒙尘与划痕"命令，如图 10-14 所示，设置对话框，调节"半径"和"阈值"参数，直到图像中的杂色和划痕不明显。单击"确定"按钮完成操作，如图 10-15 所示。

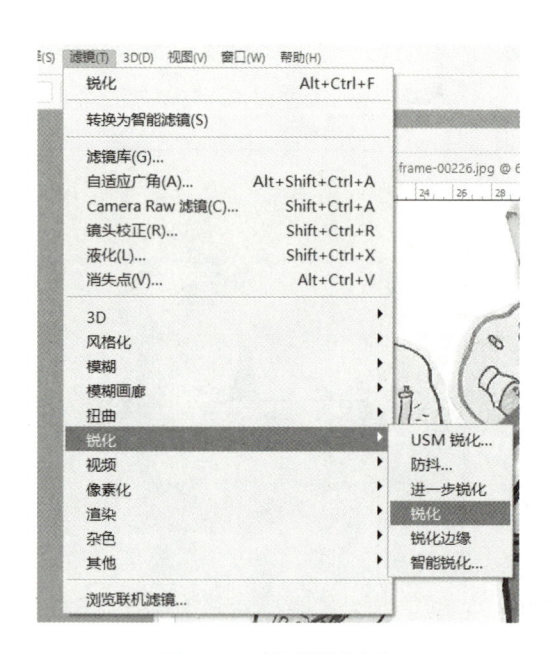

图 10-12　选择"锐化"命令　　　　　　　　图 10-13　复制图层

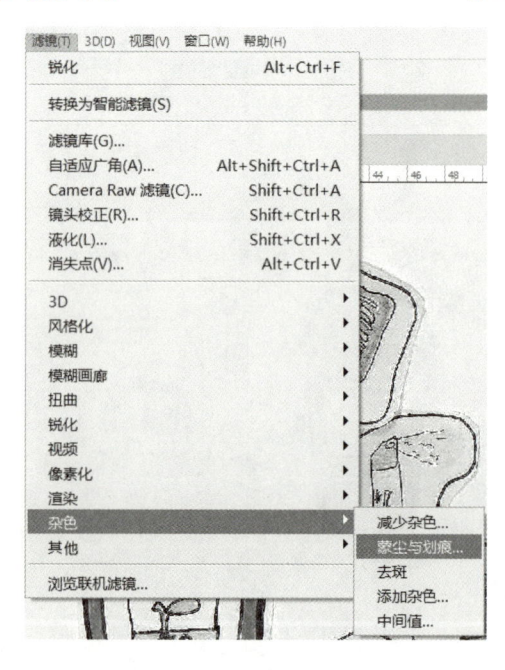

图 10-14　选择"蒙尘与划痕"命令

图 10-15　设置"蒙尘与划痕"滤镜

第 5 步：图像的压缩与存储，选择菜单栏的"文件"→"另存为"命令，将文件存储成 .JPEG 格式文件，如图 10-16 所示。压缩指的是减少图像存储量或降低图像带宽的处理。互联网是以大量的图片内容为特征的，例如 jpg 文件扩展名用于 JPEG 的图像压缩标准。JPEG 格式的图像可以用较少的磁盘空间得到较好的图像质量。

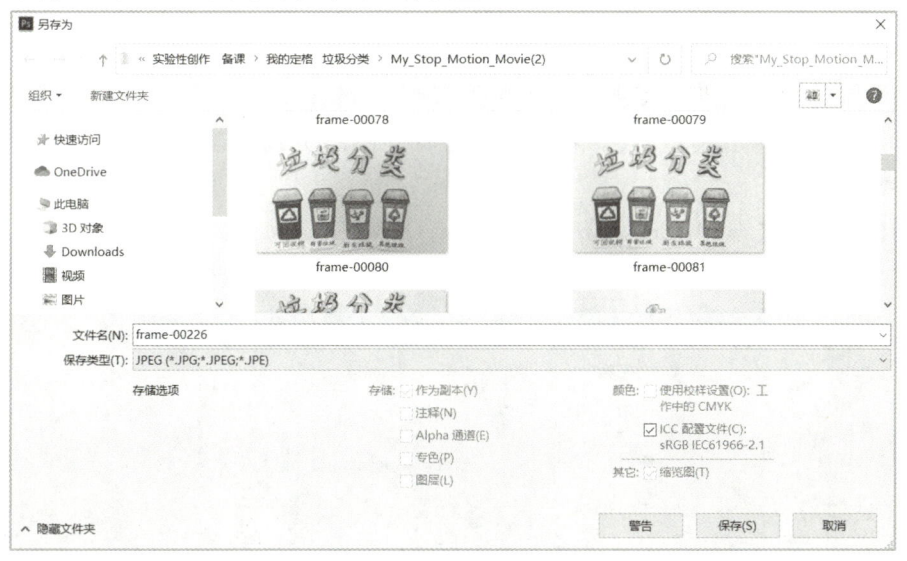

图 10-16　存储 JPEG 格式文件

10.2.3　数字音频处理技术

随着数字时代的到来，数字音、视频技术正在向各个行业不断扩展，从教育的远程授课，到交通的人脸识别，再到医疗的远程就医等，音、视频技术已经占据了一个相当重要的位置，其中数字音频的应用优势也愈发凸显。数字影视、动画作品中的对白、解说词等内容都需要专业音频文件进行配置。作为新时代背景下的青年，掌握基础的录音软件、音频剪辑合成软件是一项必备的技能。

数字音频处理相关知识请扫描二维码获取。

音频处理技术

10.2.4　数字视频处理技术

在众多的数字媒体作品中,视频是一种不可缺少的表现形式,与图形图像信息相比,视频信息更易于表现动态逼真的信息。视频与文本、图形、图像、声音、动画等组合能大大提高数字作品的直观性和形象性。随着科技的发展、5G 入局,大众对内容的消费,经历了文字到图片,图片到视频的巨大变化。视频相比图片和文字,效果更立体直观,已经成为人与社会联结的重要窗口。会创作视频的人更容易在这个时代发光发热!因此,熟练掌握数字视频处理技术十分必要。

1. 数字视频的基本知识

数字视频是对模拟视频信号进行数字化后的产物,它是基于数字技术记录视频信息的。模拟视频可以通过视频采集卡将模拟视频信号进行 A/D(模/数)转换,这个转换过程就是视频捕捉(或采集过程),将转换后的信号采用数字压缩技术存入计算机磁盘中就成为数字视频。视频数字化过程主要包括色彩空间的转换、光扫描的转换、分辨率的统一和编码压缩等。一般采用分量数字化方式,先把模拟视频信号中的亮度和色度分离得到 YUV 分量,然后用三个模数转换器对三个分量分别进行数字化,最后再转换成 RGB 方式。

(1)视频格式

常用的视频格式有 MPEG、AVI、RM、MOV/QT 和 RealMedia 等,见表 10-1。

表 10-1　　　　　　常用的视频格式

适配范围	文件格式
微软视频	wmv、asf、asx
Real Player	rm、rmvb
MPEG	mpg、mpeg、mpe
手机视频	3gp
Apple 视频	mov
Sony 视频	mp4、m4v
其他常见视频	avi、dat、mkv、flv、vob

①MPEG 是视频格式/标准系列的一个总称,包括 MPEG-1、MPEG-2 和 MPEG-4 等。采用有损压缩方法减少运动图像中的冗余信息,同时保证每秒 30 帧的图像动态刷新率,已被所有的计算机平台共同支持。

②AVI 格式是一种符合 RIFF 文件规范的数字音频与视频的文件格式。能够允许视频和音频交错在一起同步播放并支持 256 色和 RE 压缩,其优点就是兼容性好且图像质量好,缺点是文件过大。

③MOV 格式是 Apple 公司开发的一种视频格式,支持流体技术,默认播放器是 QuickTime Player。具有先进的视频和音频功能,具有存储空间小和跨平台特性,能够通过网络提供实时的数字化信息流、工作流与文件回放功能。

④RM格式是RealNetworks公司开发的一种流媒体文件格式,主要用于在低速率的网上实时传输视频,具有体积小而又较清晰的特点。

(2)视频采集

视频文件获取的方式有多种,可以通过数码摄像机拍摄,再用视频捕捉卡配合相应的软件获取视频文件,或直接利用视频素材库中提供的视频文件进行截取。另外,还可以用屏幕抓取软件来记录屏幕的动态显示及鼠标操作,以获得视频素材等。

2. 案例教学:垃圾分类小知识——微视频中视频素材的处理

教学目标: 通过教学案例,了解视频素材处理的基本流程和方法(知识目标)。通过对视频文件的剪辑,养成学生专心、用心、细心、耐心的品格,以及吃苦耐劳、严谨认真、团结协作的职业素质。同时学习垃圾科学分类方法,潜移默化,践行于行。当代大学生能深刻地体会习近平新时代中国特色社会主义思想的博大精深和实践意义,感受身上肩负的责任和使命。

案例分析: 本案例是关于垃圾分类知识的微视频剪辑,已有素材包括:粗剪过的录音文件、定格拍摄的序列图片、视频片段,我们需要将这些素材文件导入移动端剪辑软件进行剪辑、加工、包装、存储和发布。

我们都知道,一部微视频,从脚本创作,到素材拍摄和剪辑,都有非常高的学习和时间成本。一个内心有强烈表达欲望的人,很有可能在打开电脑,开始创作的第一步就败下阵来。因此,我们需要一个简单强大的视频创作工具。剪映正是这样顺势而出的。其操作的简单易用,解放了用传统剪辑软件用得焦头烂额的人们。通过手机就可以快速地将脑海里的创意变成大众更易接受的视频。它大大提升了内容表达的效率,让个人创意的表达拥有了更多可能性。它还推出图文成片功能,可以一键快速将文字转化为视频,只需粘贴文字就可得到包含配图、字幕、配音和背景音乐在内的视频。作为一个极富创新精神和时代情怀的产品,剪映的使命就是在瞬息万变的世界里,让每个人都能通过视频实现自我表达,尽情传递内容与创意。

具体步骤:

案例所用的软件是移动端视频剪辑App——剪映。

第1步: 打开手机,启动剪映应用程序,进入App主界面。

第2步: 导入素材。点击屏幕上方创作区的"开始创作"图标,如图10-17所示,进入选用素材的界面。素材选用有"最近项目"(手机相册库)和"素材库"(剪映素材库)两大板块,手机相册库里又分为三大类:"视频""照片"和"实况照片",如图10-18所示,我们从手机相册中选择垃圾分类的照片和视频素材,然后点击屏幕右下方的"添加"图标,如图10-19所示。选择音轨下方的"添加音频"选项,将录音文件"小知识——垃圾分类"导入。

第3步: 删减素材。选中视频轨道,在00:04秒处选择剪辑工具栏中的"分割"图标,如图10-20所示,将视频裁切成两部分,再选中前面的部分,选择剪辑工具栏中的"删除"图标,对视频进行剪辑,将多余部分删除。

第4步: 静帧延时。选中视频轨道,在00:01秒处选择剪辑工具栏中的"定格"图标,当前帧处的图片被延长了显示时间,相当于插入了一张图片的效果。选中图片,左右滑动白色边框,可以手动调整时长。如图10-21所示。

图 10-17　音乐导航面板　　　　图 10-18　素材的选用　　　　图 10-19　选择"添加"图标

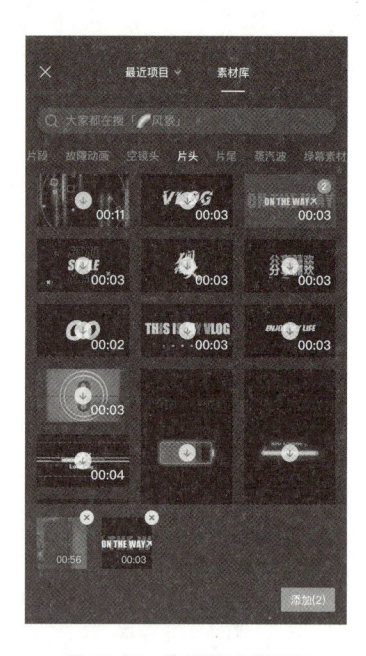

图 10-20　选择"分割"图标　　　　　　图 10-21　选择"定格"图标

第 5 步：节奏控制。选中视频，点击剪辑工具栏中的"变速"图标，如图 10-22 所示，进行视频节奏时长的调整，选择"常规变速"，如图 10-23 所示。选择 1.5X 倍速，声音变调不动，点右侧"√"图标提交操作，如图 10-24 所示。如果选择"曲线变速"，可以对视频节奏进行由慢到快、由快到慢的缓动设置，在需要变速的位置添加点，根据图表提示调节倍速。0.1X 方向表示慢速，10X 方向表示快速，如图 10-25 所示。变速设置后如图 10-26 所示。

图 10-22　选择"变速"图标　　　　　图 10-23　选择"常规变速"　　　　　图 10-24　变速设置

图 10-25　选择"曲线变速"　　　　　图 10-26　变速设置

第 6 步：转场动画。视频轨 00:30 秒处，选择"分割"图标，再选择"动画"图标，添加画面转场效果，如图 10-27 所示。动画转场效果分为"入场动画""出场动画""组合动画"三类，我们选用"组合动画"中的"旋转缩小"，动画时长设置为"8.4s"，点右侧"√"图标提交操作，如图 10-28、图 10-29 所示。

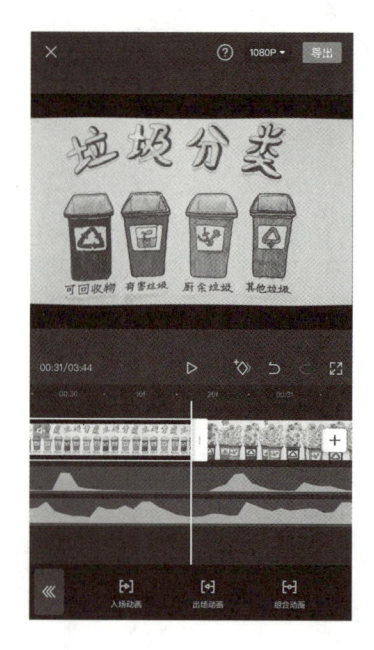

图 10-27 选择"动画"图标　　　　　图 10-28 选择"组合动画"图标

第 7 步：优化防抖。视频轨 02:52 秒处，选择"防抖"图标，设置"裁切最少"选项，点右侧"√"提交操作，如图 10-30 所示，改善画面抖动效果。

图 10-29 选用"旋转缩小"　　　　　图 10-30 "防抖"设置

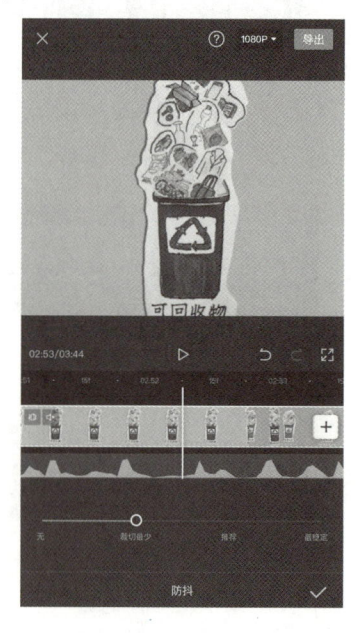

第 8 步：调节画面。视频轨 03:01 秒处，选择"调节"图标，如图 10-31 所示。再选择"暗角"图标，添加画面暗角，营造追光效果，如图 10-32 所示；选择"颗粒"图标，添加噪点，营造画面肌理效果，如图 10-33 所示。

图 10-31　选择"调节"图标　　　　　图 10-32　选用"暗角"图标

第 9 步：调整画面。视频轨 02:01 秒处，选择"编辑"图标，如图 10-34 所示。此功能栏有"镜像""旋转""裁剪"三个选项，再选择"裁剪"选项，如图 10-35 所示。选择"16∶9"选项，点右侧"√"提交操作，如图 10-36 所示。

图 10-33　选用"颗粒"图标　　　　　图 10-34　选用"编辑"图标

第 10 步：添加蒙版。视频轨 03:25 秒处，选择"蒙版"图标，如图 10-37 所示，再选择"镜面"选项，设置周围羽化效果，点右侧"√"提交操作，如图 10-38 所示。

207

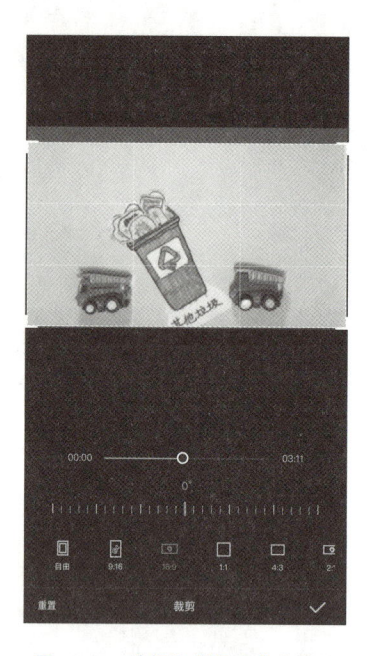

图 10-35　选用"裁剪"图标　　　　　　　图 10-36　选择"√"提交裁剪操作

图 10-37　选择"蒙版"图标　　　　　　　图 10-38　选用"镜面"图标

第 11 步：画面特效。视频轨 03:38 秒处，选择主屏幕下方工具栏中的星星魔杖"特效"图标，再选择"画面特效"选项，选择"热门"卡窗内的"全剧终"效果，点右侧"√"提交操作，如图 10-39 所示。剪映软件自带多种特效，可根据类型选项卡查找，从预览窗查看选用。特效加入后，时间轴上会出现紫色长条，选择左右两边的边框，可以拖曳特效显示时长，操作非常简单、直观，如图 10-40 所示。

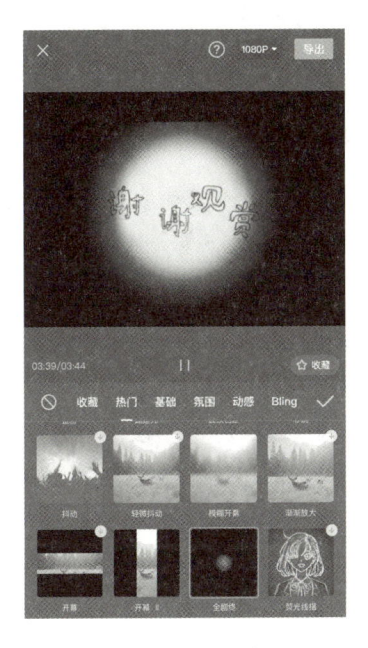

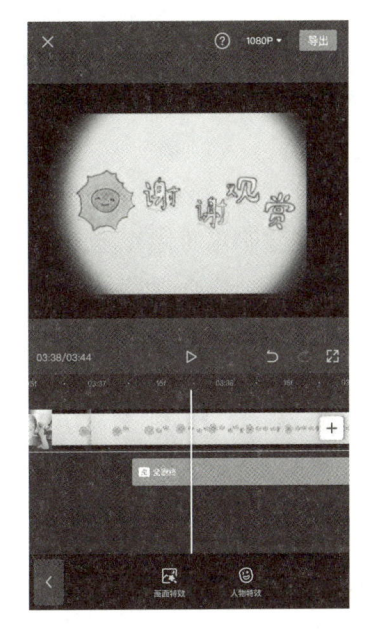

图 10-39　特效的选用　　　　　　　　图 10-40　调整特效显示时长

第 12 步：导出视频。

10.3　HTML5 新特性

10.3.1　认识 HTML5

　　HTML5 是万维网的核心语言、超文本标记语言(HTML)的第五次重大修改版本。所谓"超文本"，就是指页面里可以包含图片、链接、声音等非文字元素。HTML5 是 HTML 最新的修订版本，2014 年 10 月由万维网联盟(W3C)完成标准制定。它是新一代互联网的标准，是构建以及呈现互联网内容的一种语言方式。如果说苹果公司重新发明了手机，那么 HTML5 则重新定义了网络。它是链接手机、平板电脑、PC 以及其他移动终端的桥梁，可以更丰富地展现页面，让视频、音频、游戏以及其他元素构成一场华丽的代码盛宴。它特有的 canvas 标签和多种选择的游戏开发引擎，让游戏开发更便捷。

　　在 HTML5 之前，由于各个浏览器之间的标准不统一，浏览器之间由于兼容性而引起的错误浪费了大量的时间。HTML5 的目标就是将 Web 带入一个成熟的应用平台。在这个平台上，视频、音频、图像、动画以及交互都被标准化。它具备兼容通用、简洁高效、合理无插件、可分离等优势，克服了传统 HTML 平台的问题，正在以一种惊人的速度被迅速推广并应用。

10.3.2　HTML5 的新特性

HTML 1.0 到 5.0 经历了巨大的变化,从单一的文本显示功能到图文并茂的多媒体显示功能,许多特性经过多年的完善,已经发展为一种非常重要的标记语言。HTML5 最重要的 3 项技术就是 HTML5 核心规范、CSS3(Cascading Style Sheet,层叠样式表的最新版本)和 JavaScript(一种脚本语言,用于增强网页的动态功能)。HTML5 的一个核心理念就是保持一切新特性并与原有功能保持平滑过渡,而不是否定之前的 HTML 文档。以"尽可能简化"为原则,化繁为简,简化了文档类型和字符集的声明,强化了编程接口,如绘图、获取地理位置、文件读取等,使页面设计更加简单;HTML5 以浏览器的原生能力代替复杂的 JS 代码,有精确定义的错误恢复机制,以"用户大于一切"为宗旨的良好的用户体验。

1. 语义化标签

HTML5 提供了新的元素来创建更好的页面结构,见表 10-2。

表 10-2　　　　　　　　　　　　　　语义化标签

标签	描述
<article>	定义页面独立的内容区域
<aside>	定义页面的侧边栏内容
<bdi>	允许您设置一段文本,使其脱离其父元素的文本方向设置
<command>	定义命令按钮,比如单选按钮、复选框或按钮
<details>	用于描述文档或文档某个部分的细节
<dialog>	定义对话框,比如提示框
<summary>	标签包含 details 元素的标题
<figure>	规定独立的流内容(图像、图表、照片、代码等)
<figcaption>	定义 <figure> 元素的标题
<footer>	定义 section 或 document 的页脚
<header>	定义了文档的头部区域
<mark>	定义带有记号的文本
<meter>	定义度量衡。仅用于已知最大和最小值的度量
<nav>	定义运行中的进度(进程)
<progress>	定义任何类型的任务的进度
<ruby>	定义 ruby 注释(中文注音或字符)
<rt>	定义字符(中文注音或字符)的解释或发音
<rp>	在 ruby 注释中使用,定义不支持 ruby 元素的浏览器所显示的内容
<section>	定义文档中的节(section、区段)
<time>	定义日期或时间
<wbr>	规定在文本中的何处适合添加换行符

2. 智能表单

表单是实现用户与页面后台交互的主要组成部分，HTML5 在表单的设计上功能更加强大。input 类型和属性的多样性大大地增强了 HTML 可表达的表单形式，再加上新增加的一些表单标签，使得原本需要 JavaScript 来实现的控件，可以直接使用 HTML5 的表单来实现；一些如内容提示、焦点处理、数据验证等功能，也可以通过 HTML5 的智能表单属性标签来完成。见表 10-3。

表 10-3　　　　　　　　　　　　　智能表单属性标签

标签	描述
<datalist>	定义选项列表。请与 input 元素配合使用该元素，来定义 input 可能的值
<keygen>	规定用于表单的密钥对生成器字段
<output>	定义不同类型的输出，比如脚本的输出

3. 绘图画布

HTML5 的 canvas 元素可以实现画布功能，该元素通过自带的 API 结合使用 JavaScript 脚本语言在网页上绘制图形和处理，拥有实现绘制线条、弧线以及矩形，用样式和颜色填充区域，书写样式化文本，以及添加图像的方法，且使用 JavaScript 可以控制其每一个像素。HTML5 的 canvas 元素使得浏览器无须 Flash 或 Silverlight 等插件就能直接显示图形或动画图像。SVG、Canvas、WebGL 及 CSS3 的 3D 功能使得图形渲染更高效，页面效果更精致。

4. 多媒体

音频视频能力的增强是 HTML5 的最大突破，在通过增加了<audio>、<video>两个标签来实现对多媒体中的音频、视频使用的支持，只要在 Web 网页中嵌入这两个标签，而无须第三方插件（如 Flash）就可以实现音视频的播放功能。HTML5 对音频、视频文件的支持使得浏览器摆脱了对插件的依赖，加快了页面的加载速度，扩展了互联网多媒体技术的发展空间。

5. 地理定位

现如今移动网络备受青睐，用户对实时定位的应用越来越多，要求也越来越高。HTML5 通过引入 Geolocation 的 API 可以通过 GPS 或网络信息实现用户的定位功能，定位更加准确、灵活。通过 HTML5 进行定位，除了可以定位自己的位置，还可以在他人对你开放信息的情况下获得他人的定位信息。

6. 数据存储

HTML5 较之传统的数据存储有自己的存储方式，允许在客户端实现较大规模的数据存储。基于 HTML5 开发的网页 App 拥有更短的启动时间、更快的联网速度，这些全得益于 HTML5 App Cache，以及本地存储功能。本地离线存储 Local Storage 长期存储数据，浏览器关闭后数据不丢失。

7. 多线程

HTML5 利用 Web Worker 将 Web 应用程序从原来的单线程业界中解放出来，通过创建一个 Web Worker 对象就可以实现多线程操作。JavaScript 创建的 Web 程序处理事务都是在单线程中执行的，响应时间较长，而当 JavaScript 过于复杂时，还有可能出现死锁的局面。HTML5 新增加了一个 WebWorker API，用户可以创建多个在后台的线程，将耗费较长时间的处理交给后台而不影响用户界面和响应速度，这些处理不会因用户交互而中断运行。使用后台线程不能访问页面和窗口对象，但后台线程可以和页面之间进行数据交互。

10.3.3 案例教学：冬奥会主题响应式网站

1. 项目描述

这是一个关于冬奥会的响应式网站，它不同于普通的静态网页，该项目适用于多种屏幕大小，页面效果会随屏幕大小的改变而实时调整，这是一种新型网页设计理念，我们把它叫作——响应式 WEB 设计。响应式网站的优势在于可以针对不同的终端显示出合理的页面，实现一次开发、多处适用。网站以 2022 年北京冬季奥运会为主题，介绍冬奥项目，展示精彩赛程，宣传主题活动，旨在传播奥林匹克知识，弘扬奥林匹克精神，推广冰雪运动，宣传冬奥文化，展现冬奥魅力。网站 PC 版效果如图 10-41 所示。将浏览器窗口缩小到移动设备大小后，页面效果如图 10-42 所示，汉堡式菜单栏的呈现方式也会因视口的变化而自动适应，效果如图 10-43 所示。

图 10-41　冬奥网站 PC 版 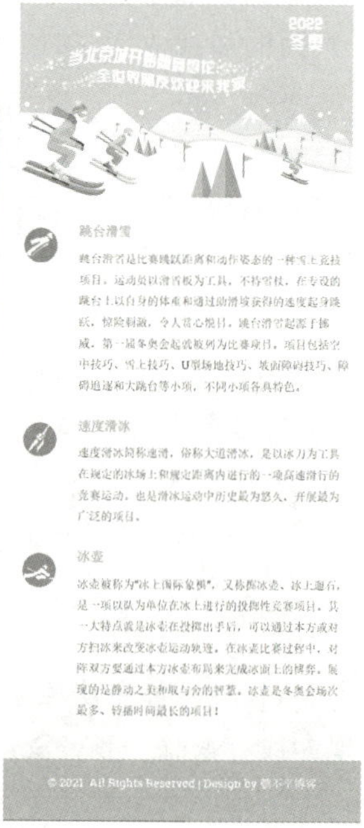　　　图 10-42　冬奥网站移动版 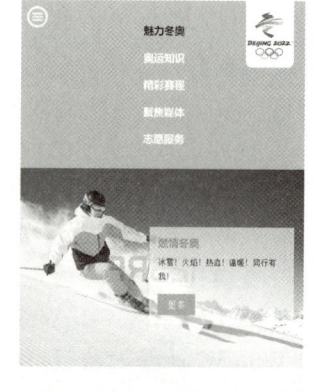　　　图 10-43　移动版汉堡菜单呈现效果

2. 知识储备

想要顺利完成此项目,我们需要有一定的 HTML5 和 CSS3 的知识储备,并了解视口的概念,熟悉媒体查询的实现方法和百分比布局的使用方法。

(1)视口知识

视口在响应式设计中是一个非常重要的概念。视口的作用:不管网页原始分辨率尺寸有多大,都能将其缩小显示在手机浏览器上。移动端三种视口:布局视口、视觉视口和理想视口,如图 10-44 所示。

①布局视口(layout viewport):指浏览器绘制网页的视口,一般移动端浏览器都默认设置了布局视口的宽度。布局视口存在的问题:当移动端浏览器展示 PC 端网页内容时,由于移动端设备屏幕比较小,网页在手机的浏览器中会出现左右滚动条,用户需要左右滑动才能查看完整的一行内容。

②视觉视口(visual viewport):指用户正在看的网站的区域,这个区域的宽度等同于移动设备的浏览器窗口的宽度。当手机中缩放网页的时候,操作的是视觉视口,而布局视口仍然保持原来的宽度。

③理想视口(ideal viewport):指布局视口的大小和屏幕宽度一致,用户不需要左右滚动页面。在开发中,为了实现理想视口,需要给移动端页面添加标签配置视口,通知浏览器来进行处理。

HTML5 中,将＜meta＞标签中的 name 属性设为 viewport,即可设置视口。示例语法:
＜meta name="viewport" content="user-scalable=no,
width=device-width, initial-scale=1.0, maximum-scale=1.0"＞

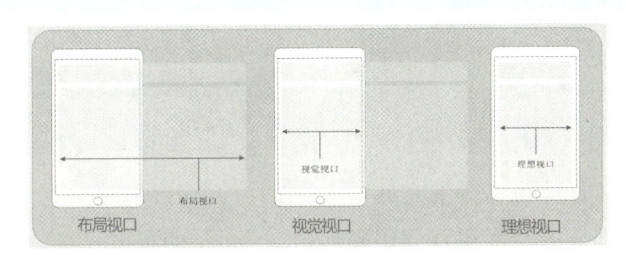

图 10-44 移动端三种视口

(2)媒体查询知识

在 CSS3 规范中,媒体查询可根据视口宽度、设备方向等差异来改变页面的显示方式。媒体查询由媒体类型和条件表达式组成,示例代码如下所示:

```
<style>
  @media screen and (max-width: 960px) {
  }
</style>
```

上述代码表示媒体类型为 screen 并且屏幕宽度 ≤ 960px 时的样式。

(3)百分比布局知识

掌握百分比布局的使用,能够实现灵活的响应式网站布局。它是一种等比例缩放布局方式,在 CSS3 代码中使用百分比来设置宽度。计算方式为:目标元素宽度÷父盒子的宽度=百分数宽度。

3. 项目流程分析

有了前面知识的储备，接下来我们进行项目结构及制作流程分析。

（1）页面结构组成

我们的这个响应式页面分为四个部分，如图 10-45 所示，分别是 header（导航）、banner（宣传窗口）、mission（中间区域）和 footer（版权信息）。具体的页面标注和结构如图 10-46 所示。

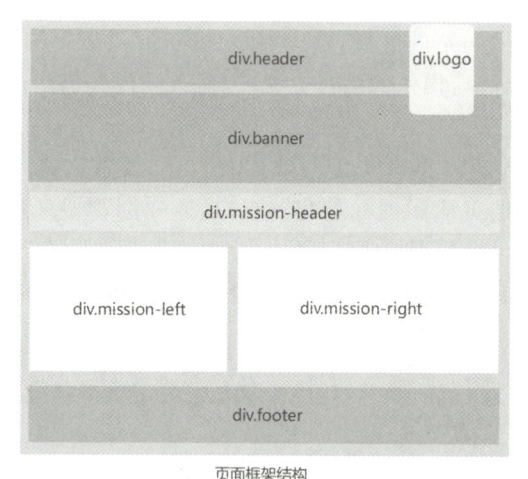

图 10-45　冬奥主页面框架结构

图 10-46　冬奥主页面框架结构

响应式页面的细节设计包括以下几处：

①响应式页面各部分的宽度用百分比表示，如 header 的宽度设置为 100%。

②header 里面包括导航菜单和 Logo 左右两部分，其中 Logo 部分使用绝对定位；在＜nav＞中嵌套＜ul＞列表制作导航菜单。

③当屏幕缩小到 575px 时，出现汉堡菜单按钮，该按钮使用＜lable＞标签嵌套＜img＞标签引入按钮图片，该按钮的功能使用 CSS 通过 checkbox 进行控制。

④banner 部分由 div.banner 嵌套 div.banner-info 构成，为 div.banner 设置背景图，当浏览器窗口缩小时，需要对 div.banner 设置媒体查询。

⑤在 PC 端 div.mission-left 和 div.mission-right 两部分横向排列，在移动端需要使用媒体查询，将其纵向排列。

（2）具体步骤

对平面效果图进行分析后，得到页面结构。我们通常都按照从整体到部分，从上到下，从左到右的顺序进行网站页面的制作。

第 1 步：建立站点。其实站点就是我们硬盘上的一个文件夹，将 HTML 文档、CSS 样式、image 等文件统一存放在这个文件夹中。我们用 HBuilderX 编码器来制作。首先打开

HBuilderX，选择"新建"菜单下的"项目"来新建项目，如图 10-47、图 10-48 所示。搭建项目基本框架，目录结构中包含 css、images 等文件，将设计好的图片和 LOGO 放置到 images 文件夹中，如图 10-49 所示。

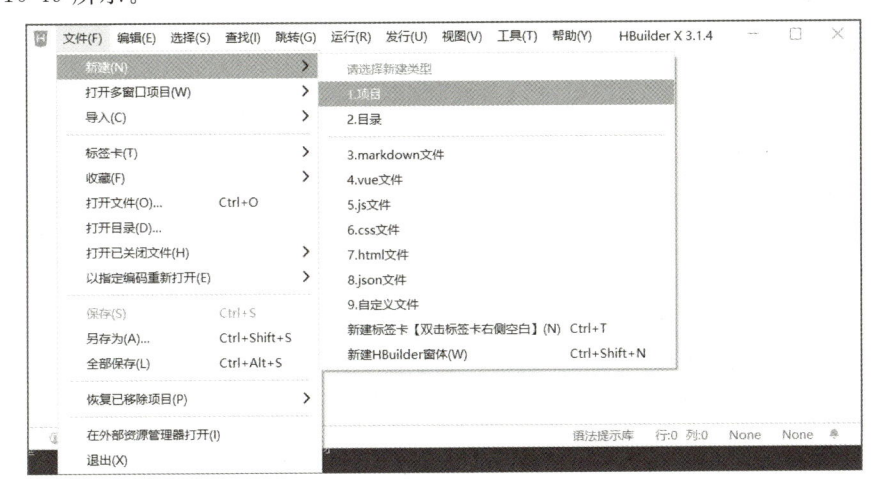

图 10-47　选择"新建"项目

图 10-48　设置新建选项

图 10-49　images 文件夹

第 2 步：创建项目入口文件：dong'ao.html 文档（入口文件通常命名为 index.html，这里以冬奥拼音字母命名），设置视口，添加文档标题。

```html
<!DOCTYPE html>
<html>
    <head>
        <meta name="viewport" content="width=device-width, initial-scale=1">
        <meta http-equiv="Content-Type" content="text/html; charset=utf-8" />
        <link href="css/response.css" rel="stylesheet" type="text/css" media="all" />
        <title>响应式冬奥空间</title>
    </head>
    <body>
    </body>
</html>
```

第 3 步：在 dong'ao.html 文件中，编写 HTML 结构代码。

```html
<body>
    <!-- header 抬头导航部分 -->
    <div class="header"></div>
    <!-- banner 宣传窗口部分 -->
    <div class="banner"></div>
    <!-- mission 中间内容部分 -->
    <div class="mission"></div>
    <!-- footer 页脚部分 -->
    <div? class="footer"></div>
</body>
```

第 4 步：设置项目公共样式，在 response.css 文件中编写网站公共样式。

```css
*:before,
*:after{     /* 规定应从父元素继承 box-sizing 属性的值 */
    box-sizing: inherit;
}
*{     /* 去除所有元素默认的 margin、padding、border 值 */
    margin: 0; padding: 0; border: 0;
}
ul, li{     /* 去除 ul li 元素标记的类型 */
    list-style-type: none;
}
```

第 5 步：实现导航菜单和 Logo 页面效果。在 dong'ao.html 文件中编写 header 结构代码，如下所示。运行到浏览器 chrome，效果如图 10-50 所示。

```html
<!-- header -->
    <div class="header">
        <div class="container">
            <nav>
                <input type="checkbox" id="togglebox" />
                <ul>
                    <li><a class="active" href="index.html">魅力冬奥</a></li>
                    <li><a href="#">奥运知识</a></li>
                    <li><a href="#">精彩赛程</a></li>
                    <li><a href="#">聚焦媒体</a></li>
                    <li><a href="#">志愿服务</a></li>
                </ul>
                <!--汉堡菜单按钮-->
                <label class="menu" for="togglebox"><img src="images/menu.png"/></label>
            </nav>
            <div class="logo">
                <a href="index.html"><img src="images/logo.png"/></a>
            </div>
            <div class="clearfix"></div>
        </div>
    </div>
<!-- //header -->
```

图 10-50　header 结构效果

第 6 步:实现 header 区域效果,在 response.css 文件中编写样式代码。按此方法,先建立结构,再添加样式,依次实现剩余的 banner、mission 和 footer 部分,如图 10-51 至图 10-52 所示。

```css
/*--header, nav--*/
.header{
    width:100%;
    background:#64bedf;
    padding:33px 0;
    position:relative;
}
nav ul {
    margin: 0;
    padding: 0;
}
nav ul li{
    margin:0 35px;
    display:inline-block;/*将其设置为块级元素*/
}
nav ul li a{
    font-family: 'Arial Narrow Bold', sans-serif;
    color: #fff;
    font-size: 1.5em;/*20px÷16px=1.25*/
    font-weight:800;/*定义字体粗细*/
}
nav ul li a:hover,nav ul li a.active{
    color:#000;
}
/* 复选框用于切换菜单的开合状态 */
nav input[type="checkbox"] ,
.menu{
    position: absolute;/*相对于父元素绝对定位*/
    left: 2%;
    top: 10px;
    display:none;/*隐藏不显示*/
}
.logo{
    position:absolute;/*绝对定位,设置宽高*/
    right: 10%;
    top: 0%;
}
```

图 10-51　header 部分代码实现

```css
/*--banner--*/
.banner{
    width:100%;
    background:url(../images/banner.jpg) no-repeat 0px 0px;
    background-size:cover;
    min-height: 680px;
    overflow: hidden;
}
.banner-info{
    width: 30%;
    background:rgba(255, 255, 255, 0.65);
    padding: 30px 30px;
    float:right;
    margin-top: 320px;
}
.banner-info h3{
    font-family: 'Arial Narrow Bold', sans-serif;
    font-size: 1.5em; /*24px÷16px=1.5*/
    color: #438d9d;
}
.banner-info p{
    font-size:0.875em; /*14px÷16px=0.875*/
    line-height:1.8em;
    color:#000;
    margin: 9px 0 15px;
}
.banner-info a{
    display: inline-block;/*将其设置为块级元素*/
    padding:7px 15px;
    background: #51a9bd;
    font-size:1em;
    color:#ffffff;
}
a.button:hover,
a.button:focus,
a.button:active {
    background: #37c2d7;
    text-decoration: underline;
}
```

图 10-52　banner 部分代码实现

```css
/*--mission--*/
.mission {
    background:#ebffff;
    padding: 80px 0;
}
.mission-header h3 {
    font-family: 'Arial Narrow Bold', sans-serif;
    font-size: 4em;
    color: #3c9bb0;
    text-align: center;
}
.mission-container{
    margin-top: 35px;
}
.mission_div{
    width: 50%;
    float: left;
    position: relative;
    min-height: 1px;
    padding:0 15px;
}
.mission-left img {
    width: 100%;
}
.mis-one {
    margin-bottom: 30px;
}
.mis-left {
    width: 15%;    float: left;
}
.mis-left img {
    width: 100%;
}
.mis-right {
    width: 82%;    float: right;
}
.mis-right h3 {
    font-size: 1.45em; /*20px÷16px=1.25*/
    color: #ff8800;
}
.mis-right p {
    font-size: 0.875em;/*14px÷16px=0.875*/
    color: #000;
    line-height: 1.8em;
    margin: 12px 0 0 0;
}
```

图 10-53　mission 部分代码实现

```css
/*--footer--*/
.footer {
    padding: 18px 0;
    background: #64bedf;
}
.footer p {
    margin: 9px 0 0 0;
    font-size: 0.875em;
    color: #fff;
    text-align: center;
}
.footer p a {
    color: #fff;
}
.footer p a:hover,.footer p a.active{
    color:#000;
}
```

图 10-54　footer 部分代码实现

第7步：最后选择"运行"→"运行到浏览器"→"chrome"查看冬奥主题网站最终效果。至此，我们的第一个响应式冬奥会主题的网站就制作完成了，是不是很有成就感?!

HTML 完整代码

学习思考

1. 请谈谈你对视口的理解以及视口和屏幕尺寸的区别。

2. 为什么响应式设计需要百分比布局？

3. 请简述响应式网站项目制作的流程。

延伸阅读

单元11
虚拟现实

单元导读

能想象吗？戴上VR（虚拟现实）眼镜，我们就可以置身于商场，还可以对我们青睐的商品进行挑选；我们也可以体验一把汽车驾驶，或许连着我们开车的恐惧一起治愈；我们也可以穿越到某个朝代，真正地了解当时的历史事件；我们也可以足不出户游览山川河流，看到世界的尽头……接下来我们一起来了解一下虚拟现实技术吧。

学习目标

- 了解虚拟现实的概念、发展历程、应用场景及未来趋势；
- 了解虚拟现实的硬件设备、开发软件和语言以及Unity 3D引擎；
- 了解Unity开发工具；
- 了解VR项目的创建。

11.1 初识虚拟现实

11.1.1 虚拟现实的概念

虚拟现实即Virtual Reality，简称VR。虚拟现实技术简单来说，就是指借助计算机技术模拟生成一个形象且逼真的虚拟环境，用户可以使用特定的硬件设备参与到虚拟环境中，从而产生身临其境的体验。

11.1.2 虚拟现实的发展历程

虚拟现实的发展大体上经历三个阶段。

1. 第一阶段（探索阶段）

1929年，艾德温·林克（Link E. A.）发明了林克训练机（也称为林克练习器），简称林克机，这是世界上最早的飞行模拟器。该模拟器使乘坐者实现了对飞行的一种感觉体验，也是人类模拟仿真物理实现的首次尝试，如图11-1所示。

1956年，被誉为VR之父的著名电影摄影师莫顿海利格（Morton Heilig）发明了Sensorama全传感仿真模拟器，可以激发除了视觉和听觉之外的更多感官体验，该模拟器使用了3D显示器、一些风扇、气味发生器以及振动椅的3D互动终端，人坐在椅子上，把头伸进模拟器内，可以听到摩托车的声响，感受到迎面风吹的温度，路面颠簸的震动，甚至能闻到布鲁克林马路的味道，可以体验到虚拟摩托车狂飙的感觉，如图11-2所示。

图11-1　林克训练机

图11-2　Sensorama全传感仿真模拟器

1968年，伊凡·苏泽兰（Ivan Surtherland）研制出了第一个头盔式显示器（HMD），称为"达摩克利斯之剑"，这在虚拟现实技术发展史上是一个重要的里程碑，如图11-3所示。在HMD的样机完成后不久，研制者们又反复研究，在此基础上把能够模拟力量和触觉的力反馈装置加入这个系统中，并于1970年研制出了一个功能较齐全的头盔式显示器系统。

2. 第二阶段（形成阶段）

1978年，埃里克.豪利特（Eric Howlett）发明了一种超广视角的立体镜呈现系统（The Large Expanse, Extraperspective, LEEP），这套系统尽可能地矫正了在扩大视角时可能产生的畸变，把静态图片转换为3D效果，如图11-4所示。

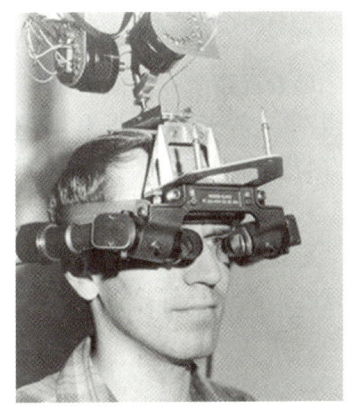

图11-3　"达摩克利斯之剑"头盔式显示器

图 11-4　LEEP

1987 年,"虚拟现实之父"、美国 VPL 公司创始人拉尼尔(Jaron Lanier)设计出一款价值 10 万美元的虚拟现实头盔,这是世界上第一款投放市场的 VR 商业产品。

3. 第三阶段(发展阶段)

该阶段由研究转向应用阶段,在商业、医学、航空、教育、工程设计、娱乐方面都有所应用。

1993 年 11 月,宇航员利用虚拟现实系统的训练成功完成了从航天飞机的运输舱内取出新的望远镜面板的工作。波音公司在一个由数百台工作站组成的虚拟世界中,用虚拟现实技术设计出由 300 万个零件组成的波音 777 飞机。

1996 年 10 月 31 日,世界上第一场虚拟现实技术博览会在伦敦开幕。全世界的人们都可以通过 Internet 坐在家中参观这个没有场地、没有工作人员、没有真实展品的虚拟博览会。

1996 年 12 月,世界第一个虚拟现实环球网在英国投入运行。这样,Internet 用户便可以在由一个立体虚拟现实世界组成的网络中遨游,身临其境般地欣赏各地风光、参观博览会和到大学课堂听讲座等。输入英国"超景"公司的网址之后,显示器上将出现"超级城市"的立体图像。用户可从"市中心"出发参观虚拟超级市场、游艺室、图书馆和大学等场所。

2015 年及以后,虚拟现实头盔 HTC VIVE、Project Morpheus、Oculus Rift 和增强现实眼镜 Hololens 等陆续上市。

11.1.3　虚拟现实的应用

随着近年来 VR 技术的不断深入发展,VR 技术可以融合的行业领域在不断拓宽,应用领域由军事、航天、飞机制作等延伸到娱乐、艺术、影视、医疗、教育、体育、房地产、旅游、制造和消费等行业。

1. 游戏

虚拟现实最早用于游戏领域,虚拟现实游戏所拥有的逼真互动性提供了新的可能性,以虚拟现实形式运行游戏会使游戏的体验上升到更高的层次。如图 11-5 所示。

图 11-5　VR 游戏

2. 医学

VR 在医学方面的应用具有十分重要的现实意义。VR 手术是利用各种医学影像数据,利用虚拟现实技术在计算机中建立一个模拟环境,医生借助虚拟环境中的信息进行手术计划、训练,以及实际手术过程中引导手术的新兴手术方法。如图 11-6 所示。

图 11-6　VR 医学应用

3. 军事

VR 技术的进步使得军事装备日益智能化。利用虚拟现实技术模拟战场单兵演练,使受训士兵"真正"进入形象逼真的战场,从而增强受训者的临场反应,大大提高训练质量。如图 11-7 所示。

图 11-7　VR 军事应用

4. 教育

目前,VR 技术的发展已经与教育领域充分融合,在虚拟现实的学习环境下,学生们置身于生动、逼真的课堂氛围中,如星空探索、太空旅行和地理历史知识学习等,通过广泛的科目领域提供无限的虚拟体验,让学生学习印象更加深刻。这种亲身经历感受的主动交互学习方式对知识的学习与传统的教学更有说服力。如图 11-8 所示。

图 11-8　VR 教育应用

5. 影视

VR 电影带给观众身临其境的感觉,随着虚拟现实技术在影视方面的不断拓展,一些 VR 线下影院已经出现在人们的视线中,人们可以在 VR 线下影院中佩戴 VR 设备,各自坐在独立的座椅上,可以随意选择不同的电影,拥有不同的体验。如图 11-9 所示。

图 11-9　VR 影视应用

6. 工业

现在,VR 技术在工业领域上的运用变得越来越广泛,如在汽车制造业中,VR 技术已经在设计、零部件制造、组装和销售环节都有应用。如图 11-10 所示。

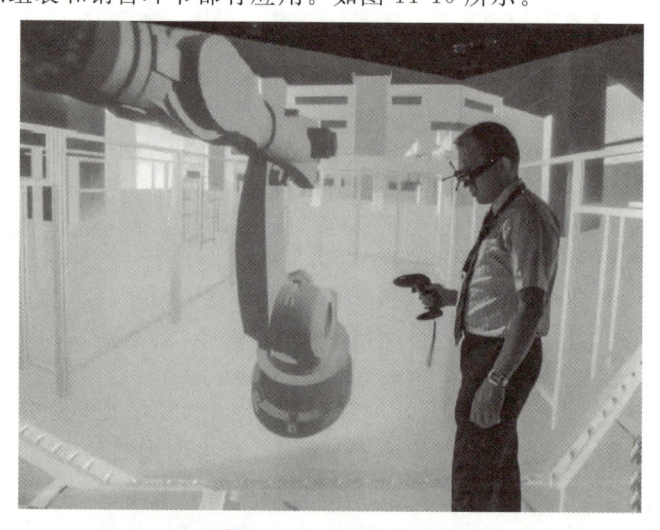

图 11-10　VR 工业应用

11.1.4　虚拟现实的未来趋势

从虚拟现实技术的发展历程来看,虚拟现实的未来趋势依然会遵循"低成本、高性能"的原则。主要的发展方向如下:

1. 动态环境建立技术

虚拟环境的创建是虚拟现实技术最为核心的内容,动态环境建模主要的目的是在获得现实环境数据的基础上,创建相应的虚拟环境的模型。

2. 实时三维图像生成与显示

三维图像生成技术已经较为成熟,目前关键是实时生成如何实现,目前就如何在不降低图像质量与复杂程度的基础上对频率的刷新是今后发展的重点研究内容。

3. 研制新型交互设备

虚拟现实要能够完成人自由地和虚拟世界内的对象实现交互,有一种身临其境的感受,使用的主要输入、输出设备有数据手套、头盔显示器、三维声音产生器、三维位置传感器以及数据衣服等。所以,价格低廉、新型、耐用性好的数据衣服和手套将成为今后的研究重点。

4. 智能语音虚拟建模

虚拟现实建模过程是较为复杂的,需要有较多的时间和精力。假设将智能、语音识别等技术与虚拟现实技术相结合的话,可以很好地对这一问题加以解决。

5. 应用大型分布式网络虚拟现实

分布式网络虚拟现实是将零散的虚拟现实系统和仿真器利用网络将其连接在一起,采取协调一致的标准、结构、数据库以及协议,创建出一个在空间、时间相互联系的虚拟合成系统,使用者可以进行自由的交互。

小组讨论内容:

对虚拟现实的未来有哪些期待?

11.2　认识虚拟现实开发工具

11.2.1　VR 硬件交互设备

VR 硬件交互设备主要分为 PC 主机端头显、移动端头显以及 VR 一体机。HTC Vive 是具有代表性的 PC 主机端头显之一,如图 11-11 所示。HTC Vive 允许用户在一定范围内走动,同时还搭配有两个专用的 VR 手柄,该设备本身技术含量较高,对所连接的主机设备要求较高,同比普通的 VR 硬件交互设备,体验效果还是要好很多,但该设备使用时需要一些数据线连接主机,用户体验一些游戏或产品时会受到数据线的束缚。

图 11-11　HTC Vive

移动端头显相对于 PC 端头显设备来说成本低很多，其价格优势更有利于移动 VR 设备的推广。三星 Gear VR 于 2015 年 11 月正式发布，该设备的性能效果在移动端的 VR 市场来说是领先的，如图 11-12 所示。较小的质量和较低的成本也成了它重要的竞争力，可以在低成本的控制下获得高质量的体验，但该设备的缺点也是明显的，首先就是瞳距不能调节，会降低体验效果，其次 Gear VR 仅支持三星的 Android 手机，在通用性上受到了限制。

图 11-12　Gear VR

VR 一体机是具备独立处理器的 VR 头显。它具备独立运算、输入和输出的功能。VR 一体机具有数据无线传输、计算实时处理、产品体积轻巧等特点，VR 一体机的出现让虚拟现实诞生了统一的体验标准，从而让 VR 内容可以制作得更加极致。目前，Pico VR 一体机以其外形小巧、性价比高、开发简单等优点，受到越来越多使用者和开发者的青睐，如图 11-13 所示。

图 11-13　Pico 4ks VR 一体机

11.2.2　VR 开发软件和语言

VR 开发软件主要是虚拟现实开发平台和三维设计软件。

目前，主流的虚拟现实开发平台主要有 Unity 和 UE4。Unity 支持所有的主流 HMD，具备优秀的跨平台能力，内容可以被部署到 Windows、Linux、VR、ios、Android 以及 WebGL 等各类系统中，如图 11-14 所示。Unity 支持所有主流的 3D 格式，在 2D 项目开发方面功能也很强大，Unity 开发目前使用的是 C♯语言，一般用 Visual Studio 或 Visual Studio Code 编辑器。

图 11-14　Unity 软件界面

UE4 也是一款非常优秀的 3D 引擎，它着力打造非常逼真的画面，是一个面向虚拟现实游戏开发、主机平台游戏开发和 DirectX 11 个人电脑游戏开发的完整开发平台，提供了游戏开发者需要的大量核心技术、数据生成工具和基础支持，如图 11-15 所示。UE4 最大的优势在于图形表现力，它目前使用的开发语言是 C＋＋语言，采用 Blueprint 可视化编辑器。

图 11-15　UE4 软件界面

三维设计软件主要有 3ds Max 和 Maya。3ds Max 是 Discreet 公司开发的基于 PC 端的三维动画渲染和制作软件,广泛应用于广告、影视、工业设计、建筑设计、多媒体制作、游戏、辅助教学及工程可视化等领域,软件界面如图 11-16 所示。

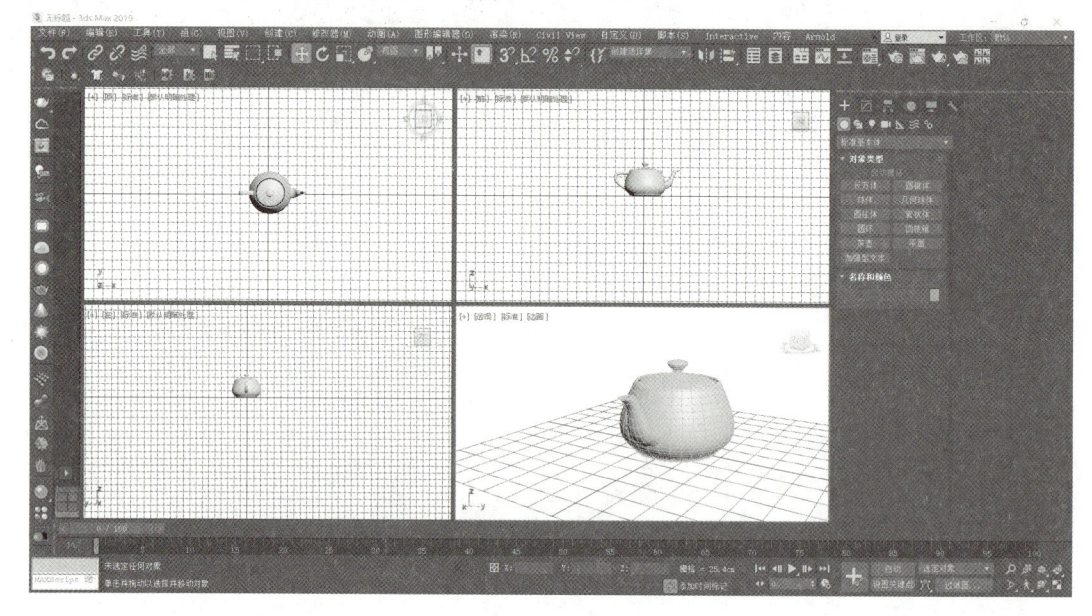

图 11-16　3ds Max 软件界面

　　Maya 是美国 Autodesk 公司出品的世界顶级的三维动画软件,应用对象是专业的影视广告、角色动画和电影特技等,该软件功能完善、工作灵活、易学易用、制作效率极高、渲染真实感极强,是电影级别的高端制作软件,如图 11-17 所示。

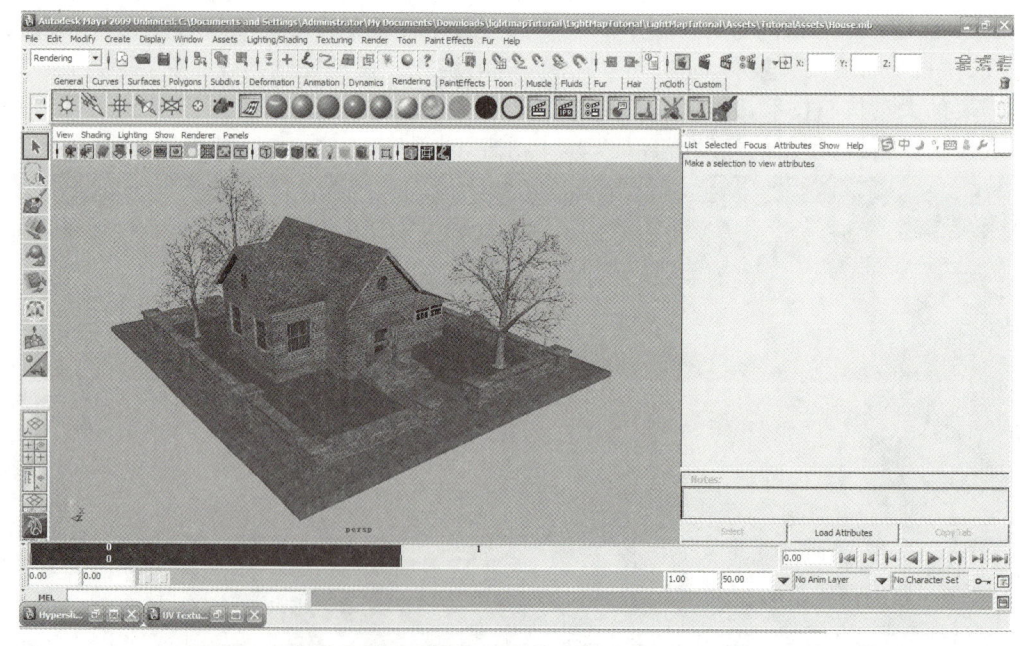

图 11-17　Maya 软件界面

　　VR 开发语言主要是 Unity 脚本 C♯和 UE4 脚本 C++。Unity 中 C♯的使用和传统的 C♯有一些不同,Unity 中所有挂载到对象上的脚本都必须继承 MonoBehavior 类。UE4 中对 C++做了一些包装,减轻 C++开发难度,但对于新手来说,选择 UE4 蓝图能快速掌握引擎在代码层面提供的功能。

11.2.3　Unity 3D 引擎

Unity 是当前业界领先的 VR 内容制作工具,是大多数 VR 创作者首选的开发工具,世界上超过 60% 的 VR 内容是用 Unity 制作完成的。Unity 具有跨平台的优势,支持市面上绝大多数的硬件平台,原生支持 Oculus Rift、Steam VR/VIVE、Gear VR、Pico VR 等。

小组讨论内容:

目前接触过哪些 VR 产品?有什么样的体验?

11.3　使用 Unity 开发工具

Unity 3D 也称 Unity,是由 Unity Technologies 开发的一个让玩家轻松创建诸如三维视频游戏、建筑可视化、实时三维动画等类型互动内容的多平台的综合型游戏开发工具,是一个全面整合的专业游戏引擎。其由于 Unity 强大的功能以及跨平台性,被用于诸多 VR 产品的开发,是一款非常优秀的虚拟现实开发工具。下面来了解一下 Unity 软件吧。

Unity 拥有强大的编辑界面,开发者可以通过可视化的编辑界面创建 Unity 项目。Unity 的基本界面主要包括菜单栏、工具栏以及五大视图,五个视图分别为 Hierarchy(层次)视图、Project(项目)视图、Inspector(检视)视图、Scene(场景)视图和 Game(游戏)视图,如图 11-18 所示。工具栏中各个图标是很重要的,我们在表 11-1 中对每个图标的功能进行了详细说明。

下载与安装 Unity

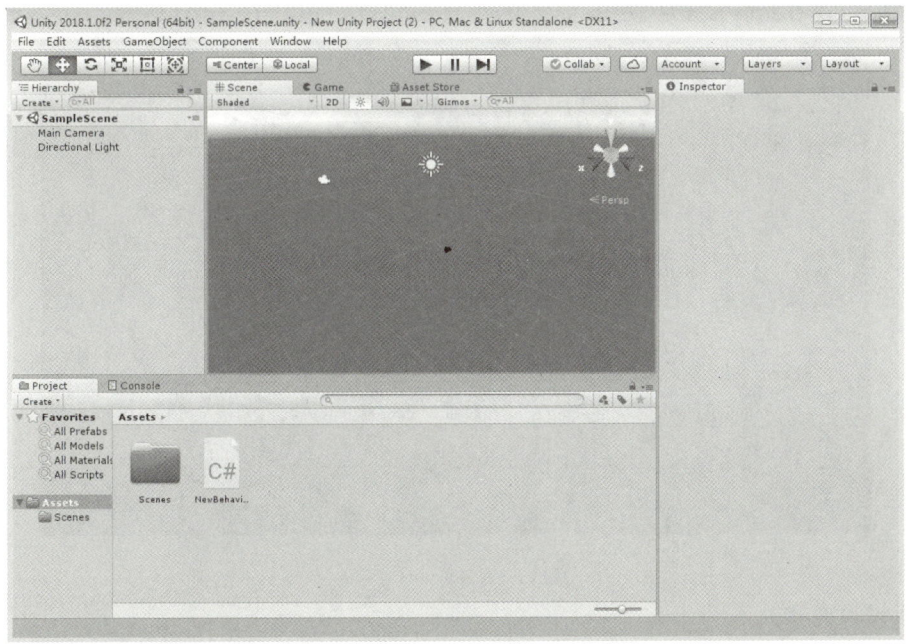

图 11-18　Unity 界面

表 11-1　　　　　　　　　　　主要工具栏功能介绍

图标	工具名称	功能描述
✋	平移工具	平移场景视图画面
✤	移动工具	针对单个或两个轴的方向做移动
↻	旋转工具	针对单个或两个轴的方向做旋转
▣	缩放工具	针对单个轴向或整个对象做缩放
⛶	矩形工具	设定矩形选框
✦	多重工具	可实现移动、旋转和缩放
▶	播放	播放项目进行运行测试
⏸	暂停	暂停项目运行并暂停测试
⏭	单步执行	单步进行测试

在 Unity 3D 中也可以单击右上角 Layouts 按钮，可以改变视图模式，如图 11-19 所示，在下拉列表中可以看到有很多种视图，如 2 by 3、4 Split、Default、Tall、Wide 等。

图 11-19　Layouts 菜单

小组讨论内容：

Unity 安装对计算机有什么要求？

11.4 创建第一个 VR 项目

11.4.1 安装插件

不同的 VR 硬件平台会提供针对本身平台的插件给开发者使用，Pico VR 一体机提供了 PicoVR SDK 给不同平台的开发者使用。在 Unity 开发引擎环境下，使用 PicoVR SDK 可实现 VR 项目的开发，开发的 VR 项目可以在 Pico VR 一体机上运行。

可以进入 PicoVR SDK 官网，单击 PicoVR Unity SDK(Deprecated)项，然后单击"Download"按钮，可进行 PicoVR SDK 下载，如图 11-20 所示。

图 11-20　PicoVR SDK 下载页面

下载完成后，导入 PicoVR Unity SDK 的 UnityPackage 包，可看到如图 11-21 所示的目录：

图 11-21　PicoVR Unity SDK 目录结构

Assets>PicoMobileSDK 下的每个子目录都对应 SDK 中相应的功能：

- Pvr_BoundarySDK 里包含的是安全区的相关功能；
- Pvr_Controller 里包含的是手柄的相关功能；
- Pvr_Payment 里包含的是支付的相关功能；
- Pvr_ToBService 里包含的是系统接口的相关功能；
- Pvr_UnitySDK 里包含的是 Sensor 渲染的相关功能；
- Pvr_VolumePowerBrightness 里包含的是音量、亮度的相关功能。

在这里主要用到了 Pvr_UnitySDK 目录中的文件来设置 VR 摄像机。

11.4.2　VR 环境设置

在 Project 视图中，依次展开"Assets"→"PicoMobileSDK"→"Pvr_UnitySDK"→"Prefabs"，将 Pvr_UnitySDK 预制体拖放入场景，在预制体对应的 Inspector 属性面板中，设置 Transform 组件的 Position 和 Rotation 均设置为(0,0,0)，如图 11-22 所示。

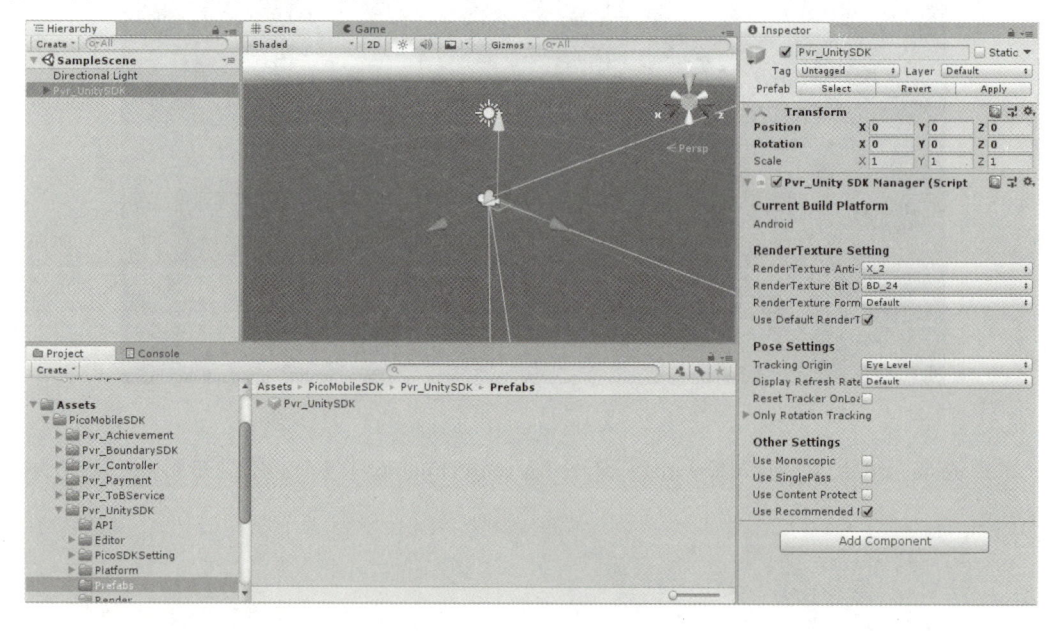

图 11-22　添加 Pvr_UnitySDK 预制体

这样在场景中就有了一个 VR 摄像机，我们需要把场景中原来默认的 Main Camera 删除。单击 Play 运行按钮，在 Game 窗口中可看到如图 11-23 所示的运行界面。

在 Unity 编辑器中，可以按住 Alt＋移动鼠标，可以实现画面跟着上下左右转动；按住 Alt＋单击鼠标左键，可以实现 VR 模式和 Mono 模式的切换。

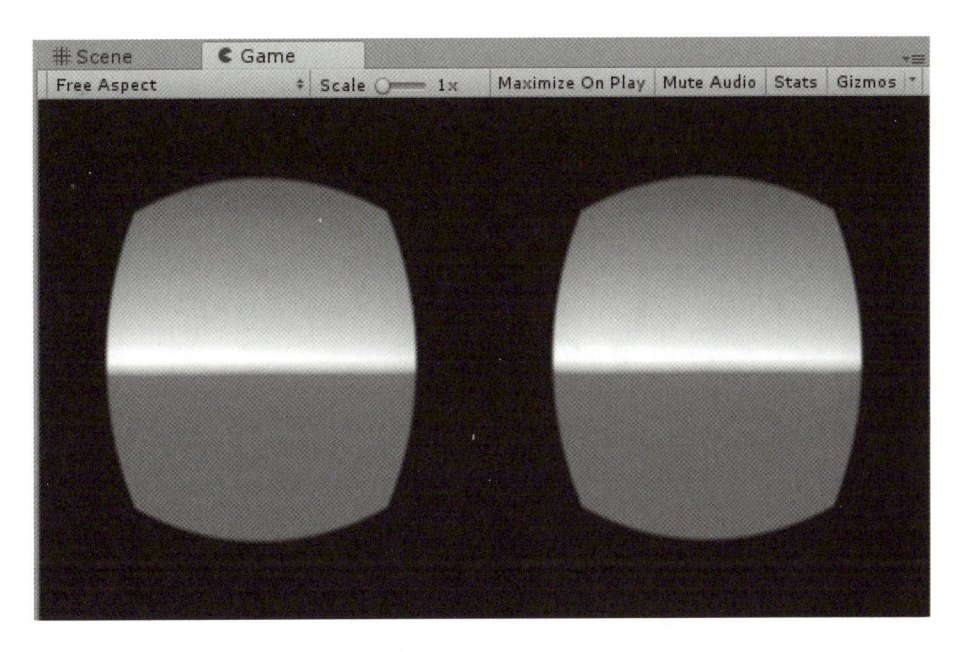

图 11-23 模拟运行

11.4.3 案例教学：消失的按钮

下面通过对立方体的凝视，测试 VR 凝视功能，实现凝视按钮时按钮消失。首先搭建 VR 环境，添加凝视的 SDK 脚本，然后创建按钮，设置按钮触发时消失。具体操作步骤如下：

步骤 1 首先把 Picovr 的 sdk 导入 Unity 中，然后把 Project 视图中的 PicoMobileSDK/Pvr_UnitySDK/Prefabs/Pvr_UnitySDK 预制体拖入 Hierarchy 视图中，调整预制体的位置和角度，删除场景中默认的 Main Camera 主摄像机，如图 11-24 所示。

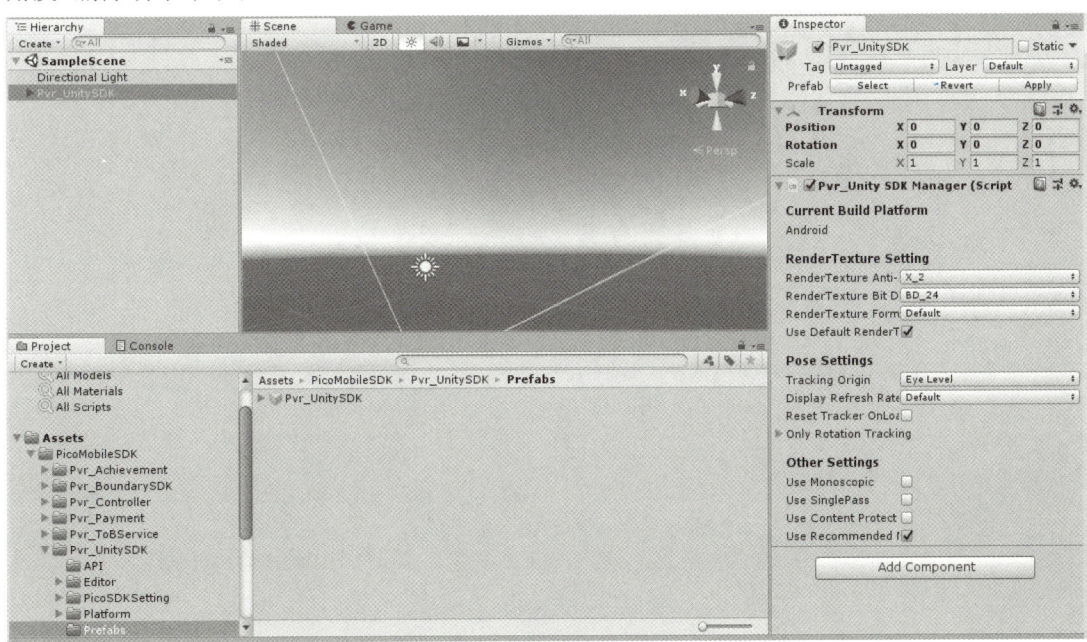

图 11-24 添加 Pvr_UnitySDK 预制体

步骤 2 创建 Canvas，设置 Canvas 的 Render Mode（渲染模式）属性为 World Space，并为 Event Camera 属性添加 Head 摄像机，如图 11-25 所示。

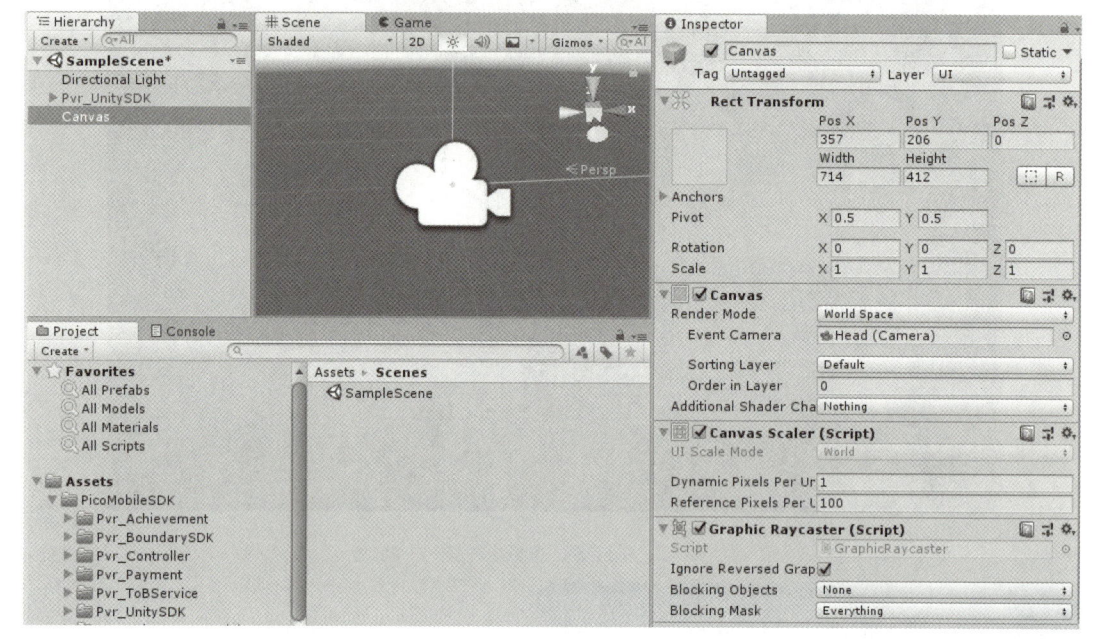

图 11-25 创建 Canvas

步骤 3 在 PicoVR sdk 的 Demo 中打开 Spere 场景，在 Pvr_UnitySDK 预制体对象中复制 SightPointer 子对象，然后打开默认场景，粘贴为 Head 的子物体，并修改名称为 GazePoint，设置位置为(0,0,0)，如图 11-26 所示。

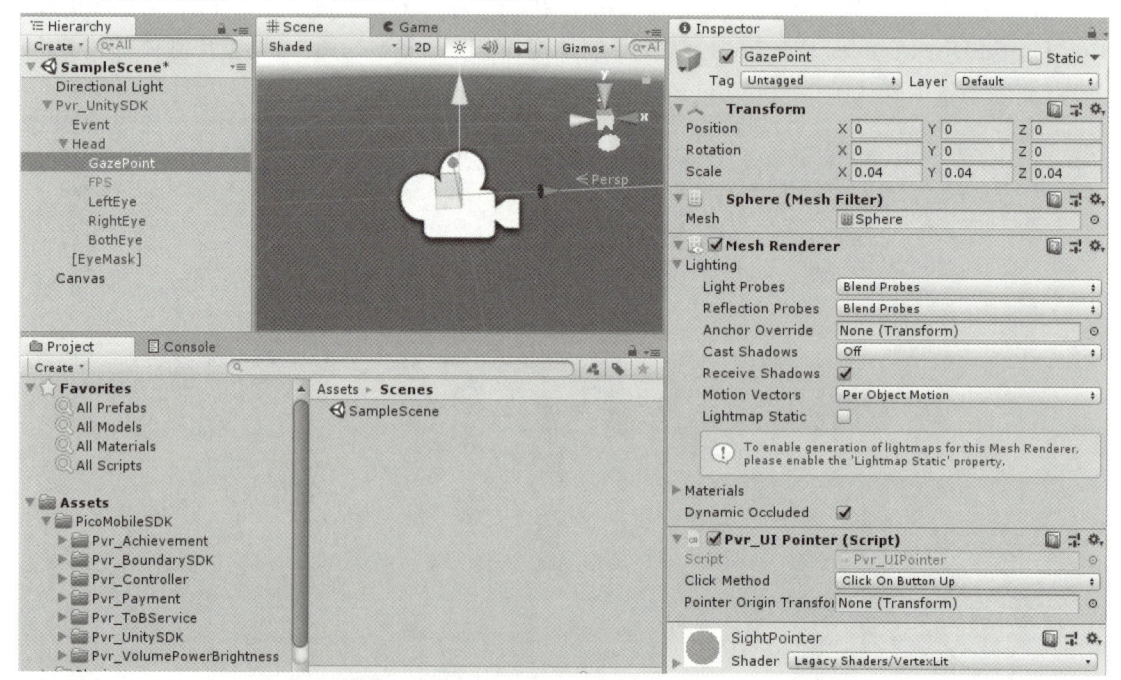

图 11-26 创建 GazePoint

步骤 4 再次创建 Canvas 作为 GazePoint 的子对象，设置 Canvas 组件的 RenderMode 属性为 World Space，把 Head 拖放到 Event Camera 属性中，并调整 Canvas 的大小，使其在场景

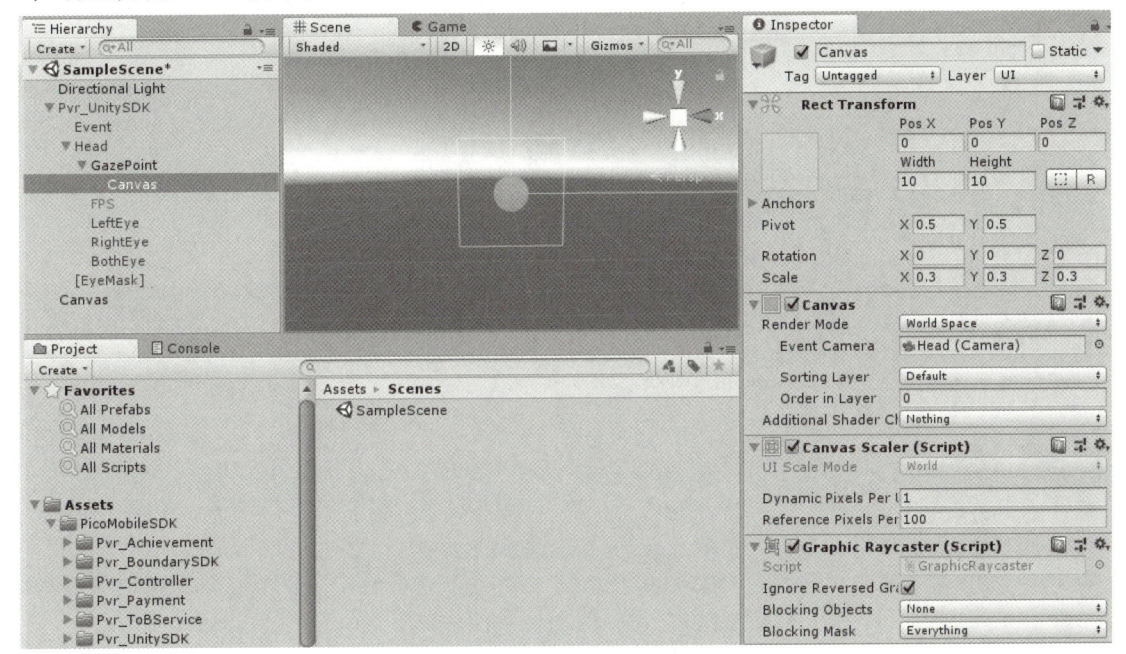

中可见,如图 11-27 所示。

图 11-27　创建 GazePoint 下的 Canvas

步骤 5　导入"Loading"纹理图片,并设置为精灵图片,然后在 Canvas 下创建 Image,在对应的 Inspector 属性面板中修改 Image 组件的 Source Image 为 Loading 精灵图片,如图 11-28 所示。

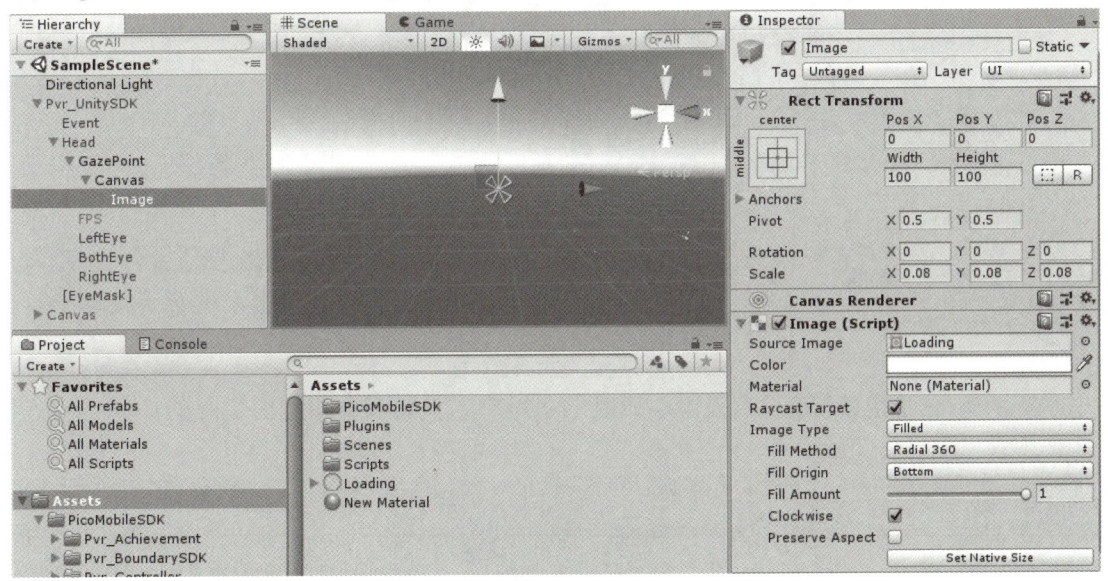

图 11-28　添加 Image

步骤 6　选择预制体中的 Event 子对象,在对应的 Inspector 属性面板中添加 Pvr_Gaze Input Module 脚本,并且修改 Mode 属性为 Gaze,同时添加 Pvr_GazeInputModuleCrosshair 脚本,添加 GazePoint 对象,如图 11-29 所示。

步骤 7　实现圆环转圈效果的凝视。选择 Image 对象,在对应的 Inspector 属性面板中修改 Image 组件的 Image Type 属性为 Filled,添加 Pvr_Gaze Fuse 脚本,如图 11-30 所示。

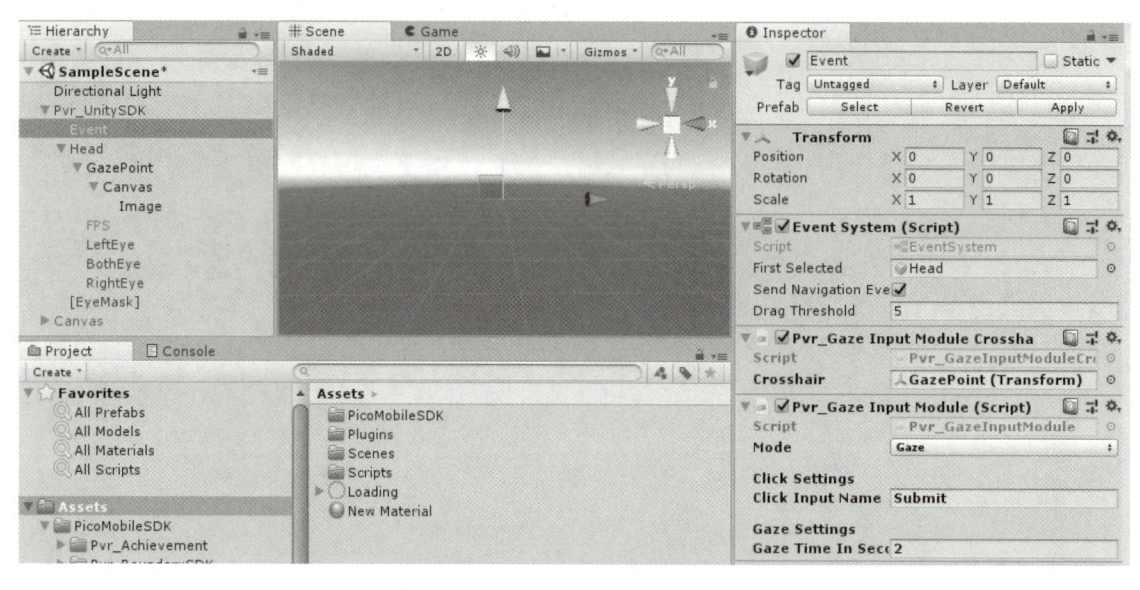

图 11-29　给 Event 添加凝视脚本

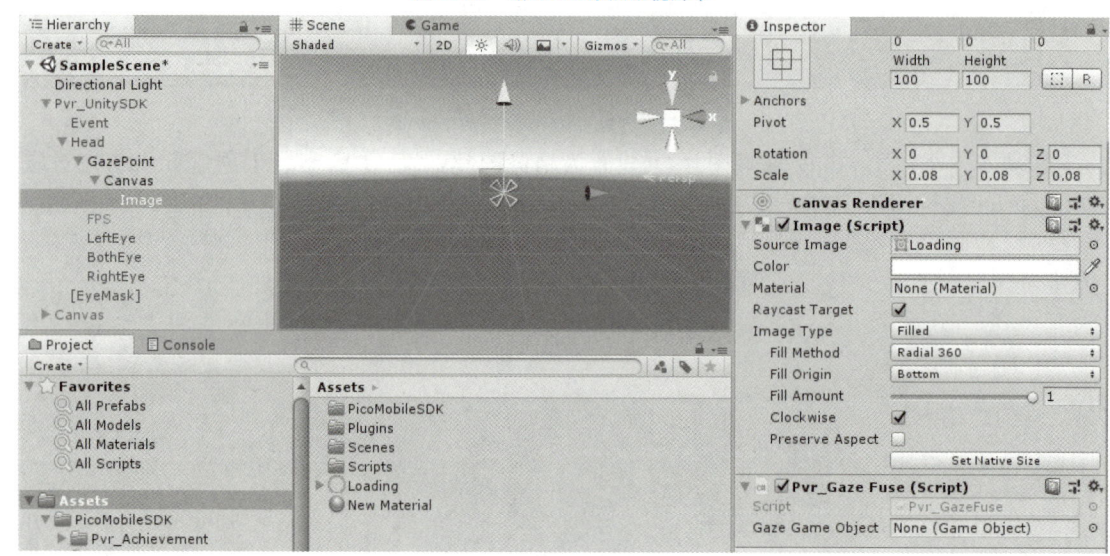

图 11-30　圆环转圈设置

步骤 8　创建按钮设置位置及大小如图 11-31 所示，然后调整按钮的父对象 Canvas 的位置及大小，如图 11-32 所示。

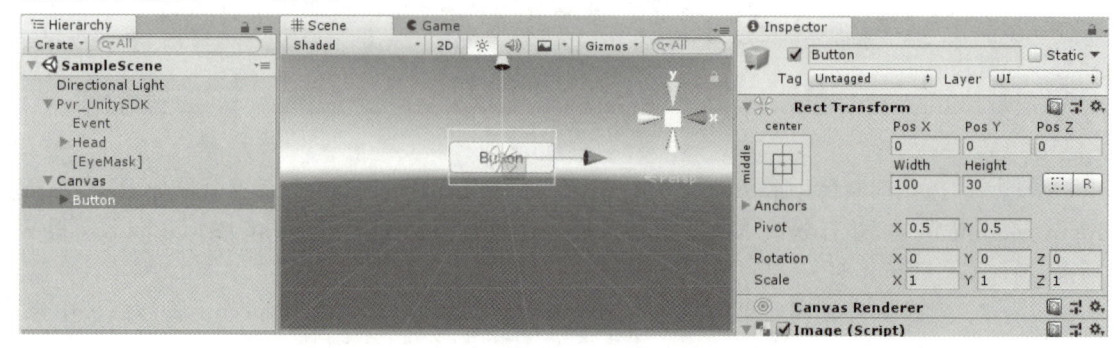

图 11-31　创建 Button

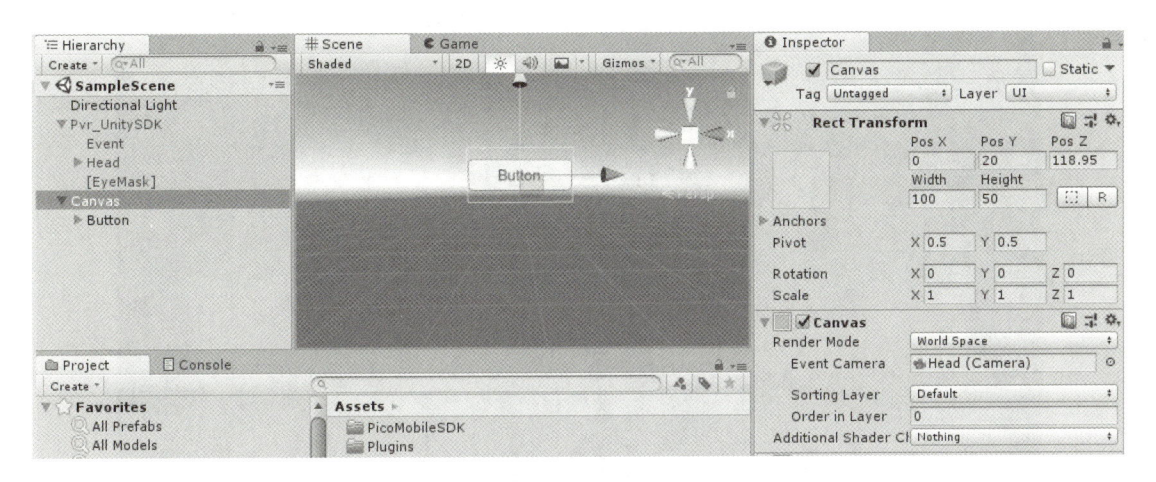

图11-32　设置 Button 的父对象 Canvas

步骤 9　在 Button 对象的 Inspector 属性面板中添加 Event Trigger 组件,单击"Add New Event type",选择"PointerClick"添加事件,拖入 Button 对象,然后找到对象中的 GameOjbect 及 SetActive 方法,如图 11-33 所示。

图11-33　Button 对象添加凝视触发事件

步骤 10　单击 Play 运行,可看到如图 11-34、图 11-35 所示的效果。

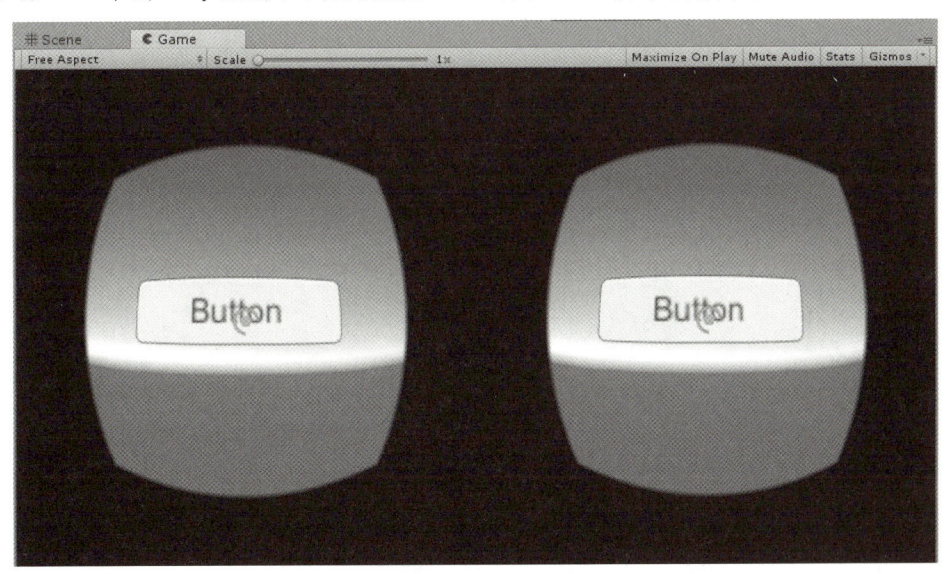

图11-34　凝视中效果

小组讨论内容:

Unity 摄像机和 VR 摄像机有什么区别?

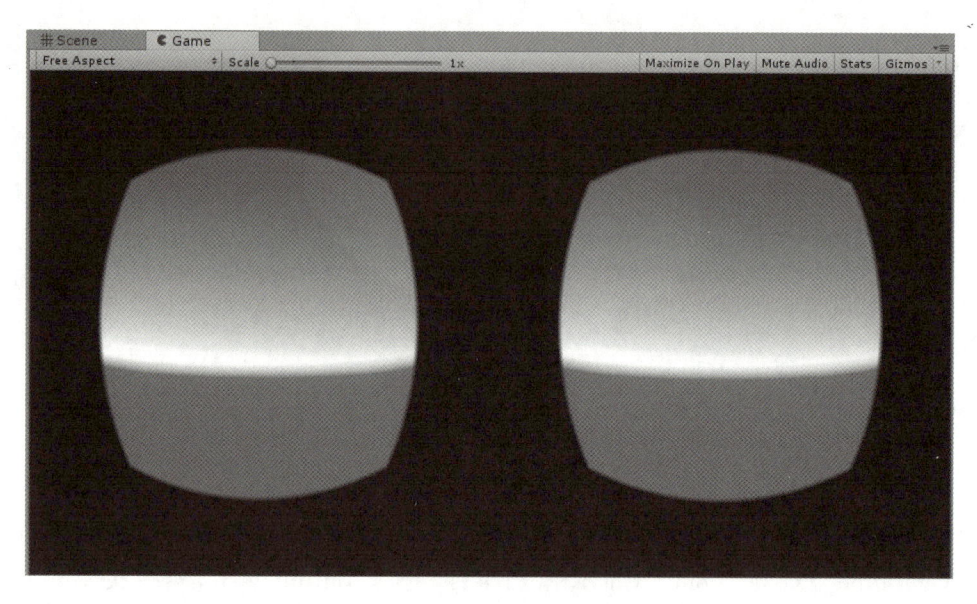

图 11-35　凝视后效果

学习思考

一、填空题

1. _____是指借助计算机技术模拟生成一个形象且逼真的虚拟环境,用户可以使用特定的硬件设备参与到虚拟环境中,从而产生身临其境的体验。

2. VR 硬件交互设备主要分为_____、_____以及_____。

3. 目前主流的虚拟现实开发平台主要有_____和_____。

4. 三维设计软件主要有_____和_____。

二、选择题

1. 下面哪个是虚拟现实的简称(　　)。

  A. XR　　　　　　B. VR　　　　　　C. MR　　　　　　D. AR

2. 下面哪个不是虚拟现实硬件交互设备(　　)。

  A. Pico VR 一体机　　　　　　B. HTC Vive

  C. Gear VR　　　　　　　　　D. HUB

3. 下面哪个不属于 Unity 的视图(　　)。

  A. Hierarchy 视图　　B. Project 视图　　C. Inspector 视图　　D. VR 视图

4. Pico VR 一体机提供了(　　)插件供不同平台的开发者使用。

  A. Pico SDK　　　B. PicoVR SDK　　　C. VR SDK　　　D. Pico VR

三、查阅文献资料题

1. Unity 和 UE4 各有什么优、缺点?

2. 虚拟现实、增强现实与混合现实有什么区别?

延伸阅读

单元12

区块链

单元导读

区块链是一种开放、透明、分散、无摩擦和安全的技术,是关于分布式数据存储、点对点信息传输、共识机制、密码学算法等技术的综合应用。近年来,区块链技术得到了快速的发展,对技术革新和产业革命有非常重要的意义。

2019年10月24日,在中央政治局第十八次集体学习时,习近平总书记强调要把区块链作为核心技术自主创新的重要突破口,加快推动区块链技术和产业创新发展。区块链已走进大众视野,成为社会的关注焦点。

顺应国家大力发展区块链的趋势,自2020年以来,全国迎来了区块链政策热潮,中央以及各地方政府纷纷颁布区块链相关政策。2021年区块链被列为"十四五"七大数字经济重点产业之一,迎来创新发展新机遇。截止到2020年11月,国家层面共有50项区块链政策信息公布,各地区块链相关政策达190余项,其中广东省、山东省、北京市等20多个省市出台了区块链专项政策。世界各国的区块链相关法案,主要集中在推动创新、加强监管、区块链应用等鼓励发展层面。可见,国家对于区块链的支持力度也越来越大,包括政策倾斜和资金支持,区块链前景非常看好。

学习目标

- 了解区块链的基本知识:起源、定义、特性、概念、分类、组成技术、典型平台等;
- 了解区块链的核心技术原理;
- 了解区块链的价值与发展趋势;
- 了解区块链的价值、在各领域的应用以及发展趋势等。

12.1 认识区块链的基本概念

12.1.1 区块链的起源

区块链(Block chain)技术是一系列现代信息技术的组合,伴随着大家所熟知的比特币一起诞生,但区块链不等于比特币,区块链是比特币背后的技术。区块链最早最成功的应用就是记录数字和记录账本,然后才开始记录更为丰富的信息。第一个成功地利用区块链技术记账的应用就是比特币。

比特币诞生之前,无数技术天才都在实践数字货币的梦想,失败的数字货币或数字支付系统多达数十个。这些失败的实验,也给了比特币之父中本聪启发。中本聪吸收了历史上数字货币的经验教训,他认为基于分布式的账本搭建数字货币系统比中心化的系统更为可靠。通过对大卫·乔姆的 Ecash 的优化,又综合了使用了时间戳、工作量证明机制、非对称加密技术以及 UTXO 等技术,中本聪主导发明的比特币获得了巨大的成功。

2008 年全球爆发了金融危机,为了解决危机,各央行推出了各种量化宽松的货币政策,通货膨胀看来不可避免,比特币就在这个时候诞生了。从比特币的发展我们能看到,区块链作为比特币的底层支撑技术,并非单一技术构成,而是一系列技术的集合。

12.1.2 区块链的定义

区块链概念的出现,首先是在中本聪的比特币白皮书中提到的,中本聪对区块链概念的描述翻译出来比较难理解,通常我们会认为:

区块链是由节点参与的分布式数据库系统,它的特点是不可更改,不可伪造,也可以将其理解为账本。它是比特币的一个重要概念,完整比特币区块链的副本,记录了其代币(token)的每一笔交易。通过这些信息,我们可以找到每一个地址、在历史上任何一点所拥有的价值。

区块链是一种新型去中心化协议,能安全存储比特币交易或其他数据,信息不可伪造和篡改,可以自动执行智能合约,无须任何中心化机构的审核。交易既可以是比特币这样的数字货币,也可以是债权、股权、版权等数字资产,区块链技术降低了现实经济的信任成本与会计成本,重新定义了互联网时代的产权制度。

区块链是分布式数据存储、点对点传输、共识机制、加密算法等计算机技术的新型应用模式。它本质上是一个去中心化的数据库,同时作为比特币的底层技术,是一串使用密码学方法相关联产生的数据块,每一个数据块中包含一批次比特币网络交易的信息,用于验证其信息的有效性(防伪)和生成下一个区块。

比特币白皮书英文原版其实并未出现 block chain 一词,而是使用的 chain of blocks。最早的比特币白皮书中文翻译版中,将 chain of blocks 翻译成了区块链。这是"区块链"这一中文词最早的出现时间。

2020年4月，根据国家标准化管理委员会的批复，工信部提出了全国区块链和分布式记账技术标准化技术委员会组建方案。全国区块链和分布式记账技术标准化技术委员会起草的国家最新标准《区块链与分布式账本参考架构》给出了区块链技术的定义：

区块链是使用密码技术链接，将共识确认过的区块按顺序追加而形成的分布式账本。

定义概括了密码技术、共识确认、区块、顺序追加、分布式账本等区块链所有的技术组成部分。

12.1.3 区块链的特性

区块链的主要特性包括去中心化、不可篡改、可追溯性、公开透明等。

1. 去中心化

整个网络没有中心化的硬件或者管理机构，任意节点之间的权利和义务都是均等的，且任一节点的损坏或者失去都不会影响整个系统的运作，因此可以认为区块链系统具有极好的健壮性。我们常见的支付宝、微信等，实际上是极度中心化的，由拥有者来依据自己的需求制定规则，而且可以随时调整。而去中心化的系统就是所有在整个区块链网络里面运行的节点，都可以进行记账，都有一个记账权，记账得到所有节点的共识，因此是真实有效的，这样就完全规避了操作中心化的一个弊端。

2. 不可篡改

整个系统将通过分布式数据存储的形式，让每个参与节点都能获得一份完整数据库的拷贝。除非能够同时控制整个系统中超过多数的节点，否则单个节点上对数据库的修改是无效的，也无法影响其他节点上的数据内容。参与系统中的节点越多和计算能力越强，该系统中的数据安全性越高。

3. 可追溯性

整个系统中的两个节点之间进行数据交换是无须互相信任的，整个系统的运作规则是公开透明的，所有的数据内容也是公开的，因此在系统指定的规则范围和时间范围内，节点之间不能也无法欺骗其他节点。被区块链所记录的任何信息都具备唯一性，因此都是可以被查询追溯的，特别适合对产品进行实时监管（比如防伪鉴别）、对税务进行实时监督等实际应用场景。

4. 公开透明

系统中的数据块是由整个系统中所有具有维护功能的节点来共同维护的，而这些具有维护功能的节点是任何人都可以参与的，所以整个系统公开透明，所有计算结果一致、无歧义。

不仅如此，随着发展，区块链由以上四个特征引申出另外两个特征：开源、隐私保护。甚至可以说，如果一个区块链系统不具备这些特征，那么节点之间就无法信任，基本上不能视其为基于区块链技术的应用。

12.1.4 区块链相关概念

在学习区块链的过程中，我们经常能够听到账本、区块、节点、交易、账户等概念，这些概念在区块链中所表达的意思与通常的理解有所区别。

1. 账本

账本主要用于管理账户、交易流水等数据，它记录了一个网络上所有的交易信息，支持分类记账、对账、清结算等功能。在多方合作中，多个参与方希望共同维护和共享一份及时、正确、安全的分布式账本，以消除信息不对称，提升运作效率，保证资金和业务安全，当一个交易完成时，就会通知所有参与的节点进行记账，保持账本一致。

2. 区块

区块是按时间次序构建的数据结构，区块链的第一个区块称为"创世块"（genesis block），后续生成的区块用"高度"标示，每个区块高度逐一递增，新区块都会引入前一个区块的 HASH 信息，再用 HASH 算法和本区块的数据生成唯一的数据指纹，从而形成环环相扣的块链状结构，称为区块链。链上数据按发生时间保存，可追溯、可验证，如果修改任何一个区块里的任意一个数据，都会导致整个块链验证不通过。

3. 节点

安装了区块链系统所需软、硬件，加入区块链网络的计算机，可以称为一个"节点"。节点参与到区块链系统的网络通信、逻辑运算、数据验证，验证和保存区块、交易、状态等数据，并对客户端提供交易处理和数据查询的接口。节点的标示采用公私钥机制，生成一串唯一的节点 ID，以保证它在网络上的唯一性。

4. 交易

交易可认为是一段发往区块链系统的请求数据，用于部署合约，调用合约接口，维护合约的生命周期，以及管理资产，进行价值交换等。交易的基本数据结构包括发送者、接收者、交易数据等。用户可以构建一个交易，用自己的私钥给交易签名，发送到链上，由多个节点的共识机制处理，执行相关的智能合约代码，生成交易指定的状态数据，然后将交易打包到区块里，和状态数据一起落盘存储，该交易即被确认，被确认的交易被认为具备了事务性和一致性。

5. 账户

在采用账户模型设计的区块链系统里，账户这个术语代表着用户、智能合约的唯一性存在。在采用公私钥体系的区块链系统里，用户创建一个公私钥对，经过 HASH 等算法换算即得到一个唯一性的地址串，代表这个用户的账户，用户用该私钥管理这个账户里的资产。用户账户在链上不一定有对应的存储空间，而是由智能合约管理用户在链上的数据，因此这种用户账户也会被称为"外部账户"。

12.1.5　区块链的分类

在区块链体系中，因为所有交易信息被记录且不可被篡改，彼此之间的信任关系变得简单，甲和乙甚至更多方之间进行交易时，通过加密算法、解密算法自己获得信任后，不需要将信任认证权让渡给中心化机构或大量第三方中介机构，甚至也不需要让渡给法律，大幅度降低行政管理和防止欺诈的成本。从这个角度分析，区块链技术并不一定要完全去中心化，但按照参与者和中心化程度的不同，可以将区块链系统分为三类：公有链、私有链和联盟链。

（1）公有链（Public Block Chain）：对所有人开放，节点可以随意加入，如比特币、以太坊。

（2）私有链（Private Block Chain）：只对单独的实体进行开放，如公司内部。

(3) 联盟链(Consortium Block Chain)：对一个特定的组织开放。

公有链是指所有人都可以进入系统读取数据、发送交易、竞争记账的区块链，就好比一个不做任何限制的微信群。公有链能较为完整地展示区块链的去中心化和安全性等特性，这是相对其他类别最重要的优势。

私有链和联盟链都属于许可链，每个节点只有得到许可才能参与；因此不像公有链一样需要鼓励竞争记账，所以有些私有链并没有代币机制。但随着区块链的发展，诞生了一种结合了公有链和私有链各自优点的混合链。在混合链中，系统内的所有节点有不同的权限。

相较而言，私有链交易速度快、交易成本低、抗恶意攻击能力强。但不足之处是，私有链未能很好地展示区块链的去中心化特征，其对私有节点的控制高度集权化。从某种程度上来讲，私有链没有体现区块链的核心价值。

联盟链可被理解为介于公有链和私有链之间的一种折中方案。

联盟链的优势在于：它使用相对松散的共识机制，由于其节点数量已经确定，因而交易速度较快、交易成本较低。

相对来说，目前在国内更看好联盟链，未来在国内的发展潜力更大一些，其原因在于能真正落地。这主要是因为：

(1) 联盟链受政策支持：不依赖发币来激励用户参与，无监管问题；不需要耗费大量电力资源挖矿。

(2) 联盟链是区块链的技术载体，支持已有业务系统中部分数据的上链需求，因联盟而产生的信任创造新的业务方向。

与公链相比，联盟链并不涉及虚拟货币的炒作与投机，且可控程度更高，因而比公链更受到国内社会各界的青睐，从目前来看，其发展潜力要高于公有链与私有链。

12.1.6 区块链平台介绍

1. 比特币(公链)

比特币(Bitcoin，缩写为BTC)是一种基于去中心化，采用点对点网络、共识协议，开放源代码，以区块链作为底层技术的目前使用最为广泛的一种数字货币。它诞生于2009年1月3日。在有些国家，央行、政府机关将比特币视为虚拟商品，不认为其是货币。任何人皆可参与比特币交易，比特币通过称为挖矿的方式发行。比特币协议数量上限为2 100万个，以避免通货膨胀问题。使用比特币是透过私钥作为数字签名，允许个人直接支付给他人，与现金相同，不需经过如银行、清算中心、证券商、电子支付平台等第三方机构，从而避免了高手续费、烦琐流程以及受监管性的问题，任何用户只要拥有可连线互联网的数字设备皆可使用。

2. 以太坊(Ethereum)(公链)

以太坊的概念首次在2013至2014年由程序员维塔利克·布特林受比特币启发后提出，大意为"下一代加密货币与去中心化应用平台"，在2014年透过ICO众筹得以开始发展。截至2018年6月，以太币是市值第二高的加密货币，以太坊亦被称为"第二代的区块链平台"，仅次于比特币。以太坊是一个开源的有智能合约功能的公共区块链平台。通过其专用加密货币以太币(Ether，又称"以太币")提供去中心化的虚拟机(称为"以太虚拟机"，Ethereum Virtual Machine)来处理点对点合约。以太坊从设计上就是为了解决比特币扩展性不足的问题。本质上，以太坊的目标就是将区块链技术所具有的去中心化、开放和安全这三大特点，引入几乎所有能被计算的领域。以太坊是一个通用的全球性区块链,也就是说它属于公有链,这一点与比特币是一样的,并且可以用来管理金融和非金融类型的应用。同时,以太坊也是一个平台和编程语言,包括数字货币以太币(Ether)以及用来构建和发布分布式应用的以太脚本,也就是智能合约编程语言。

以太坊开创了区块链技术的第二次创新浪潮,扩展了比特币提供的用例,巩固了自己在数字货币生态系统中的独特地位。以太坊最终的目标是成为领先的智能合约兼容数字货币平台。

3. 联盟链(Hyperledger Fabric)

Hyperledger Fabric 是由 IBM 带头发起的一个联盟链项目,于 2015 年底移交给 Linux 基金会,成为开源项目。Hyperledger 基金会的成员有很多大牌企业,诸如 IBM、Intel、思科等。基金会里孵化的众多区块链项目中,Fabric 作为纯粹的区块链开源技术最为流行。正是因为 Fabric 较早发布,所以虽然架构从 0.6 到 1.0,再到 2.0,都是经历了自我颠覆式的重构,仍然未失去最大的联盟链社区地位,同时也培养了大量优秀的区块链人才,IBM 人才奉献特别多,从区块链创业公司里面能看到,他们早期半数 CTO 来自 IBM 区块链团队。超级账本项目(Hyperledger)作为一个商业化的联盟链项目,已经被越来越多的开发者所关注。目前,超级账本有近数百个会员企业,其中国内会员近百个,业界和国内对超级账本的认可程度非常高。

12.2 认识区块链的核心技术原理

12.2.1 区块链组成技术

由区块链定义可见,分布式账本、共识算法、时间序列、智能合约是区块链最核心的技术。作为区块链的重要组成部分,这些核心技术的相关定义如下:

- 区块(block):一种包含区块头和区块数据的数据结构,其中区块头包含前一个区块的摘要信息。
- 区块链(block chain):使用密码技术链接将共识确认过的区块按顺序追加而形成的分布式账本。
- 账本(ledger):按照时序方法组织的事务数据集合。
- 分布式账本(distributed ledger):在分布式节点间共享并使用共识机制实现具备最终一致性的账本。
- 共识(consensus):在分布式节点间达成区块数据一致性的认可。
- 共识算法(consensus algorithm):在分布式节点间为达成共识采用的计算方法。
- 时间序列(time series):或称动态数列,是指将同一统计指标的数值按其发生的时间先后顺序排列而成的数列。
- 智能合约(smart contract):存储在分布式账本中的计算机程序,其共识执行结果都记录在分布式账本中。

区块链技术是众多加密数字货币的核心，包括比特币、以太坊、莱特币、狗狗币等。维护区块链的方式，有工作量证明（proof-of-work）、权益证明（proof-of-stake）等。

12.2.2 数据区块

这里以比特币的数据区块作为例子讲解区块链中数据区块的内容，由此可以大概了解区块的内部构成。比特币的交易会记录在数据区块里面，大概每10分钟产生一个区块，包含区块头和区块体两个部分。区块总体如图12-1所示。

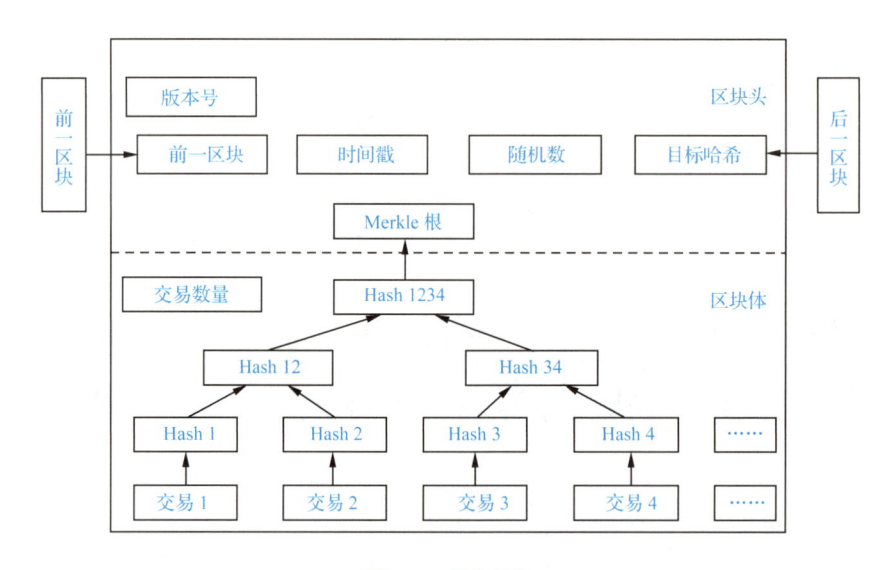

图 12-1 区块总体

区块头中主要包含：版本号（Version）、时间戳（Timestamp）、前一区块地址（Pre-block）；随机数（Paudom number）、当前区块 HASH 值（Bits）、Merkle 树根值（Merkle-Root）等。

从区块链体中可以看到交易数量和具体的交易详情。交易数量比较好理解，就是这个区块中有多少笔交易，交易详情就是我们说的账本，每一笔交易都会记录在数据区块中，并且都是公开透明的，区块体的 Merkle（默克尔）树会对每一笔交易进行数字签名，即可保证每一笔交易不可伪造并且没有重复交易。所有的交易通过以上 Merkle 树的二叉树过程 HASH 后产生唯一的 Merkle 根值记录在区块头中。这样如果想更改区块体中的任意一笔交易，则区块头中的 Merkle 根值也会产生变化，并且导致整个当前区块的 HASH 值也会变化，继而连锁反应至整个区块链。从数据区块的设计中很容易理解为什么区块链系统的数据号称不可篡改。

其他区块链网络中，设计模式或许有所不同，区块存储的信息一般都要远远高于比特币的能力。但以 HASH 计算的方式把共识确认后的区块按顺序追加方式来形成不可篡改的区块链是共同的特征。

区块的大小并不是固定的，主要根据交易列表的大小来确定，有时候考虑到网络带宽等因素，一般在1兆字节到几兆字节。

12.2.3 密码学

密码学是研究编制密码和破译密码的技术科学。现代密码学的概念主要包括：对称加密、非对称加密、数字摘要（哈希算法）、数字签名等。区块链中主要用到了密码学中两个关键技术，分别是哈希函数和数字签名。

在区块链网络系统中，密钥的有效保护和受限使用对整个系统的安全亦有重要影响。在公有链场景，用户密钥通常通过区块链客户端程序来进行保存、管理和操作等。在联盟链或专有链场景，通常会有更复杂多层级的用户管理与密钥托管的需求，包括身份鉴别和权限管理等。

1. 对称加密

根据加密密钥和解密密钥是否相同，加密算法可以分为对称加密算法和非对称加密算法。对称加密算法中两个密钥相同，并且加解密操作速度相对较快，一般用于普通数据的加密保护。

对称式加密：所谓的对称式加密，指的是加密与解密使用的是同一个密钥，例如：用户 A 使用了密钥为×××的密钥进行数据加密，用户 B 也要知道密钥×××，双方都知道其加密算法，且拥有×××密钥，那双方都可以进行加密解密了。对称加密算法一般用来对敏感数据等信息进行加密。

常用的对称式加密有：

（1）DES(Data Encryption Standard)：特点是数据加密标准，加密速度较快，适用在加密大量数据的场景。

（2）3DES(Triple DES)：3DES 是基于 DES 的，区别在于会对一块数据用三个不同的密钥进行三次加密，安全度更高。

（3）AES(Advanced Encryption Standard)：高级加密标准，是下一代的加密算法标准，具有速度快、安全级别高的特点。

2. 非对称加密

非对称加密算法的解密密钥是由解密者持有，而加密密钥是公开可见的，几乎无法从加密密钥推导出解密密钥，能够节约系统中密钥存储，一般用于对称密钥的封装保护和短数据加密。从适用场景来看，非对称加密算法一般用于对称密钥的加密保护。在区块链中，非对称密钥算法可用于数字签名、地址生成、交易回溯和交易验证等。

与对称式加密不同，非对称式拥有不同的加密密钥和解密密钥，必须配对使用，否则无法对密文进行正确解密。

例如：当 A 给 B 传输消息时，A 会使用 B 的公钥加密，这样只有 B 能解开。验证方面则是使用签验章的机制，A 传信息给大家时，会以自己的私钥做签章，如此所有收到信息的人都可以用 A 的公钥进行验章，便可确认信息是由 A 发出来的。常用的非对称加密算法有：

（1）RSA：RSA 是一个支持变长密钥的公共密钥算法，需要加密的原文长度也是可变的。在公开密钥加密和电子商业中 RSA 被广泛使用。

（2）DSA(Digital Signature Algorithm)：数字签名算法，是一种标准的 DSS(数字签名标准)。DSA 是基于整数有限域离散对数难题的，其安全性与 RSA 相比差不多。

（3）ECC(Elliptic Curves Cryptography)：椭圆曲线密码编码学是一种建立公开密钥加密

的演算法,基于椭圆曲线数学。ECC 具有比其他的方法使用更小的密钥,提供相当的或更高等级的安全,缺点是加密和解密操作的实现比其他机制花费的时间长。

在一个区块链网络中,如果要给其他人转账,那么默认是知道对方公钥的。使用对方的公钥给交易信息加密,这样就保证这个信息不被其他人看到,而且保证这个信息在传送过程中没有被修改。接收方收到交易信息后,用自己的私钥就可以解密,就能获得数字货币。另外,发送方用自己的私钥给交易信息加密,发送到接收方手里后,接收方可以使用发送方的公钥解密。因为私钥只有发送方本人所有,就能保证交易的发起方一定是本人。

综合使用非对称加密技术最为广泛的是数字证书体系。数字证书是一种数字凭据,它提供有关实体标示的信息以及其他支持信息。数字证书是由国家认可的证书颁发机构(CA)颁发的。由于数字证书由权威机构颁发,因此由该权威机构担保证书信息的有效性。

3. 数字摘要(哈希、散列或杂凑)

数字摘要属于加密技术中的一种,数字摘要算法也称为散列算法、哈希算法,是一种单向加密算法,即对内容进行加密后,无法进行解密,通常只应用在验证信息的完整性上。它会对不同长度的输入消息,加密为固定长度的输出。其原理是根据一定的运算规则对原数据进行某种形式的提取,这种提取就是摘要,被摘要的数据内容与原始数据有密切联系,只要原数据稍有改变,输出的"摘要"便完全不同。因此,基于这种原理的算法便能对数据完整性提供核验。但是,由于输出的密文是原数据经"摘要"后处理的定长值,所以它已经不能还原为原数据,即摘要算法是不可逆的,理论上无法通过反向运算取得原数据内容,因此它通常只能被用来做数据完整性验证。

常见的散列算法有:

- MD5:一种不可逆的加密算法,目前是最牢靠的加密算法之一,常见的比如密码登录的校验。
- SHA-1、SHA-256、SHA-384 及 SHA-512:由 NISTNSA 设计为同 DSA 一起使用的,它对长度小于 264 的输入,产生长度为 160bit 的散列值,因此抗穷举性更加好。
- HMAC:密钥相关的哈希运算消息认证码,HMAC 运算利用哈希算法,以一个密钥及一个消息为输入,生成一个消息摘要作为输出。

数字摘要算法具有输入敏感、输出快速轻量、逆向困难的特性,在区块链中,可用于实现数据防篡改、链接区块、快速比对验证等功能。此外,数字摘要算法还应用在消息认证、数字签名及验签等场景中。目前,主流的数字摘要算法包括 SHA256、SM3 等,区块链中的 HASH 函数为 SHA-256。SHA256 算法使用的哈希值长度是 256 位。

4. 数字签名

数字签名(又称公钥数字签名)算法主要包括数字签名和签名验签两个具体操作。数字签名操作指签名者用私钥对信息原文进行处理,生成数字签名值;签名验签操作指验证者利用签名者公开的公钥,对数字签名值和信息原文验证签名。在区块链中,数字签名算法用以确认数据单元的完整性、不可伪造性和不可否认性。常用的数字签名算法包括 RSA、ECDSA、SM2 等。数字签名是由数字摘要和非对称加密技术组成。非对称加密算法需要两个密钥来进行加密和解密,这两个密钥是公开密钥(Public Key,简称公钥)和私有密钥(Private Key,简称私钥)。公钥与私钥是一对,如果用公钥对数据进行加密,只有用对应的私钥才能解密;如果用私钥对数据进行加密,那么只有用对应的公钥才能解密,因为加密和解密使用的是两个不同的密钥,所以这种算法叫作非对称加密算法。

(1)数字签名的主要特点

①鉴权

公钥加密系统允许任何人在发送信息时使用私钥进行加密,接收信息时使用公钥解密。当然,接收者不可能百分之百确信发送者的真实身份,而只能在密码系统未被破译的情况下才有理由确信。鉴权的重要性在财务数据上表现得尤为突出。举个例子,假设一家银行将指令由它的分行传输到它的中央管理系统,指令的格式是(a,b),其中 a 是账户的账号,而 b 是账户的现有金额。这时,一位远程客户可以先存入 100 元,观察传输的结果,然后接二连三地发送格式为(a,b)的指令。这种方法被称作重放攻击。

②完整性

传输数据的双方总希望确认消息未在传输的过程中被修改。加密使得第三方想要读取数据十分困难,然而第三方仍然能采取可行的方法在传输的过程中修改数据。一个通俗的例子就是同形攻击:回想一下,还是上面的那家银行,从它的分行向它的中央管理系统发送格式为(a,b)的指令,其中 a 是账号,而 b 是账户中的金额。一个远程客户可以先存 100 元,然后拦截传输结果,再传输(a,b),这样他就立刻变成百万富翁了。

③不可抵赖

在密文背景下,抵赖这个词指的是不承认与消息有关的举动(声称消息来自第三方)。消息的接收方可以通过数字签名来防止所有后续的抵赖行为,因为接收方可以出示签名给别人看,以证明信息的来源。

(2)数字签名的主要作用

①防篡改

通过对数字签名的验证,可以保证信息在传输过程中未被篡改。

②验证数据的完整性

与防篡改同理,如果信息发生丢失,签名将不完整,解开数字签名和之前的比较就会出现不一致,因而可保证文件的完整。

③仲裁机制

数字签名也可以认为是一个数字身份,通过唯一私钥生成,在网络上交易时要求收到一个数字签名的回文,保证过程的完整。如果对交易过程出现抵赖,那么用数字便于仲裁。

④保密性

对于全级别要求较高的数据,数字签名加密后传输,保证数据在被中途截取后无法获得其真实内容;有利于保证数据的安全性。

⑤防重放

在数字签名中,如果采用了对签名报文添加流水号、时戳等技术,可以有效防止重放攻击。

5.国密算法

为了保障商用密码的安全性,国家商用密码管理办公室制定了一系列密码标准,包括 SM1(SCB2)、SM2、SM3、SM4、SM7、SM9、祖冲之密码算法(ZUC)等等。其中,SM1、SM4、SM7、祖冲之密码(ZUC)是对称算法;SM2、SM9 是非对称算法;SM3 是哈希算法。目前,这些算法已广泛应用于各个领域中,其中 SM1、SM7 算法不公开。

在一些关键区块链应用中,尤其是政务方面的应用,应当优先采用国密算法,而在开源或跨国际的区块链网络中,往往采用的是国际通用的密码算法。

12.2.4 共识机制

区块链架构是一种分布式的架构,按照其部署与准入模式有公有链、联盟链、私有链三种,可以理解对应为去中心化分布式系统、部分去中心化分布式系统和弱中心分布式系统。

分布式系统中,多个主机通过异步通信方式组成网络集群。在这样的一个异步系统中,需要主机之间进行状态复制,以保证每个主机达成一致的状态共识。然而,异步系统中,可能出现无法通信的故障主机,而主机的性能可能下降,网络可能拥塞,这些可能导致错误信息在系统内传播。因此,需要在默认不可靠的异步网络中定义容错协议,以确保各主机达成安全可靠的状态共识。

利用区块链构造基于互联网的去中心化账本,需要解决的首要问题是如何实现不同账本节点上的账本数据的一致性和正确性。这就需要借鉴已有的在分布式系统中实现状态共识的算法,确定网络中选择记账节点的机制,以及如何保障账本数据在全网中形成正确、一致的共识。

在20世纪80年代出现的分布式系统共识算法,是区块链共识算法的基础。共识机制,就是所有记账节点之间如何达成共识,去认定一个记录的有效性,这既是认定的手段,也是防止篡改的手段。目前,主要有四大类共识机制的优秀代表:PoW、PoS、DPoS和Pbft为代表的分布式一致性算法。

1. PoW(Proof of Work,工作量证明)

PoW机制,也就是比特币采用的挖矿机制。矿工通过把网络尚未记录的现有交易打包到一个区块,然后不断遍历尝试来寻找一个随机数,使得新区块加上随机数的哈希值满足一定的难度条件。找到满足条件的随机数,就相当于确定了区块链最新的一个区块,也相当于获得了区块链的本轮记账权。矿工把满足挖矿难度条件的区块在网络中广播出去,全网其他节点在验证该区块满足挖矿难度条件,同时区块里的交易数据符合协议规范后,将各自把该区块链接到自己版本的区块链上,从而在全网形成对当前网络状态的共识。

优点:完全去中心化,节点自由进出,避免了建立和维护中心化信用机构的成本。只要网络破坏者的算力不超过网络总算力的50%,网络的交易状态就能达成一致。

缺点:目前,比特币挖矿造成大量的资源浪费。另外,挖矿的激励机制也造成矿池算力的高度集中,背离了当初去中心化设计的初衷。更大的问题是,PoW机制的共识达成的周期较长,甚至每秒只能最多做7笔交易,不适合商业场景应用。

2. PoS(Proof of Stake,权益证明)

PoS机制,是要求节点提供拥有一定数量的代币证明来获取竞争区块链记账权的一种分布式共识机制。如果单纯依靠代币余额来决定记账者,必然使得富有者胜出,导致记账权的中心化,降低共识的公正性。因此,不同的PoS机制在权益证明的基础上,采用不同方式来增加记账权的随机性以避免中心化。例如,点点币(Peer Coin)PoS机制中,拥有最多链龄长的比特币获得记账权的概率就越大。NXT和Blackcoin则采用一个公式来预测下一记账的节点。拥有更多的代币被选为记账节点的概率就会更大。未来以太坊也曾宣称会从PoW机制转换到PoS机制。

优点:在一定程度上缩短了共识达成的时间,减少了PoW机制的资源浪费。

缺点:破坏者对网络攻击的成本低,网络的安全性有待验证。另外,拥有代币数量大的节点获得记账权的概率更大,会使得网络的共识受少数富裕账户支配,从而失去公正性。

3. DPoS(Delegated Proof-of-Stake,股份授权证明)

DPoS 很容易理解,类似于代议制度。比特股采用的 DPoS 机制是由持股者投票选出一定数量的见证人,每个见证人按序有两秒的权限时间生成区块,若见证人在给定的时间片不能生成区块,区块生成权限交给下一个时间片对应的见证人。持股人可以随时通过投票更换这些见证人。DPoS 的这种设计使得区块的生成更为快速,也更加节能。

从某种角度来说,DPoS 可以理解为多中心系统,兼具去中心化和中心化优势。

优点:大幅缩小参与验证和记账节点的数量,可以达到秒级的共识验证。

缺点:选举固定数量的见证人作为记账候选人有可能不适合于完全去中心化的场景。另外,在网络节点数少的场景,选举的见证人的代表性也不强。

4. 分布式一致性算法

分布式一致性算法是基于传统的分布式一致性技术。其中有解决拜占庭将军问题的拜占庭容错算法,如 Pbft(拜占庭容错算法);另外解决非拜占庭问题的分布式一致性算法(Pasox、Raft),该类算法目前是联盟链和私有链场景中常用的共识机制。Pbft(Practical Byzantine Fault Tolerance),是联盟币的共识算法的基础,实现了在有限个节点的情况下的拜占庭问题,有 3f+1 的容错性,并同时保证一定的性能。

优点:实现秒级的快速共识机制,保证一致性。

缺点:去中心化程度不如公有链上的共识机制;更适合多方参与的多中心商业模式。

另外提及一下,其他还有很多非主流共识算法,包括:空间证明(PoSpace,Proof of Space)、时空证明(PoSt,Proof of Spacetime)、焚烧证明(PB,Proof of Burn)、延迟工作量证明(dPoW,Delayed Proof-of-Work)、权威证明(PoA,Proof-of-Authority)、所用时间证明(PoET,Proof of Elapsed Time)、权益流证明(PoSV,Proof of Stake Velocity)、恒星共识(Stellar Consensus)、活动证明(PoActivity,Proof of Activity)等。这些算法可以搜索相关白皮书自行阅读。

综合来看,PoW、PoS 适合应用于公链,如果搭建私链,因为不存在验证节点的信任问题,可以采用 PoS、DPoS;而联盟链由于存在不可信局部节点,采用 Pbft 类的协调一致性算法比较合适。当然,最终算法的取舍取决于具体需求与应用场景。

12.2.5 分布式账本

分布式账本(Distributed Ledger)是一种在网络成员之间共享、复制和同步的数据库。分布式账本记录网络参与者之间的交易,比如资产或数据的交换。这种共享账本消除了调解不同账本的时间和开支。分布式分类账(也称为共享分类账,或称为分布式分类技术)是一个复制的共识,共享和同步数字数据在地理上分布在多个网站、国家或机构,没有中心管理员或集中数据存储。分布式账本依赖点对点网络以及共识算法,以确保在节点进行复制。

从技术方面来分析,区块链技术就是 P2P+共识机制+密码学。具体来说,区块链就是 P2P 的网络架构,通过密码学来保证数据的安全,通过共识算法来保证数据的一致性。对于其他架构来说,故障是不可避免的。但是对于区块链的分布式 P2P 网络来说,其基本不存在单点故障。就算节点频繁地进退,也不会对整个系统产生影响。

点对点网络就是 P2P(Peer-to-Peer Network,对等网络),可以理解为对等计算或对等网络。国内外很多分布式下载软件采用的就是 P2P 技术。P2P 网络是一种在对等 peer 之间分配任务和工作负载的分布式应用架构,是对等计算模型在应用层形成的一种组网或网络形式。在 P2P 网络环境中,彼此连接的多台计算机之间都处于对等的地位,各台计算机有相同的功能,无主从之分。

12.2.6 智能合约

　　智能合约是一组情景应对型的程序化规则和逻辑,是通过部署在区块链上的去中心化、可信共享的脚本代码实现的。通常情况下,智能合约经各方签署后,以程序代码的形式附着在区块链数据上,经 P2P 网络传播和节点验证后记入区块链的特定区块中。智能合约封装了预定义的若干状态及转换规则、触发合约执行的情景、特定情景下的应对行动等。区块链可实时监控智能合约的状态,并通过核查外部数据源、确认满足特定触发条件后激活并执行合约。

　　智能合约通常具有一个用户接口(Interface),以供用户与已制定的合约进行交互,这些交互行为都严格遵守此前制定的逻辑。得益于密码学技术,这些交互行为能够被严格地验证,以确保合约能够按照此前制定的规则顺利执行,从而防止出现违约行为。

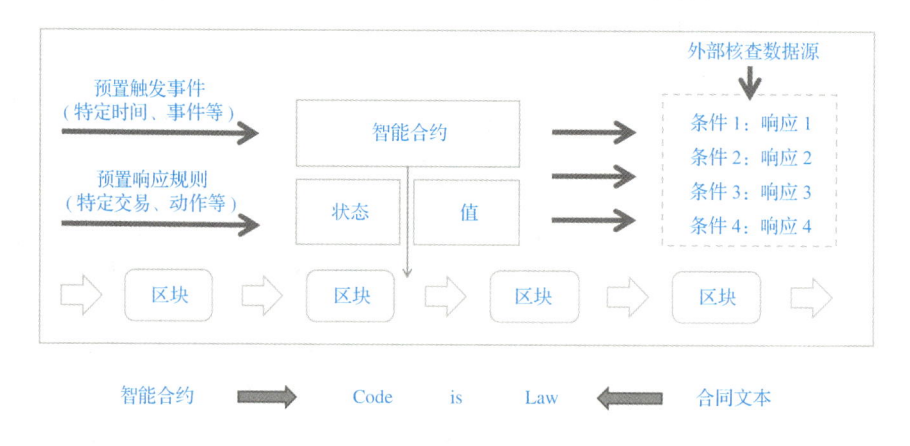

图 12-2　智能合约

　　举个例子来说,对银行账户的管理就可以看成一组智能合约的应用。在传统方式中,对账户内存款的操作需要中心化的银行进行授权,离开银行的监管,用户就连最简单的存取款都无法进行。智能合约能够完全代替中心化的银行职能,所有账户操作都可以预先通过严密的逻辑运算制定好,在操作执行时,并不需要银行的参与,只要正确地调用合约即可。

12.3　认识区块链的应用

12.3.1　区块链的应用价值

　　但凡技术都有自身的价值,区块链技术为何有价值,其价值又在哪里？区块链是通过技术制造信任！技术制造的信任远远比社会制造的信任坚实得多,无数创新都是基于技术的进步而产生崭新的商业模式。

区块链系统是一个分布式的共享账本和数据库,具有去中心化、不可篡改、全程留痕、可以追溯、集体维护、公开透明等特点。这些特点保证了区块链的"诚实"与"透明",为区块链创造信任奠定基础。而区块链巨大的应用场景,基本上都基于区块链能够解决信息不对称问题,实现多个主体之间的协作信任与一致行动。区块链将极大地拓展人类信任的广度和深度,将发展为下一代合作机制和组织形式。

有人讲,区块链能够建立新型的价值共识,能够提供基于"价值量化的能力"和"价值安全的过程"两个能力:首先是"价值量化能力",能够把一件事通过数字化的方式描述清楚,就是一个价值量化的过程;其次是"价值安全的过程",通过数字化的方式描述清楚后,还要保护数据不被篡改,并可以随时随地查询。

区块链的创新性最大的特点不在于单点技术,而在于一揽子技术的组合,在于系统化的创新,在于思维的创新。而正是由于区块链是非常底层的、系统性的创新,区块链技术和云计算、大数据、人工智能、量子计算等新兴技术一起,将成就未来最具变革性的想象空间。

那么,区块链技术的价值会表现在哪些地方?具体来看,区块链的颠覆性价值至少体现在以下六个方面:

(1) 简化流程,提升效率

由于区块链技术是参与方之间通过共享共识的方式建立的公共账本,形成对网络状态的共识,因此区块链中的信息天然就是参与方认可的、唯一的、可溯源、不可篡改的信息源,因此许多重复验证的流程和操作就可以简化,甚至消除,例如银行间的对账、结算、清算等,从而大幅提升操作效率。

(2) 降低交易对手的信用风险

与传统交易需要信任交易对手不同,区块链技术可以使用智能合约等方式,保证交易多方自动完成相应义务,确保交易安全,从而降低对手的信用风险。

(3) 减少结算或清算时间

由于参与方的去中心化信任机制,区块链技术可以实现实时的交易结算和清算,实现金融"脱媒",从而大幅降低结算和清算成本,减少结算和清算时间,提高效率。

(4) 增加资金流动性,提升资产利用效率

区块链的高效性以及更短的交易结算和清算时间,使交易中的资金和资产需要锁定的时间减少,从而可以加速资金和资产的流动,提升价值的流动性。

(5) 提升透明度和监管效率,避免欺诈行为

由于区块链技术可以更好地将所有交易和智能合约进行实时监控,并且以不可撤销、不可抵赖、不可篡改方式留存,方便监管机构实现实时监控和监管,也方便参与方实现自动化合规处理,从而提升透明度,避免欺诈行为,更高效地实现监管。

(6) 重新定义价值

价值源于人们的赋予,价值本身即是一种共识机制。区块链的核心其实不是技术,而是模式的重构,它带来的是认知的革命。区块链通过可信账本建立了一种新的强信任关系,基于这种信任关系对资产进行确权,基于可信数据记录资产的流转,从而能够以可靠可追溯账本的方式完整记录资产的所有变化,而价值也不再是一个固定的数字,而是一系列可靠信息的集合。

12.3.2 区块链应用领域

1. 金融

金融服务领域是区块链最早的应用领域之一，也是区块链应用数量最多、普及程度最高的领域之一。区块链已成为众多金融机构竞相布局金融新科技的重要技术之一。国内主要银行包括工商银行、中国银行、交通银行、邮储银行、招商银行、平安银行、民生银行、光大银行、兴业银行等纷纷开展区块链技术和应用的探索，在防金融欺诈、资产托管交易、金融审计、跨境支付、对账与清结算、供应链金融以及保险理赔等方面已取得实质性应用成果，在一定程度上推动解决了此前金融服务中存在的信用校验复杂、成本高、流程长、数据传输误差等难题。目前，金融服务领域已有一些典型案例，例如，基于区块链的联合贷款备付金管理及对账平台、差异账检查系统，以及通过区块链技术改造的跨境直联清算业务系统等。

金融服务领域是即将被颠覆的关键领域之一，除此之外，区块链还可以被广泛应用于物联网、移动边缘计算等去中心化控制领域，以及智能化资产和共享经济（如自动驾驶汽车、智能门锁＋租赁）等一系列潜在可应用的领域。下面我们重点介绍几类区块链变革金融服务的场景：

(1) 金融领域的结算和清算

以金融领域的结算和清算为例，全球每年涉及各种类型的金融交易高达 18 万亿美元。由于交易双方互不信任，金融机构需要通过处于中心位置的清算结构来完成资产清算和账本的确认。这类涉及多个交易主体且互不信任的应用场景就非常适合使用区块链技术。原则上，可以直接在金融之间构建联盟链，那么机构之间只需要共同维护同一个联盟区块链，即可实现资产的转移和交易。如图 12-3 所示。

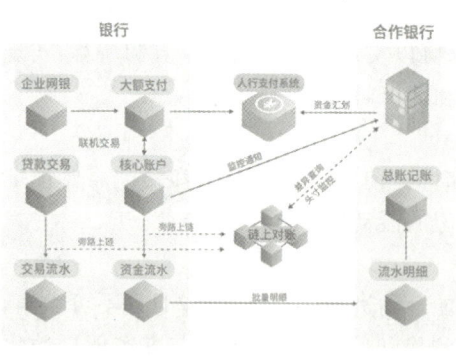

图 12-3 金融领域的结算和清算

(2) 数字货币

货币是一种价值存储和交换的载体，过去都是由中央法定机构集中发行的。以比特币为例，它的出现和稳定运行，可以说完全颠覆了人们对于货币的认识。相信区块链技术或者说分布式账本技术会在数字货币技术体系中占据重要地位。

(3) 跨境支付

另一个区块链可颠覆的金融服务就是跨境支付。通常跨境支付到账时间长达几天甚至一个星期。除此之外,跨境支付需要双边的用户都向当地银行提供大量开户资料和证明,以配合银行的合规性要求,参与交易的银行和中间金融机构还需要定期报告,以实现反洗钱等其他合规性要求。这是一个典型的涉及多方主题的交易场景,区块链技术可以应用在多个环节。区块链技术,一方面可以减少用户重复提交证明材料,提升效率,另一方面可以更好地实现合规、实时性等,大幅提升金融机构的运行效率,提升监管效率。此外,由于区块链技术可以在银行等金融机构之间直接通过区块链实现资金和资产的转移,因此可以去掉高昂的中间费用。此外,还可以结合智能合约等技术,在合约中规定好实施支付的条件,在支付的同时保证义务的实施,提升交易的安全性。

2. 供应链

2016年以来,区块链的数据处理效率不断提高,可以更大程度上满足数据量和请求数量巨大的供应链基础设施的需求,供应链核心企业、商业银行、电商平台等相关力量不断加强区块链在供应链管理领域的应用探索,相关应用成果大量涌现。例如,在防伪溯源方面,国内的京东、蚂蚁金服、众安科技等科技企业纷纷投入基于区块链的食品、药品的防伪溯源应用,区块链正在成为食品、药品安全的有效保障手段;在供应链金融方面,央行数字货币研究所、央行深圳市中心支行推动"粤港澳大湾区贸易金融区块链平台",万向区块链、平安壹账通、京东、腾讯等众多企业开展了覆盖多个行业的供应链金融区块链应用实践。如图 12-4 所示。

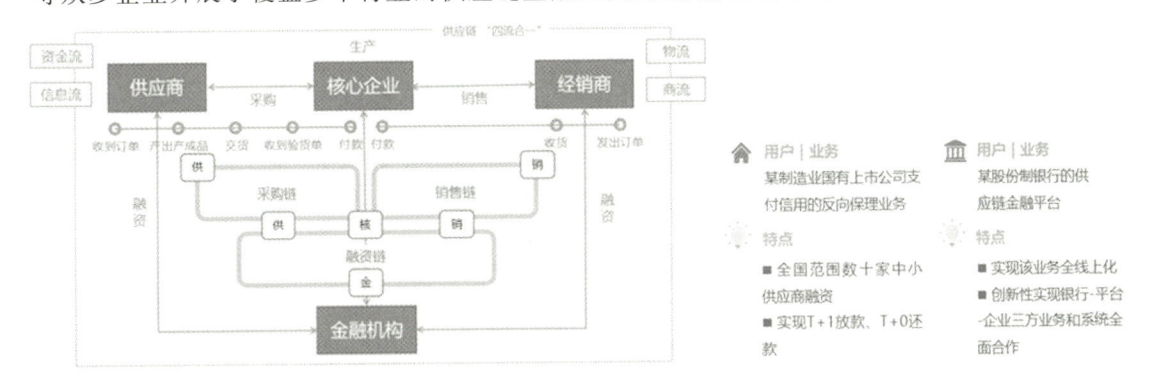

图 12-4 供应链

在发展特点上,一方面,供应链管理领域具有参与方种类多样、业务模式复杂的特点,因此协同多方参与是应用实施效果的重要保障;另一方面,在防伪溯源和物流等领域,与实体产品的深度耦合是实现区块链价值的前提,因此更注重与物联网、人工智能等技术的融合发展。

现代企业的供应链不断延长,出现零碎化、复杂化、地理分散化等特点,给供应链管理带来了很大的挑战。核心企业对于供应链的掌控能力有限,同时对假冒商品的追溯和防范也存在很大的难度。作为一种分布式账本技术,区块链能够确保透明度和安全性,也显示出了解决当前供应链所存在问题的潜力。

应用层面,IBM 在 2016 年就推出了一个区块链供应链服务,客户可以在云环境中测试基于区块链的供应链应用来追踪高价值商品,区块链初创企业 Everledger 就使用了该项服务来推动钻石供应链实现透明度。在国内 IBM 也与易见股份合作了"易见区块链应用",用于医药供应链及供应链金融领域。微软推出的区块链供应链项目 Project Manifest 也已经吸引了多家合作伙伴,行业涉及汽车零部件、医疗设备等。

在国内，除了上述提到的易见供应链应用外，众安科技推出了一项基于区块链技术的鸡养殖追踪系统；区块链初创公司食物优提供了一套基于区块链技术的农场供应链客户系统，已对接全球 500 多家农场，在提供验证溯源服务的同时，还会提供基于物联网的农业大数据分析、精准营销获客等服务，以增加服务附加值。

3. 数字政务

政务领域是区块链技术落地的最多场景之一。可以观察到的是，政府方面对区块链的接受度愈发高涨。日本、百慕大开发了基于区块链的国民身份证系统；马来西亚的商业登记处引入了区块链技术；巴西圣保罗市政府计划通过区块链登记公共工程项目。

据悉，北京市所有政府部门的数据目录都将通过区块链形式，进行锁定和共享，形成"目录链"。同时，在 2019 年 6 月，重庆上线了区块链政务服务平台，之后，在重庆注册公司的时间可以从过去的十余天缩短到三天；在 2019 年 10 月，绍兴成功判决全国首例区块链存证刑事案件，在案件办理过程中通过区块链技术对数据进行加密，并通过后期哈希值比对，保证数据的真实性。

区块链在政府工作方面的广泛落地，基于一个简单的技术原理，即区块链能够打破数据壁垒，解决信任问题，极大地提升办事效率。如图 12-5 所示。

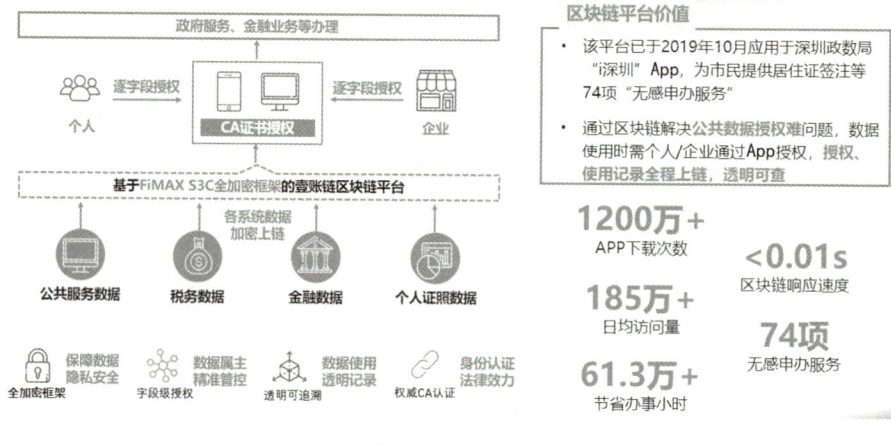

图 12-5　数字政务

各级政府对于区块链保障政务信息存证、实现政务数据共享的需求都较为强烈。其中，率先突破的领域是司法领域，如北京互联网法院的"天平链"、浙江省的杭州司法区块链、广州互联网法院的"网通法链"、山东省烟台市的"区块链＋司法行政"项目都属于该领域。

在鉴证确权方面，利用区块链技术能将公民财产、数字版权相关的所有权证明存储在区块链账本中，可以大大优化权益登记和转让流程，减少产权交易过程中的欺诈行为。在身份验证方面，可以将身份证、护照、驾照、出生证明等存储在区块链账本中，实现不需要任何物理签名即可在线处理烦琐的流程，并能实时控制文件的使用权限。在信息共享方面，区块链技术用于机构内部以及机构之间的信息共享和实时同步，能有效解决各行政部门间协同工作的流程烦琐、信息孤立等问题。

4. 知识产权

互联网流行以来，数字音乐、数字图书、数字视频、数字游戏等逐渐成为主流。知识经济的兴起使得知识产权成为市场竞争的核心要素。但在当下的互联网生态里，知识产权侵权现象严重，数字资产的版权保护成为行业痛点。如图 12-6 所示。

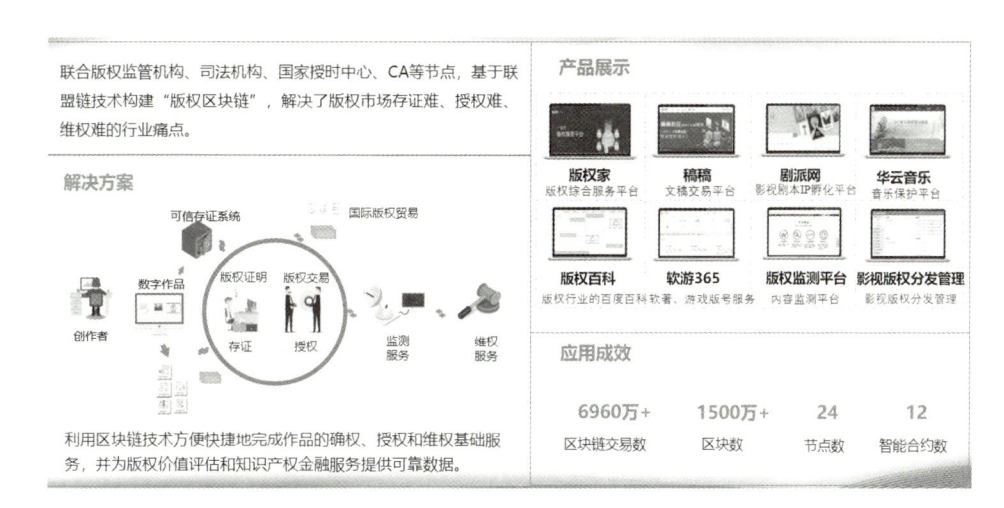

图 12-6　知识产权

当前,信息经济、知识经济时代产生海量数字作品,数字作品复制盗版极为容易,而证明版权权属的成本相对较高,海量数字作品的版权保护面临巨大挑战。将区块链技术嵌入创作平台和工具中,利用其防伪造、防篡改特性,客观记录作品的创作信息,以低成本和高效率为海量作品提供版权存证,在此基础上,还可支持版权资产化与快速交易,以帮助解决数量巨大、流转频率高的数字作品的确权、授权、维权等难题。

区块链可以通过哈希时间戳证明某个文件或者数字内容在特定时间的存在,加之其公开、不可篡改、可溯源等特性为司法鉴证、身份证明、产权保护、防伪溯源等提供了完美解决方案。在知识产权领域,通过区块链技术的数字签名和链上存证可以对文字、图片、音频视频等进行确权,通过智能合约创建执行交易,让创作者重掌定价权,实时保全数据形成证据链,同时覆盖确权、交易和维权三大场景。

版权似乎是人们更容易想到的、区块链适合落地的场景。以中国版权保护中心为例,在数字内容爆炸式增长、抄袭越来越多的时代,中国版权保护中心筹建了 DCI 标准联盟链,来面对亿万用户对于版权的需求。对于这样一个面对 C 端的版权服务系统而言,操作必须一步到位,达到真正的"傻瓜式"部署。

5.防伪溯源

商品溯源这一功能或许最能体现出区块链的技术特性。区块链不可篡改、数据可完整追溯以及时间戳功能,可有效解决物品的溯源防伪问题。

区块链溯源是指利用区块链技术,通过其独特的不可篡改的分布式账本记录特性与物联等技术相结合,对商品实现从源头的信息采集记录、原料来源追溯、生产过程、加工环节、仓储信息、检验批次、物流周转,到第三方质检、海关出境、防伪鉴证的全程可追溯。区块链本质上是一个分布式的公共账本,不论商品溯源采用的是公有链形式还是联盟链形式,它都是公开而透明的,在链上的所有人都可以进行记录信息并查看信息。传统商品溯源中的各部门协同难、信息不透明的问题会得到极大的解决,各部门在链上录入、更新自己的认证即可同步到所有链上的记账人。区块链溯源的另一大特征是具有唯一性,每一个记录都有时间戳,且不可篡改。它能阻止个人作恶,也能阻止第三方机构和商家勾结后对数据造假。同时,也会让监管认证更为有力可信。区块链溯源的这些特征,能在很大程度上解决传统溯源当中的不信任顽疾。如图 12-7 所示。

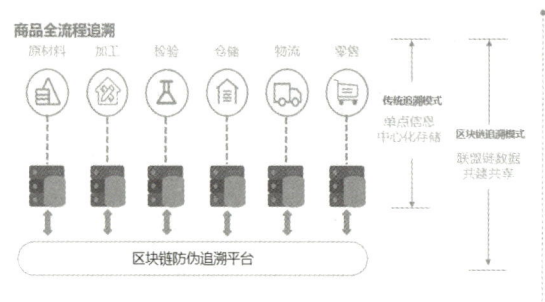

图 12-7 防伪溯源

溯源防伪历来是商品流通领域的重要一环，这也是做区块链业务的必争之地，国内在这一领域的落地应用同样不少。阿里巴巴旗下的蚂蚁金服实验室将区块链技术应用在食品安全与正品溯源，让商品具有了区块链"身份证"，消费者购买时可以通过扫描二维码获取商品的产地、日期、物流、检验等信息鉴定。

而来自京东的数据显示，截至 2019 年 12 月底，为京东零售区块链防伪追溯提供技术支持的智臻链防伪追溯平台，已经有超 13 亿追溯数据落链，800 余家合作品牌商，7 万以上入驻商品，逾 650 万次售后用户访问查询，覆盖生鲜农业、母婴、酒类、美妆、二手商品、奢侈品、跨境商品、医药、商超便利店等丰富业务场景。商品加入京东数科区块链防伪追溯平台后，消费者扫描产品包装上的二维码，即可查询产品的产地、制造商等信息，能够看得放心，吃得安心。由此可见，区块链技术正成为各大平台"防伪溯源"的标配。

12.3.3 区块链应用发展趋势

按照区块链应用发展的范围，通常将区块链应用划分为区块链 1.0、区块链 2.0、区块链 3.0 三个发展阶段，如图 12-8 所示。

图 12-8 区块链发展阶段

其中：

- 区块链 1.0 阶段

2009 年开始，主要在于早期去中心化概念的形成，支撑虚拟货币应用，也就是与转账、汇款和数字化支付相关的密码学货币应用。比特币可谓是区块链 1.0 的典型应用。

- 区块链 2.0 阶段

2013 年开始,以以太坊网络的出现为标志,支撑部署智能合约应用。智能合约是经济和金融领域区块链应用的基础,以太坊是区块链 2.0 的典型应用,这个阶段各类公链和数字货币纷纷登场。

- 区块链 3.0 阶段

2015 年开始,以超越货币和金融范围的泛行业去中心化应用为标志,在金融领域应用包括了股票、债券、期货、贷款、抵押、产权、知识产权和智能合约,同时在政府、医疗、民生、文化和艺术等领域也逐步开拓出新的方案并赋能实体经济。以 EOS、Hyperledger Fabric 为代表的共识协议得到了认可,解决了性能能耗问题,应用从金融延伸到各个领域。作为价值互联网内核,区块链能够对互联网中每一个代表价值的信息和字节都能得到产权的确认、追溯、计量和存储。这使得它将技术应用拓展到金融领域之外,为各行各业提供去中心化或者多中心分布式的解决方案。

1. 公有链的发展

区块链底层技术的齐头并进和中本聪天才的经济模型,再加上社区的拥护,共同打造了比特币的辉煌。从入门角度来讲,比特币是区块链技术最好的入门教材。但是作为一种要应用到其他领域的技术设施来说,比特币的区块链技术有很多的先天不足。比特币的脚本语言,安全但非图灵完备,对于大多数开发人员来说很难理解并上手。由于缺乏图灵完备的先天缺陷,比特币脚本限制了自身的用途。在协议方面,比特币扩展性不足,也是应用过程中令人头疼的一点。例如比特币网络里只有一种符号——比特币,用户无法自定义另外的符号用以代表公司的股票,或者是债务债券等,这样就决定了比特币仅仅是一个数字货币或分布式账本。

因为比特币存在这样或那样的不足,自然引来无数的技术天才纷纷提出自己的解决方案,以求打造一个功能更多、效率更高、应用更广的区块链底层平台。

在后续的区块链技术挑战者中,以太坊无疑是最杰出的代表。比特币是依托着区块链技术建立的一种价值转移网络,在比特币系统中,各个节点能够通过比特币区块链完成转账交易,而以太坊将这个转账交易升级为智能合约处理,在包括了转账交易功能的同时,还加入了智能合约的成分,使得以太坊能够实现由智能合约决定的更复杂的功能,这样就为更多更复杂的应用提供了技术实现可能。

2013 年年末,天才少年 Vitalik Buterin 发表了以太坊白皮书《以太坊:下一代智能合约和去中心化应用平台》,用以解决比特币区块链扩展性不足,只能记录交易不能记录其他东西的问题。并且通过其丰富的编程语言和完善的开发工具,解决了对开发者不友好的问题。对于用户端,它可以让任何人都能轻松地在以太坊之上建立新的协议和智能合约。

2018 年是公链的风口,半中心化区块链网络领跑者 EOS 上线,还有很多公链也相继上线,但是没有接地气的应用出现。巅峰之后,除了比特币和 ETH 作为币圈的底层通货,在市场中再度火一把以外,EOS 连同的其他很多公链都默默地消沉下去,存在感越来越低。截止到 2021 年比特币屡创新高,但是不是加密货币行业新的一轮炒作方式尚不得而知。

归根结底,公链应该有美好的未来,或许不远的将来,某个公链项目把重心放在底层技术层面上,寻找到去中心化、安全性、效率三者的平衡点,结合 AI、物联网、5G 等前沿技术,关注应用如何能落地,如何产生商业模式,如何赋能实体经济,与现实看得见摸得着的商业应用充分结合,能够实实在在地改变人们的生活,创造真实的价值。

2. 联盟链

联盟链的概念最早兴起于2015年左右，R3机构联盟与超级账本Hyperledger都在那一年诞生，成为联盟链行业最早的探索者。此后，联盟链开始在国内生根发芽，最早的微众银行、蚂蚁金服、万向控股、安妮股份等率先组织团队研究区块链技术；2016年起，腾讯、阿里、华为等公司的技术人员逐渐注意到联盟链概念开始小范围实践；2017年，部分创业者也采用联盟链技术开始创业。

从某种程度来说，联盟链由于节点准入的设定，相对可控，所以从监管角度来看，国内对联盟链的扶持力度较大，而对公链始终保持谨慎的态度。其中，开源工作和社区生态发展最早也是最好的是Linux基金会牵头的超级账本Hyperledger Fabric和国内微众银行牵头的Fisco Bcos。

综合来讲，国内做联盟链底层技术的公司，一类是基于类似以太坊公链进行的修改和优化，例如Fisco Bcos；一类是基于自定义的加密算法、共识机制等研发的区块链协议，如蚂蚁链、百度超级链、京东智臻链。从整个业态来看，像比特币、以太坊这种底层技术平台是开源的，因此对做底层技术及协议层的公司来说，不管是基于国外开源代码改进还是自己重新架构，技术上都比较容易得到借鉴。由此推论，联盟链行业往往最困难的不在于技术，而在于可持续的商业模式。

从国内来看，联盟链技术类公司的发展选择有两种：一种是建系统、搭平台、布局生态；另一种是技术输出，帮助客户做应用。比较理想的状态是将应用模块很好地产品化，与集成厂商合作推广行业应用。现在国内还处在联盟链行业的野蛮生长阶段，所以国内很多区块链创业公司往往选择同时涉足技术服务和平台两种模式，一是通过技术服务快速实现技术落地和盈利，支持平台研发，二是通过平台来布局未来，同时也能获得更好的市场估值。

学习思考

一、选择题

1. 区块链最早是由（　　）创造的。
   A. 蒂莫西·梅　　B. 比尔·盖茨　　C. 中本聪　　D. 马斯克

2. 下列（　　）不是区块链的特性。
   A. 去中心化　　B. 不可篡改　　C. 独立性　　D. 公开透明

3. 下列（　　）不是公有链常用的共识算法。
   A. Pow　　B. PoS　　C. Pbft　　D. DPos

4. 下列（　　）不是对称性加密算法。
   A. AES　　B. DES　　C. 3DES　　D. DSA

二、填空题

1. 区块链是使用_____链接，将_____确认过的_____按_____追加而形成的_____。

2. 由区块链定义可见：_____、_____、_____是区块链最核心的技术。

3. 可以将区块链系统分为三类：_____、_____和_____。

4. 现代密码学的概念主要包括_____、_____、_____、_____等。

三、问答题

1. 说说你对公有链、私有链、联盟链的看法以及未来的发展。
2. 共识算法主要有哪些？各自有什么优缺点？分别适合于什么类型的区块链？

延伸阅读

参 考 文 献

[1] 眭碧霞.信息技术基础[M].2版.北京:高等教育出版社,2021.

[2] [美]史蒂芬·卢奇(Stephen Lucci),丹尼·科佩克(Danny Kopec).人工智能[M].2版.林赐,译.北京:人民邮电出版社,2018.

[3] 涂子沛.大数据:正在到来的数据革命[M].南宁:广西师范大学出版社,2015.

[4] 高泽华,孙文生.物联网——体系结构、协议标准与无线通信(RFID、NFC、LoRa、NB-IoT、WiFi、ZigBee与Bluetooth)[M].北京:清华大学出版社,2020.

[5] 约翰·克雷格.机器人学导论[M].贠超,王伟,译.北京:机械工业出版社,2018.